·高等师范教师教育类示范教材·

# 语言实践教程

（第2版）

A PRACTICAL TUTORIAL
IN CHINESE LANGUAGE

**丛书总主编**

赵晓梅　冒　键

**本书主编**

许　迅

**编　委**

**（以姓氏笔画为序）**

许　迅　刘　晖　刘菊芳　汪薛松

周淑平　施一蓓　徐　莉　秦慧绒

南京师范大学出版社
NANJING NORMAL UNIVERSITY PRESS

本书收入的部分文字作品稿酬已委托本丛书的编著者来付，敬请相关著作权人联系。联系电话：0513－85120135，联系地址：江苏省南通市城山路24号(226006)，电子信箱：ntgsrwx@163.com。

**图书在版编目(CIP)数据**

语言实践教程/许迅主编.—2版.—南京：南京师范大学出版社，2014.9

高等师范教师教育类示范教材/赵晓梅，冒键总主编

ISBN 978-7-5651-1864-7

Ⅰ.语… Ⅱ.许… Ⅲ.教学语言－高等师范院校－教材 Ⅳ.①TP312 ②G42

中国版本图书馆CIP数据核字(2014)第198452号

---

书　　名　语言实践教程
主　　编　许　迅
责任编辑　崔　兰
出版发行　南京师范大学出版社
地　　址　江苏省南京市宁海路122号(邮编：210097)
电　　话　(025)83598919(总编办)　83598412(营销部)　83598297(邮购部)
网　　址　http://www.njnup.com
电子信箱　nspzbb@163.com
印　　刷　启东市人民印刷有限公司
开　　本　787毫米×1092毫米　1/16
印　　张　19
字　　数　408千
版　　次　2014年9月第2版　2014年9月第1次印刷
印　　数　1—4 000册
书　　号　ISBN 978-7 5651-1864-7
定　　价　37.00元

出 版 人　彭志斌

---

# 目　录

## 提高篇

## 形象：教师语言实践的第二目标位

# ❄前　言

这是一本为提高师范生语言实践能力而编写的训练教程。

“师者，所以传道受业解惑也。”（语出韩愈《师说》）这句揭示为师之道本质的名句，其实已经把“传”、“受（授）”、“解”上升为教师的职业技能来要求了，而这就是师范生需要强化的语言实践能力。教师的专业素养就是那“一缸水”，这是教师的“底气”，是根本。而如何把这“水”给学生，成为他们的“一杯水”，这又是教师“功夫”的关键。所以，语言实践能力是师范类各专业学生一项必需的职业基本功，是他们获得全面发展并受用终身的能力。

语言实践能力水平可以概括为四个词：

一是“清晰”。说话首先要让人入耳，要让人听清、听懂，这就要说得清晰。清晰有多方面的要求：口齿要清楚，音量要适度，不能含混不清、分辨不明；语脉要分清，不能颠三倒四、语无伦次；语流要通畅，不能忽断忽续、前后阻滞；语意要周密，不能含糊其辞、产生歧义；逻辑性要强，不能模棱两可、自相矛盾。

二是“准确”。让人听懂了，还要让人认为说得对，这就要说得准确。准确也有多方面的要求。从内容上来说，思想观点要正确，能使人获得效益，得到启迪，绝不容许有政治性和科学性的错误。从语言上说，语音要准确，能说标准的普通话，不能发音不准，更不能说方言；词语要确切，能准确表达概念，不能生造堆砌，华而不实；语句要符合语法规范，能准确地表情达意，不能有语病。

三是“生动”。说话要打动人，这就要说得生动。生动是在清晰、准确基础上的更进一步要求。它既要求在表达时语汇丰富，句式多变，运用多种多样的修辞手段和表达方法，又要求能运用恰当的语调、适度的音量、合适的语速和很强的节奏感，以增强语言的魅力，使听者深受感染并得到美的熏陶。

四是“得体”。所说的话要有分寸、恰到好处，这就要说得得体。说话离不开主、客观两方面的因素。在主观方面，有一定的目的、要求和内容；在客观方面，则有特定的对象和环境。所谓得体，就是主、客观的统一。具体地说，就是把主观上想要达到的目的要求和想好的内容跟客观上特定的对象和环境结合起来考虑，从而确定选用的词语、句式、语气以及表达方式，做到因人而异，因地而异，决不能墨守成规，我行我素。

吕叔湘先生说：“语文的使用是一种技能，一种习惯，只有通过正确的模仿和反复的实践才能养成。”（《吕叔湘文集》，商务印书馆 1983 年版）现代社会要求教师具有扎实的语文能力，而语文能力必须经过专业的训练才能形成。语文能力训练从本质上说就是一种语言能力的训练，所以，本书的编写紧紧地扣住一个词——训练。

发声、语音、态势语、倾听是构成语言实践能力的基本要素；朗读、讲述、演讲、论辩、主持是提高语言实践能力水平的重要环节；人际交往、教育教学是发挥教师语言实践能力的广阔舞台。按照这样的认识，我们把教程分为“基础篇”、“提高篇”和“实践篇”来实现训练的梯度。

同时，《语言实践教程》又是一本紧密结合高等师范语言实践课程的教材，采用“训”、“练”结合，模块化的编排体系，注重任务驱动、项目教学等方法，设计训练目标和内容，并藉此选录了大量的训练材料、设定了相应的模拟情境，使师范生在“训导模块”中求“知”，在“训练模块”中提“能”，从而实现训练的效率。所以，教师上课“好用”、学生课内外“好练”是我们编写的指导思想，也是我们追求的特色。

那么，如何运用本书来进行语言实践训练呢？

一是循序渐进，系统训练。任何训练都要遵循一定的序列，逐步地、系统地进行，而序列又要遵循从易到难、从简单到复杂、从一般到特殊的认识规律来设计，这样训练才能有实效。语言实践也不例外。因此，训练时要从口语技巧训练入手，为以后的各项训练提供条件，打下基础，之后由基础训练到综合训练，逐步深入。

二是知能并重，练为关键。能力是由知识转化而成的，知识掌握得越丰富、越扎实，转化的能力也就越强。转化的关键在于系统的训练。因此，学习者进行语言实践时，要掌握必要的理论知识，通过典范示例掌握方法。在此基础上，通过有步骤、有系统的训练，将知识转化为技能技巧。

三是听说兼顾，以说为主。听是内化的吸收，说是外化的表达。在人们口头语言的活动中，这两者经常是紧密联系、互相制约、互相促进的。听的能力强，可以为说的能力的发展提供必要条件；说的能力发展了，又能促使听的能力进一步加强。因此，语言实践训练虽以培养口头表达能力为主，但不能忽视听的练习。

四是联系实际，注重实践。语言实践要收到实效，必须从实际出发。日常生活、学习、活动以及个人口头表达能力的基础等等都是实际。口头表达能力究竟怎样，归根到底，要由实践来检验。实践的空间是相当广阔的，诸如课堂上的回答问题，集会上的即兴发言，平时跟老师、同学的交谈，到小学组织小学生开展活动时提出的要求、说明的内容，参加学校或社会的演讲比赛、专题辩论赛、说课比赛、主持活动时的语言，参加面试时即兴组织的语言等等，都为语言实践提供了很好的机会。因此，我们的训练一定要注重实践，并在实践中加以总结提高。

哈佛大学威廉·詹姆斯教授说：“播下一个行动，收获一种习惯；播下一种习惯，收获一种性格；播下一种性格，收获一种命运。”愿你在苦练、勤练乃至快乐的训练中养成良好的语言习惯，练就助推成功的口才，成就你美好的职业和人生理想。

# 基础篇

## 准确：教师语言实践的第一目标位

呱呱坠地时你的一声啼哭，牙牙学语时你的一声“妈妈”，或者是你绽放的第一缕微笑，讲述的第一个故事，发出的第一次请求……你的语言实践也许就是从这里开始的。然后，你的话语就成了你的第二个“容颜”——你的性格、心情、学识、品德等等统统可以在言语的万花筒里让人窥见一斑。而“整容”的途径除了提高个人素养以外，可以从人的发声、语音、态势语和听话的技巧入手，这些都是你实现成功表达的“精华素”，是构成一个人语言实践能力的最基本的要素。

基础篇的各个单元训练，其总的目标体现在“准确”上。

好的“声音”——发声方法应该准确，然后才能做到声音轻重适宜、圆润悦耳。

好的“语音”——发音方法应该准确，然后才能做到语音声韵调清晰饱满、语流畅达和谐。

好的“态势语”——对态势语意义表达应该准确，然后才能做到态势语自然协调、美观大方。

好的“听话”——听话效果应该准确，然后才能做到听话有质量、能归纳、善记忆。

# 第一单元　发声训练

你应掌握科学的发声方法，通过呼吸、共鸣和吐字的训练，使自己的声音具备一定的力度、响度和清晰度。

## 训导模块

### 导学精读

#### 一、认识你的声带

人的发音器官有三大部分：肺部、喉部、口部。发音器官又可以分为喉上器官和喉两大部分，喉上器官由口腔、鼻腔和咽腔几个部分组成。发音器官又可细分为：1. 上下唇、2. 上下齿、3. 齿龈、4. 硬腭、5. 软腭、6. 小舌、7. 舌尖、8. 舌面、9. 舌根、10. 咽头、11. 会厌软骨、12. 声带、13. 喉头、14. 气管、15. 食道、16. 口腔、17. 鼻腔，如下图所示。

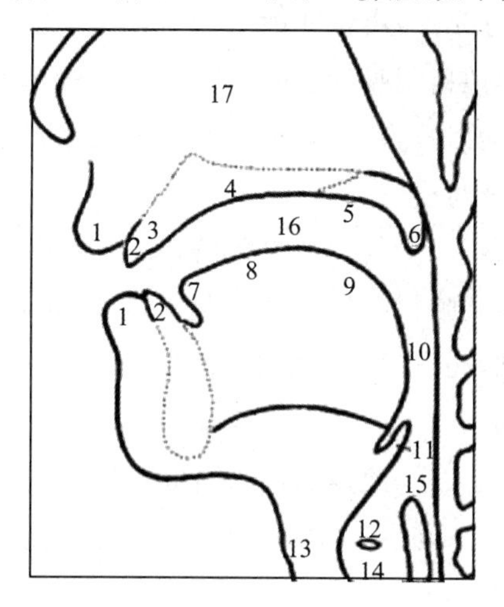


图：人头部到喉部的纵切面图

喉部是声音发出的源头，喉上器官则是声音共鸣的地方。从上图可见，声带就位于喉腔中部，左右各一，由声韧带、肌肉和黏膜组成。平常不说话的时候，声带是张开的，中间的空隙叫"声门裂"；发声时，声带拉紧，声门裂缩小甚至关闭，肺部呼出的气流冲击声带，引起声带振动便发出声音，这是声音最初形成的过程。

声带的长短、松紧和声门裂的大小，都是影响声调高低的原因。一般来说，成年男子声带长而宽，成年女子声带短而狭，所以女子比男子声调高。

### 二、改善声音的三个要素

第一是呼吸。人们通过口、鼻吸气，使自己的肺叶充满空气，当人们吸气时，声门打开，声带自然分开；而当呼气发声时，声带自然闭合靠拢，成水平状，气息穿过两条声带间的缝隙，使声带产生震动，产生了声音。所以声音的力度大小和呼吸有着直接的关系。

第二是共鸣。言语的发声一般和鼻腔、口腔和胸腔共鸣有关，表现为一种以口腔共鸣为主、以胸腔共鸣为基础的声道共鸣方式。所以，口腔共鸣对于言语发声来说是至关重要的。没有口腔的活动就不可能产生有声语言，不能发挥口腔共鸣的作用，就不可能使字音圆润动听，而且喉腔、咽腔共鸣以及鼻腔、胸腔共鸣就无从发挥其作用。

第三是吐字。吐字的器官包括口腔、唇、齿、舌等，它们的灵活度和力度决定了声音的清晰度。

## 训练模块

### 一、气息训练

气是声之源，只有气息充足，声音才能洪亮、持久。气息控制对于声音的色彩变化有着密切的关系。自如地控制吸气、呼气的流量与速度，有助于发声的力量控制，减少声带压力，使吐字饱满而有力度，还可以弥补声音上的不足。因此，朗读首先要学会控制气息，掌握好呼吸与换气的技巧。

人们的声音是由肺部呼出的气流通过气管，振动了声带，发出微弱的声音，再经过咽腔、口腔、鼻腔等腔体共鸣得到扩大和美化，最后经过口腔内唇、齿、舌、牙、腭的协调动作而产生的。可见，在发声过程中，气息控制、共鸣控制、口腔控制是至关重要的。其中气息控制是基础。

气者，音之帅也。气息大小、速度、流量等的变化，关系到声音的响亮清晰、音色的优美圆润、嗓音的稳定持久与否。发音者只有控制住气息，才能控制住声音。

#### 训练要点

掌握正确的呼吸方法。

#### 导练略读

（一）常见的呼吸方式

人的日常呼吸方式主要有三种，即胸式呼吸、腹式呼吸、胸腹式呼吸。

胸式呼吸是成人常用的呼吸方式，吸进的气流充塞于上胸部，实际吸气量小于可能吸气量。又因难以控制，致使发声时喉头负担过重，于是用束紧喉头的方法，以控制气流外泄，造成声音虚而不实，轻飘而没有底气，且有损于声带。

腹式呼吸主要是依靠膈肌的收缩或放松，使腹部一起一伏地进行活动，这样吸进的气量少，难以控制，气流也较弱，使声音无力且缺乏持久性。

胸腹式呼吸方式，是胸腹部联合呼吸，全面扩张胸腔和腹腔的容积，吸气量大，也具有一定的厚度，容易产生坚实明亮的音色。这种呼吸方式较前两种有明显的优势，经过一定的控制训练，可以产生比较充足的气流，使朗读达到较为理想的声音状态。但最大的缺陷是气息难以控制，吸进快，排出也快，胸腹部大起大落，不能满足语言工作者的需要。

### （二）说话要用胸腹式呼吸

有控制的胸腹式呼吸吸气量大，呼吸稳健，底气充足，是说话时理想的呼吸方法。它的特点是胸腔、腹腔都配合着呼吸进行收缩或扩张，尤其要注意横膈膜的运动。我们可以进行缓慢而均匀的呼吸训练，从中体会用腹肌控制呼吸的方法。训练时两肩放松，胸稍内含，腰板挺直。吸气时，由鼻腔均匀舒缓地吸入气流，吸入要深，感觉气流一直沉到肺的底部；同时胸部放松，两肋上提，向外打开，感觉腹腔容积扩张，腰带渐紧；吸气达七八成满时，小腹逐渐收缩，控制气流，腹部保持不凸不凹的状态。

胸腹式呼吸具体说来有下列三个优点：

1. 胸腹式呼吸全面调动了发声器官的能动作用。不但可吸进足够的空气，促使气息的容量扩大，还能够稳定住两肋及横膈膜的张力，使之能够和来自小腹的收缩力量形成均衡的对抗，从而有利于加强声音发出的力量。

2. 胸腹式呼吸的活动范围较大，伸缩性比较强，从生理上来说，比较容易控制呼吸，较能操纵和支援声音，为均衡气息、平稳呼气提供了良好的条件。

3. 胸腹式呼吸有力度、有弹性，并具有很大的灵活性。掌握了这种呼吸方法后，不仅能使人的声音圆润、响亮、刚柔并用，而且能避免过强的气息冲击我们的声带，对嗓子的保养也能发挥一定的功能，称得上是一种科学的用气方法。

### （三）关于“丹田气”型呼吸

“丹田气”型呼吸法，也是属于胸腹式呼吸的范畴，它是我国传统戏曲演员所使用的呼吸法。丹田位于脐下三指处。京剧艺术家程砚秋对丹田呼吸法下了一个定义，他说丹田呼吸法就是“气沉丹田，头顶虚空，全凭腰转，两肩轻松”。这精辟地概括了丹田呼吸方法的基本要件。

如果把呼吸器官看作是一个风箱的话，那么横膈膜就是活塞，而丹田就是这个风箱的拉手。丹田处在下腹部，“拉手”的理解，就是利用这个部位起推动与控制气息的作用，也就是用丹田操纵气息。气要吸得深，呼气的力度要大，那么横膈对腹腔的压力必然会增大,下腹肌肉必然会处在一种绷紧状态,利用这种绷紧状态,使它形成一个支持点,这个支持点在高音及气快要用完时,更为明显。由这个支持点推上去的气息,在臆想中直通头顶。传统戏曲所说的“腆胸”、“拔背”,都是要我们能维持胸部以及腰腹的扩张状态。这也从另一方面说明了丹田呼吸法并非单纯的腹式呼吸,它应该是胸腹联合式的呼吸法,只是它控制气息的位置在下腹部。这种呼吸过程,可由“气沉丹田”四个字来概括。

传统戏曲表演者用“丹田”这个支持点来控制气息,它的位置较靠下,使表演者可以随时随地地进行载歌载舞的表演,行动坐卧也可随心所欲。在这种情况下,把呼吸肌肉群对抗的焦点放在“丹田”是比较合适的。

## 训练项目

### (一)吸气训练

**【练习题】**

1.仿佛你的面前有一盆桂花,你试着闻花香……(要领:站立,胸部自然挺起,两肩下垂,小腹微收;从容地如闻花香一样地吸气。感觉两肋渐开,气吸进肺底,腰带周围胀满;控制一两秒钟,再缓缓呼出。这样气会吸得深入、自然。用这种方法体会降膈和开肋)

2.想象或模仿搬重物前的最后一刹那的情景。(要领:做抬起重物和“倒拔杨柳”的姿势,体会准备前的呼吸和憋气,感受腰、腹肌状态以及吸气最后一刻的感觉)

3.“半打”哈欠,找感觉。(不张大嘴地打哈欠,体会吸气最后时刻的腰腹感觉,即腰带周围有明显的胀满感觉)

**【训练提示】**

心理状态:要精神饱满,心态积极,做到“兴奋从容两肋开,不觉吸气气自来”。

身体状态:喉松鼻通,肩部放松,胸部稍前倾,头颈之间取平视角度,小腹自然内收。坐站要立腰。

基本要求:

(1)扩展两肋:双肩自然放松,双臂可自由活动,深吸气,扩展两肋,增大胸腔的前后左右径,从而使气容量增大。

(2)吸气要深:要有吸向肺底的感觉,此时横膈下降,体内积蓄较多的空气。

(3)小腹内收:在吸气的同时,腹部肌肉应向小腹的中心(即丹田)位置收缩,用收缩的感觉控制气息。

### (二)有控制的胸腹联合呼吸训练

**【练习题】**

1.深吸慢呼控制练习。

坐于桌前,先调整好气息,蓄气至八分满,保持气息片刻后,开始以“气”吹尘。头稍前倾，模拟吹桌上之尘。从左至右，再从右至左，缓缓吹气，要求均匀又有一定的力度，一口气能持续30秒以上。

2.深吸慢呼数字练习。

(1)数数练习。吸提同前，在推送的过程中轻声快速地数数字"12345678910"——一口气反复数，数到这口气完，看能数多少次。

(2)数枣练习。吸提，然后在推送同时轻声："出东门，过大桥，大桥底下一树枣，拿着竿子去打枣，(开始一口气数)——一个枣两个枣三个枣四个枣五个……"这口气数完为止，看能数几个枣，反复四至六次。

(3)数葫芦练习。"吸提"以后轻声念："金葫芦，银葫芦，一口气数不了二十四个葫芦(吸足气)一个葫芦两个葫芦三个葫芦……"这口气气尽为止，反复四至六次。

3.深吸慢呼长音练习。

经过气息练习，声音开始逐步加入。这一练习仍是练气为主，发声为辅，在推送同时择一中低音区，轻轻地男生发"啊"音("大嗓"发"啊"是外送与练气相顺)，女生发"咿"音("小嗓"发"咿"是外送)。一口气托住，声音出口呈圆柱形波浪式推进，能拉多长拉多长，反复练习。

4.托气断音练习。

(1)一口气托住，嘴里发出快速的"噼里啪啦，噼里啪啦"(反复)，到这口气将尽时发出"嘭——啪"的断音。反复四至六次。

(2)一口气绷足，先慢后快地发出"哈哈哈……"(反复)(加快)"哈，哈，哈……"锻炼有迸发爆发力的断音，演唱中的"哈哈……"大笑、"啊哈"、"啊咳"常用。

(3)一口气绷足，先慢后快地发出"嘿——厚、嘿——厚"(反复逐渐加快)"嘿厚，嘿厚……"加快到气力不支为止，反复练习。

5.补换气息练习：按括号的补换气要求读绕口令《打枣》。

出东门，过大桥，大桥底下一树枣，拿着竿子去打枣，青的多，红的少(换气)，一个枣，两个枣，三个枣，四个枣，五个枣，六个枣，七个枣，八个枣，九个枣，十个枣(补气)；十个枣，九个枣，八个枣，七个枣，六个枣，五个枣，四个枣，三个枣，两个枣，一个枣(换气)，这是一个绕口令，一口气说完才算好。

**【训练提示】**

1.呼气要注意控制。基本要求是(1)平稳：均匀平衡地呼出气息，并能根据感情的变化变换呼气状态；(2)控制：呼气时，呼气肌肉群体工作的同时，吸气肌肉群体仍要持续不断地进行工作，并且要控制住腹肌向丹田收缩的力量，这样呼气就能持久；(3)变化：随着所表达内容和感情的变化，调节呼气的强弱、快慢，要学会无声吸气，同时加强唇、舌力度。

2.数数字、数枣、数葫芦控制气息，使其越练越熟悉，千万不要跑气，开始腹部会出现酸痛，练过一段时间，就会有进步。

3.托气断音练习时，双手叉腰或护腹，由丹田托住一口气到额咽处冲出同时发声，声音以中低音为主，有弹性，腹部及横膈膜利用伸缩力同时弹出。

4. 当呼气发声时小腹放松，两肋下移回缩，当需吸气时，小腹一收，两肋一张，气从口鼻而入，完成补气。在整个换气过程中，两肋和小腹的控制是关键。吸入的气要充足，在语法和逻辑停顿处可根据需要决定是否换气，即使换也是小口换气，用鼻子或嘴迅速吸进一小口气，或者吐完前一个字时不易察觉地带回一点气来。需要注意的是：无论哪一种换气方法都必须不露痕迹，做到字断气不断，意连气也连。

## 二、共鸣训练

发音体之间的共振现象叫做共鸣。人体发声的共鸣是指喉部的声带发出的声音，经过声道共鸣器官，引起它们的共振而扩大，变得震荡、响亮，圆润有弹性，刚柔适度。这样的声音传送较远，可塑性大。

人的声道共鸣器官主要有口腔、鼻腔、胸腔等。口腔共鸣能使声音结实、明亮；鼻腔共鸣能使声音明丽、高亢；胸腔共鸣能使声音浑厚、洪亮。对说话者来说，采取“口腔为主，三腔共鸣”的方式为最佳，用这样的共鸣方式发出的声音，既圆润丰满，洪亮浑厚，又朴实自然，清晰真切。

### 训练要点

运用有意识的共鸣，使声音有响度、亮度和色彩，使发声不易吃力，嗓子不易疲劳。

### 导练略读

#### 共鸣控制训练的注意事项

1. 脊背挺直而舒展，颈要正，不前探，不后挫；放松颈部肌肉，保持咽道通畅；两肩自然下垂。

2. 胸部不要故意挺出，要自然放松，吸气不要过满。

3. 下颌放松，活动灵便，适当打开口腔，上下槽牙间保持一定距离。

4. 声带发出的声音，要像一条带子，下与气息相连，从小腹抽出，垂直向上，经过咽部，成为一束声流，沿上腭，中线向前，冲击上腭前部，流出口外。

练习共鸣腔的功能，首先要保护好声带，呼气要均匀，减少声带的负担，常练习“气泡音”活动声带，把发音器官锻炼得结实、耐久一些。要用哼曲、歌唱的方法，探索正确的发声位置，不要强行“憋共鸣”。

### 训练项目

#### （一）口腔共鸣训练

**【练习题】**

1. 根据要求读音节，体会口腔共鸣的部位。

(1)唇齿贴近，提高声音明亮度。收紧双唇，使其贴近上下齿。先做单音训练，然后扩展为词句，并比较自己过去的发音。

（2）打开后槽牙，不是张大嘴巴，上下槽牙成“匚”状。从容地发复韵母 ai、ei、ao、ou，读时注意体会声束沿上腭中线前滑，挂在前腭的感觉。

（3）调节颈部姿态，竖起后咽部，发韵母 a、o、e、i、u，读时注意体会上下贯通的共鸣感觉。

（4）读较短促的 ba、bi、bu、pa、pi、pu、ma、mi、mu，或学汽笛的长笛声“di——”，体会声束集中冲击硬腭前部的感觉和声音的力度。

2. 打开口腔，用自然中高音反复诵读下列成语。

乘风破浪　继往开来　朝气蓬勃　兵强马壮

3. 以口腔共鸣为主，朗读下面的文字。

小朋友，我要走到很远的地方去。我十分的喜欢有这次的远行，因为或者可以从旅行中多得些材料，以后的通讯里，能告诉你们些略为新奇的事情。——我去的地方，是在地球的那一边。我有三个弟弟，最小的十三岁了。他念过地理，知道地球是圆的。他开玩笑的和我说：“姊姊，你走了，我们想你的时候，可以拿一条很长的竹竿子，从我们的院子里，直穿到对面你们的院子去，穿成一个孔穴。我们从那孔穴里，可以彼此看见。我看看你别后是否胖了，或是瘦了。”小朋友想这是可能的事情么？——我又有一个小朋友，今年四岁了。他有一天问我说：“姑姑，你去的地方，是比前门还远么？”小朋友看是地球的那一边远呢？还是前门远呢？（冰心《寄小读者》）

**【训练提示】**

扩大口腔共鸣的常用方法有：

提颧肌——面部呈微笑状，颧肌用力向上提起时，口腔前上部有宽展感觉，鼻孔也随之有少许张大，同时使唇（尤其是上唇）贴紧牙齿，对提高声音的亮度和字音的清晰度都有明显作用。可用开大口同时展开鼻翼的办法来体会，这样快速做几十次后，颧肌力量加大，用时自然提起。

打牙关——上下颌之间的关节俗称牙关。它可丰富口腔共鸣，还可以使咬字的位置适中，力量稳健。上牙槽有上提感觉。

挺软腭——抬起上腭的后部动作，呈半打哈欠状。它能增大口腔后部的空间，改善音色；缩小鼻咽入口，避免声音大量灌入鼻腔造成鼻音。

松下巴——在打开口腔方面比抬上腭具有实质性效果。口腔明显打开，可减轻喉头的压力。（发音时，只有下巴自然内收才能放松）日常牙疼时说话，下巴一般是较松弛的。

### （二）鼻腔共鸣训练

**【练习题】**

1. 体会鼻腔共鸣。

用 i、a 练习，利用软腭下降将元音部分鼻化，体会鼻腔共鸣。

2. 交替发口音 a 和鼻音 m。

发口音时，软腭上挺，堵住鼻腔通路，体会口腔共鸣；发鼻音时，软腭下垂，打开鼻腔通路。反复练习，体会软腭上挺或下垂的不同感觉。

3. 慢读，找出最佳共鸣状态，发音适当偏后，朗读下列词语。

妈妈　买卖　小猫　隐瞒　出门　戏迷　分秒　人民　姓名

渊源　黄昏　间断　湘江　光芒　荒凉

**【训练提示】**

减少鼻音色彩。有鼻音习惯的发音，常常韵母的元音部分完全鼻化。可用手捏住鼻子，读上面第 3 题中词语来检查是否过分使用鼻腔共鸣。如果鼻腔从元音开始就共振，表明鼻腔共鸣使用过度，应减少元音的鼻化程度。

### （三）胸腔共鸣训练

**【练习题】**

1. 体会胸腔共鸣。

用较低的声音发 ha 音，声音不要过亮，逐渐降低音高，找到从胸腔发出的感觉。也可适当加大音量，并用手轻按胸部，用 a 做练习音，从高到低，从实到虚发长音，体会哪一段声音胸腔振动强烈，然后在这一声音阶段做胸腔共鸣训练。一般说来，较低又柔和的声音易于产生胸腔共鸣。

2. 改变音高练习。

选一句话，在本人音域范围内，由低到高，再由高到低，体会胸腔共鸣的加强。

3. 加强胸部响点的练习。

用较低的声音弹发 ha 音，体会胸部响点，由低到高一声声地弹发，体会胸部响点的上移和下移。

4. 朗读下列含有 a 音的词，然后用适当的低音练习朗读《春晓》，注意加强韵脚的胸腔共鸣。

反叛　散漫　武汉　计划　到达　白发　出嫁

**【训练提示】**

练习胸腔共鸣时，可保持半打哈欠状，尽量放松下巴，产生一种轻松得仿佛下巴已不存在的感觉，同时喉部也需放松，适当降低音域，并保持较大量的气流量，以取得较好的胸腔共鸣的效果。

### （四）三腔共鸣的综合训练

**【练习题】**

1. 拔音练习。

由本人的最低音拔高到最高音发，体会共鸣状态的变化。

2.夸张四声练习。

选择韵母音素较多的成语或词语，运用共鸣技能作夸张声调的训练：

山—明—水—秀　黑—白—分—明　融—会—贯—通

3.大声地呼唤练习。

假设一个目标在80～100米处，呼唤："老王，等一等！""苗——苗，早点回家！"呼唤时，注意控制气息，并注意延长音节，体会三腔共鸣。

4.朗读诗文，体会高音区和低音区共鸣。

这是勇敢的海燕，在怒吼的大海上，在闪电中间，高傲地飞翔；这是胜利的预言家在叫喊：——让暴风雨来得更猛烈些吧！……（高尔基《海燕》）

**【训练提示】**

人的音域，可根据共鸣腔的位置分低音区（胸腔共鸣）、中音区（口腔共鸣）、高音区（鼻腔共鸣），三者常互相调节，协调使用。以上练习，我们可以根据传声远近、发音高低和情感表达的需要，通过改变自己的共鸣位置来变换自己的高、中、低音区。

## 三、吐字归音训练

"吐字归音"是中国传统说唱理论中提及咬字方法时所用的一个术语。它经过几代人的实践、研究，从汉语音节结构特点出发，把汉语的一个音节的发音过程分为字头、字腹、字尾三个阶段。口语表达中，要想吐字有力、清晰，字音准确，归音到家、完整，字正腔圆、珠落玉盘，借鉴吐字归音的理论，把它移植于言语实践之中，是非常必要的。

当代语言学家根据汉语音节的结构特点，对照传统说唱艺术中字头、字腹、字尾的分类规律，科学地分析了普通话字音中声、韵母与字头、字腹、字尾的对应关系，认为：字头指的是声母加韵头（介音）；字腹指的是韵腹，即韵母中的主要元音；字尾即韵尾。

### 训练要点

学习吐字归音的技巧，使口齿更清晰，声音更圆润、悦耳。

### 导练略读

#### 口语表达中吐字归音的要领

对吐字归音的理想要求是"字正腔圆"，可表现为五点。

准确：读音正确、规范。　　清晰：字音清楚、不含混。

圆润：声音饱满、润泽。　　集中：发音集中、不散乱。

流畅：语音连贯、自然。

前两者为"字正"，后三者为"腔圆"，要做到这些就要进行与口腔控制紧密相关的训练，在吐字归音时掌握如下要领：

1. 出字。

出字是对字头的处理,字头的发音对于整个字音的清晰响亮起着关键作用。

出字,要求部位准确,弹发有力。

声母的发音必须找准发音部位,即气流受阻的部位,口腔内蓄气要足,阻气要有力,力量集中在阻气部位的纵中部,不要满口用力,弹发时要干净敏捷。由于韵头对声母的影响,字头的发音还要注意唇形正确,该圆则圆,该扁则扁。

零声母音节,出字也要有一定的力度。i、u、ü 开头的音节,发音时可以带点摩擦成分;ɑ、o、e 开头的音节,可以在发音前收紧下喉部,像咳嗽前的状态。

2. 立字。

立字是指韵腹(字腹)的发音过程。韵腹的发音应呈拉开立起之势。教师的工作用语不同于日常说话,字字都应“立得住”,也称立度。因为在汉语音节中,开口度最大、发音共鸣最丰满、声音最响亮的就是韵腹,再加上韵腹是声调的主要体现者,声调和韵腹充实的声音结合在一起,在有声语言中就形成了抑扬顿挫的语言音乐美。

3. 归音。

归音是对字尾的处理。字尾收得恰当与否,对于字音的完整清楚起着重要作用。归音要求到位恰当,干净利索。

“到位”,是指尾音要归到应有的位置上,不能只吐“半截字”,字尾不收。元音韵尾应分别归到“i”或“u”,辅音韵尾应分别归到“n”和“ng”,发音时唇舌“到家”。“恰当”是说韵尾的发音不能像单发时那样紧,那样完全,而是要求舌头的趋向鲜明,口腔逐渐闭合。韵尾 i、u 实际上只要收到松 i 和松 u 即可,n、ng 舌尖或舌根只要轻微接触上腭即可。没有字尾的音节(开尾音节),归音时应保持字腹的发音口形,声不断形不变。

4.“枣核儿音”。

民间说唱的发音方式,要求一个音节的发音过程有头有尾,形成一个完整的“枣核形”状态,以此求得字正腔圆的效果。口语表达训练也应仿效、借鉴。

“枣核形”是以声母、韵尾各一端,韵腹为核心,如“电”的发音过程。语流中感情色彩的变化与延伸,多体现在韵尾上,归音时要注意归出“味儿”来。但训练时,对音节发音动程构成的“枣核形”,不可以作绝对化的理解。

## 训练项目

### (一)唇的训练

**【练习题】**

1. 唇部活动操。

唇的力量要集中在唇的中央三分之一处,否则会因力量分散而造成字音的不集中。

喷——双唇紧闭,阻住气流,突然放开爆发出 b 和 p 音。

撮——双唇紧闭，撮起，嘴角后拉交替进行。

撇——唇撮起用力向左、右歪，交替进行。

绕——双唇紧闭，左绕 360°，右绕 360°，交替进行。

把嘴唇骤拢圆如发“u”状，再努力向两边展开，如发“i”状，反复练习。

双唇紧闭，再分开，先慢后快。

下唇向上齿迅速靠拢，再分开，由慢到快。

2. 绕口令。

(1)吃葡萄不吐葡萄皮，不吃葡萄倒吐葡萄皮。

(2)白庙外有一只白猫，白庙里有一顶白帽。白庙外的白猫看见了白帽，叼着白庙里的白帽跑出了白庙。

(3)八百标兵奔北坡，炮兵并排北边跑；炮兵怕把标兵碰，标兵怕碰炮兵炮。

## (二)舌的训练

**【练习题】**

1. 舌部活动操。

舌力集中——一是将力量主要集中在舌的前后中纵线上，一是舌在发音过程中要取“收势”，收拢上挺。这样才能有力而灵活。

刮——舌尖抵下齿背，舌中用力，用上门齿刮舌尖、舌面。

弹——力量集中于舌尖，抵住上齿龈，阻住气流，突然打开，爆发“t”音。

咳——咧唇，舌根抵软硬腭交界处，阻住气流，突然打开，爆发“g、k”音。

顶——闭唇，用舌尖顶左右内颊，交替进行。

绕——闭唇，用舌尖在唇齿间左右环绕，交替进行。

发音——用短促的声音反复发“di—da”。

2. 绕口令。

(1)谭家谭老汉，挑蛋到蛋摊，卖了半担蛋，挑蛋到炭摊，买了半担炭。老汉往家赶，脚下绊一绊，跌了谭老汉，破了半担蛋，翻了半担炭，脏了新衣衫。

(2)会炖我的炖冻豆腐，来炖我的炖冻豆腐，不会炖我的炖冻豆腐，就别炖我的炖冻豆腐。要是混充会炖我的炖冻豆腐，炖坏了我的炖冻豆腐，那就吃不成我的炖冻豆腐。

(3)桃子李子梨子栗子橘子榛子栽满院子村子和寨子。

蚕丝生丝熟丝缫丝染丝晒丝纺丝织丝自制粗丝细丝人造丝。

名词动词数词量词代词助词连词组成诗词唱词和快板词。

## (三)打开口腔的训练

打开口腔，一方面可使舌的运动空间加大，提高吐字质量；另一方面也可以适当发挥口腔共鸣的作用，提高声音质量。

按照要求，口腔的前后都应打开，上腭上抬，下巴放松，呈“匚”状。

**【练习题】**

练习下列成语和诗歌，第一个音节都是容易体会打开口腔的音节，要以此感觉带发后面音节。

老马识途　狼狈不堪　牢不可破　来龙去脉　抗洪抢险　高文典册　矫枉过正

浪子回头　来日方长　雷厉风行　量力而行　两袖清风　逍遥法外　相辅相成

黄河远上白云间，一片孤城万仞山。羌笛何须怨杨柳，春风不度玉门关。

床前明月光，疑是地上霜。举头望明月，低头思故乡。

（四）打牙关、松下巴的训练

上下颌之间的关节称牙关。打开牙关可以丰富口腔共鸣，还可以合咬字位置适中，力量稳健。在打开口腔方面比抬上腭更具有实质性效果。咬字的力量主要在口腔上半部。发音时，只有下巴自然内收才能放松。日常牙疼说话时，下巴一般是较松弛的。

**【练习题】**

1.像半打哈欠打开牙关，口不要大开，然后缓慢闭拢。

2.用后牙咀嚼，动作可夸张些。

3.挺软腭：加大口腔后部窨间，改善音色，缩小鼻咽入口，避免声音大量灌入鼻腔而造成鼻音。

4.练习下列诗歌。

两个黄鹂鸣翠柳，一行白鹭上青天。窗含西岭千秋雪，门泊东吴万里船。

朝辞白帝彩云间，千里江陵一日还。两岸猿声啼不住，轻舟已过万重山。

**【训练提示】**

吐字归音训练总的要求是：发每一个字时都得像乒乓球打在墙上那样清脆。这样发出来的声音才圆润、有力度，才能震撼人心。要经常练，不能含混不清。咬字千斤重，听者自动容。吐字发声可以慢一点，声音大一点，咬得重一点，自然能字正腔圆。

# 第二单元　语音训练

普通话声韵调发音部位准确、方法恰当、动程清晰、调值到位，每个音节清晰、响亮、饱满，并能熟练运用各种语流音变。

## 训导模块

### 导学精读

普通话是教师的职业语言，所以在教师语言实践中语音训练就是普通话训练。

#### 一、什么是普通话

普通话是“以北京语音为标准音，以北方话为基础方言，以典范的现代白话文著作为语法规范的现代汉民族共同语”，这是在 1955 年的全国文字改革会议和现代汉语规范问题学术会议上确定的。这个定义实质上从语音、词汇、语法三个方面提出了普通话的标准。如何理解这些标准呢？

“以北京语音为标准音”，指的是以北京话的语音系统为标准，并不是把北京话一切读法全部照搬，普通话并不等于北京话。

就词汇标准来看，普通话“以北方话为基础方言”，指的是以广大北方话地区普遍通行的说法为准，同时也要从其他方言吸取所需要的词语。

普通话的语法标准是“以典范的现代白话文著作为语法规范”，这个标准包括四方面意思：“典范”就是排除不典范的现代白话文著作作为语法规范；“白话文”就是排除文言文；“现代白话文”就是排除“五四”以前的早期白话文；“著作”就是指普通话的书面形式，它建立在口语基础上，但又不等于一般的口语，而是经过加工、提炼的语言。

#### 二、怎样学习普通话

学习普通话包括发音和正音两个部分。

发音准确是语音学习最基本的要求。发音是否准确与听音、辨音的能力有关，所以首先要提高语音的分辨力，即对声母、韵母、声调的分辨力。在掌握了正确发音的基础上，还要通过反复练习，达到完全熟练的程度。

正音是指掌握汉字、词语的普通话标准读音，纠正受方言影响产生的偏离普通话的语音习惯，这属于一种记忆训练。方音同普通话语音的差异不是毫无规律的，了解了方音和普通话语音的对应规律，就不必一个字音一个字音地死记，而可以一批一批地去记。在正音的基础上，还要通过朗读、会话练习，逐步运用到实际口头语言中。

### 三、关于《汉语拼音方案》

《汉语拼音方案》包括字母表、声母表、韵母表、声调符号、隔音符号五个部分，字母表规定了字母的形体、名称及排列顺序，共有 26 个字母，其中 25 个字母拼写普通话语音里所有的音节。声母表和韵母表是根据普通话语音结构特点规定的。

《汉语拼音方案》的主要用处是：给汉字注音，拼写普通话。作为少数民族创造和改革文字的共同基础，它还可以用于中文信息处理，并可以音译外国人名、地名和科学技术用语，帮助外国人学习汉语等。

### 四、与普通话有关的名词概念

音素是从音质角度划分的最小语音单位，从发音特征上来看可分为两类，即元音（也叫母音）音素和辅音（也叫子音）音素。

气流由肺部发出，经过口腔能自由呼出不受阻碍，而且声带颤动，这样发出的声音就是元音。如 ɑ、i 等。

气流从肺部呼出后，经过口腔时，在一定部位受到阻碍，除几个浊辅音（m、n、ng、l、r）外，声带不颤动，这样发出的声音就是辅音。如 b、p 等。

音节是语音中最小的结构单位，也是人们可以自然感觉到的最小语音单位。普通话的音节一般由声母、韵母、声调三部分构成。一般说来，一个汉字的读音就是一个音节。它是由 1 至 4 个音素组成的。声母是音节的起始部分。普通话有 22 个声母，其中 21 个由辅音充当，此外还包括一个零声母（零声母也是一种声母）。声母后面的部分是韵母和声调。普通话有 39 个韵母，其中 23 个由元音充当，16 个由元音加鼻辅音韵尾构成。声调符号标在音节的主要母音上，轻声不标。

## 训练模块

### 一、声母训练

#### 导练略读

发音方法，是指发音时构成阻碍气流的方式和克服这种阻碍的方式。各种发音方法，都依成阻→持阻→除阻这三步情况的各有不同而定。

（一）普通话声母的五种基础音

1. 塞音——成阻时发音部位的两点闭紧；持阻时保持着这种阻碍，同时呼出气流，但气流暂时停蓄在阻碍部分之后；除阻时突然将阻碍开放，气流通透出，因爆发、破裂而成声，也叫“爆发音”或“破裂音”。

2.鼻音——成阻时发音部位的两点闭紧，封锁口腔出气的通路；持阻时，颤动声带，音波和气流进入口腔，但口腔已被封锁，出不去，同时，软腭和小舌下垂，鼻腔通路开放，气流、音波进入口腔后再转入鼻腔，这时由口腔和鼻腔形成的两重“共鸣”作用变化着声带振动的音波，最后气流、音波从鼻孔透出，形成纯粹的鼻音；除阻时，软腭下垂，打开鼻腔通路，让气流从鼻腔出来。这种声音可以延长。

3.擦音——成阻时，发音部位的两点接近，但不把气流完全闭塞，中间留一条窄缝隙；持阻时，气流由发音部位的两点间挤过，发生摩擦的声音；除阻时，摩擦的声音就完了。这种声音可以延长。

4.边音——成阻时，发音部位的两点，舌尖和硬腭前接触；持阻时，声带振动，气流和音波从舌头前部两边透出，发音；除阻时，发音完毕。

5.塞擦音——是“塞音”和“擦音”两种方法的结合，但又不是简单的塞音加擦音。由成阻到持阻的前段，和塞音相同，但是到持阻的后段把阻碍的部分放松一些，即变为擦音的成阻，使气流透出，变成“擦音”的摩擦，持阻后段实为擦音的持阻成声，直到除阻，发音完毕。

在以上五种发音方式当中，还有“清”、“浊”的区别，“送气”、“不送气”的区别。

所谓“清”、“浊”，是针对声带的不颤动和颤动而说的。清音声带不颤动，气流较强；浊音声带颤动，气流较弱。

所谓“送气”、“不送气”，是针对发音时气流的强弱而说的。送气音气流较强，要用力送出一口气；不送气音气流较弱，自然流出，但也不是完全没有气流，没有不用气流能发音的音素。

### （二）普通话声母的具体发音方法

1.b 双唇、不送气、清、塞音。发音时双唇闭住，软腭和小舌翘起，堵住鼻腔通道，肺部呼出的气流通过喉头，但不振动声带，到达口腔，然后双唇突然打开，气流爆出而发音。例如“辨别”、“病变”。

2.p 双唇、送气、清、塞音。发音的情形与 b[p]相同，只是爆破发音时气流较强。例如“评判”、“乒乓”。

3.m 双唇、浊、鼻音。发音时双唇闭住，软腭和小舌下垂，打开鼻腔通道，肺部呼出的气流通过喉头，振动声带，然后从鼻腔缓缓流出。例如“卖马”、“埋没”。

4.f 唇齿、清、擦音。发音时上齿靠近下唇，中间留一条缝隙，软腭和小舌翘起，堵住鼻腔通道，肺部呼出的气流通过喉头，但不振动声带，气流经过口腔，从唇齿的缝隙间摩擦而出。例如“风范”、“分发”。

5.z 舌尖前、不送气、清、塞擦音。发音时舌尖顶住上齿背，软腭和小舌翘起，堵住鼻腔通道，肺部呼出的气流通过喉头，但不振动声带，然后舌尖与上齿背离开一条缝隙，气流摩擦而出，形成先塞后擦的发音。例如“祖宗”、“造作”。

6.c 舌尖前、送气、清、塞擦音。发音的情形与 z[ts]相同，只是发音时气流较强。例如“猜测”、“参差”。

7.s 舌尖前、清、擦音。发音时舌尖靠近上齿背，中间留一条缝隙，软腭和小舌翘起，堵住鼻腔通道，肺部呼出的气流通过喉头，但不振动声带，到达口腔，从缝隙间摩擦而出。例如“三思”、“诉讼”。

8.d 舌尖中、不送气、清、塞音。发音时舌尖顶住上齿龈，软腭和小舌翘起，堵住鼻腔通道，肺部呼出的气流通过喉头，但不振动声带，到达口腔，然后舌尖突然离开上齿龈，气流爆出而发音。例如“大胆”、“歹毒”。

9.t 舌尖中、送气、清、塞音。发音的情形与 d[t]相同，只是爆破发音时气流较强。例如“贪图”、“推托”。

10.n 舌尖中、浊、鼻音。发音时舌尖顶住上齿龈，软腭和小舌下垂，打开鼻腔通道，肺部呼出的气流通过喉头，振动声带，然后从鼻腔缓缓流出。例如“哪能”、“难弄”。

11.l 舌尖中、浊、边音。发音时舌尖顶住上齿龈，软腭和小舌翘起，堵住鼻腔通道，肺部呼出的气流通过喉头，振动声带，到达口腔，从舌头的两边流出。例如“劳累”、“罗列”。

12.zh 舌尖后、不送气、清、塞擦音。发音时舌尖翘起，顶住硬腭前部，软腭和小舌翘起，堵住鼻腔通道，肺部呼出的气流通过喉头，但不振动声带，到达口腔，然后舌尖与硬腭前部离开一条缝隙，气流摩擦而出，形成先塞后擦的发音。例如“真正”、“重镇”。

13.ch 舌尖后、送气、清、塞擦音。发音的情形与 zh[tʂ]相同，只是发音时气流较强。例如“出处”、“拆穿”。

14.sh 舌尖后、清、擦音。发音时舌尖与硬腭前部中间留一条缝隙，软腭和小舌翘起，堵住鼻腔通道，肺部呼出的气流通过喉头，但不振动声带，到达口腔，从缝隙间摩擦而出。例如“深山”、“熟睡”。

15.r 舌尖后、浊、擦音。发音时舌尖与硬腭前部中间留一条缝隙，软腭和小舌翘起，堵住鼻腔通道，肺部呼出的气流通过喉头，振动声带，到达口腔，从缝隙间摩擦而出。例如“如若”、“仍然”。

16.j 舌面、不送气、清、塞擦音。发音时舌面前部抬起，顶住硬腭前部，软腭和小舌翘起，堵住鼻腔通道，肺部呼出的气流通过喉头，但不振动声带，到达口腔，然后舌面前部与硬腭前部打开，形成一条缝隙，气流摩擦而出，形成先塞后擦的发音。例如“基建”、“家具”。

17.q 舌面、送气、清、塞擦音。发音的情形与 j[tɕ]相同，只是发音时气流较强。例如“亲戚”、“确切”。

18.x 舌面、清、擦音。发音时舌面前部抬起，靠近硬腭前部，中间留一条缝隙，软腭和小舌翘起，堵住鼻腔通道，肺部呼出的气流通过喉头，但不振动声带，到达口腔，从缝隙间摩擦而出。例如“详细”、“心胸”。

19. g 舌根、不送气、清、塞音。发音时舌根翘起，顶住软腭，形成阻塞；软腭和小舌翘起，堵住鼻腔通道，肺部呼出的气流通过喉头，但不振动声带；到达口腔，然后舌根与软腭突然离开，气流爆出而发音。例如“更改”、“光顾”。

20. k 舌根、送气、清、塞音。发音的情形与 g[k]相同，只是爆破发音时气流较强。例如“苛刻”、“快看”。

21. h 舌根、清、擦音。发音时舌根翘起，与软腭之间留一条缝隙；软腭和小舌翘起，堵住鼻腔通道，肺部呼出的气流通过喉头，但不振动声带，到达口腔，从缝隙间摩擦而出。例如“胡混”、“黄昏”。

## 训练要点

找准发音部位，掌握正确的发音方法，将声母读得清晰、有力。

## 训练项目

### （一）同声母词语训练

**【练习题】**

1. 双唇音练习。

b——爸　布　颁　宝　辨　标　柄　别

标兵　壁报　补办　摆布　冰雹　编办　斑驳　弊病

p——匹　判　品　配　偏　旁　评　碰

评判　澎湃　匹配　琵琶　爬坡　偏颇　偏僻　攀爬

m——膜　买　忙　猫　美　梦　免　磨

茂密　埋没　命名　骂名　门面　命名　面貌　木马

2. 唇齿音练习。

f——发　佛　福　非　芬　凡　仿　丰

纷繁　犯法　肺腑　丰富　发奋　非凡　仿佛　福分

3. 舌尖中音练习。

d——独　到　电　端　豆　单　顶　灯

担当　达到　订单　导弹　带队　等待　调动　夺得

t——探　讨　疼　痛　推　脱　贴　田

团体　抬头　天坛　坍塌　逃脱　厅堂　体贴　挑剔

n——女　奴　牛　耐　男　农　能　泞

南宁　泥泞　恼怒　奶牛　能耐　袅娜　男女　年内

l——论　累　玲　珑　劳　练　冷　落

力量　凛冽　流露　浏览　联络　流泪　来临　利率

4.舌尖后音练习。

zh——珍 政 周 转 茁 壮 张 重

真正 支柱 注重 转折 政治 战争 装置 执著

ch——驰 车 惩 抽 差 床 绸 充

长城 抽搐 戳穿 传承 拆除 充斥 惆怅 橱窗

sh——数 水 山 少 施 神 设 圣

师生 实施 手势 舒适 时尚 上市 设施 少数

r——仍 然 柔 忍 容 辱 让 弱

荏苒 柔软 容忍 仍然 柔弱 融入 如若 软弱

5.舌尖前音练习。

z——则 族 在 座 尊 造 总 藏

自尊 做作 罪责 自在 藏族 祖宗 粽子 栽赃

c——测 此 醋 猜 糙 翠 苍 丛

层次 从此 猜测 草丛 催促 摧残 粗糙 璀璨

s——寺 诉 索 扫 僧 瑟 碎 讼

琐碎 搜索 诉讼 松散 四散 思索 洒扫 色素

6.舌面音练习。

j——剧 结 家 决 酒 交 坚 晶

积极 简洁 交际 皎洁 讲解 借鉴 拒绝 境界

q——岖 恰 巧 亲 全 切 求 牵

崎岖 确切 请求 齐全 情趣 欠缺 祈求 恰巧

x——讯 修 小 现 选 学 相 信

显现 相信 信心 学校 新型 休闲 讯息 新秀

7.舌根音练习。

g——故 革 改 告 观 广 宫 公

骨干 挂钩 观光 改革 广告 巩固 尴尬 高贵

k——可 开 口 垦 阔 宽 空 旷

刻苦 开阔 坎坷 慷慨 口渴 空旷 苛刻 困苦

h——呼 海 辉 憨 缓 喊 画 煌

憨厚 濠河 辉煌 后悔 混合 呼唤 呵护 黄河

### (二)声母对比训练

**【练习题】**

1.平舌音和翘舌音对比训练。

(1)单音节对比练习。

杂——闸 擦——插 撒——杀 则——折 测——彻

色——社 紫——只 词——持 四——是 在——债
才——柴 造——照 操——超 扫——少 奏——宙
凑——臭 搜——收 赞——站 惨——产 三——山
怎——枕 脏——张 藏——常 桑——商 增——争
僧——声 足——逐 粗——出 昨——浊 撮——戳
缩——说 最——坠 催——吹 岁——睡 钻——专
蹿——串 酸——栓 尊——谆 村——春 损——吮
宗——中 从——虫

(2)双音节词语练习。

z—zh 在职 杂质 载重 增长 总账 奏章 阻止 诅咒
罪证 尊重 佐证 遵照 资助 做主 作者 组织
zh—z 渣滓 张嘴 种族 长子 沼泽 振作 争嘴 正字
职责 指责 治罪 著作 铸造 壮族 准则 知足
c—ch 财产 操场 裁处 采茶 彩绸 餐车 残春 残喘
辞呈 粗茶 催产 错处 存储 促成 存车 磁场
ch—c 车次 唱词 蠢材 纯粹 差错 场次 陈词 成材
除草 楚辞 储存 储藏 揣测 穿刺 春蚕 出操
s—sh 散失 桑葚 丧失 扫射 私塾 死水 四声 四时
算式 算术 随身 岁首 损伤 琐事 素食 缩水
sh—s 上诉 哨所 山色 深思 深邃 申诉 神思 神速
生涩 生死 绳索 誓死 收缩 守岁 疏松 声速

(3)双音节词语对比练习。

平——翘 散光——闪光 栽花——摘花 木材——木柴
死记——史记 擦嘴——插嘴 资助——支柱
早稻——找到 自理——治理 赞助——站住
丧生——上升 暂时——战时 塞子——筛子
自立——智力 大字——大致 三哥——山歌

(4)绕口令练习。

A. 山前有四十四只石狮子,山后有四十四棵野柿子,结了四百四十四个涩柿子。涩柿子涩不到山前的四十四只石狮子,石狮子也吃不到山后的四百四十四个涩柿子。

B. 四是四,十是十,十四是十四,四十是四十。别把四十说细席,别把十四说席细。要想说对四和十,全靠舌头和牙齿。要想说对四,舌头碰牙齿。要想说对十,舌头别伸直。认真学,常练习。十四、四十、四十四。

C. 紫瓷盘,盛鱼翅。一盘熟鱼翅,一盘生鱼翅。迟小池拿了一把瓷汤匙,要吃清蒸美鱼翅。一口鱼翅刚到嘴,鱼刺刺进齿缝里,疼得迟小池拍腿挠牙齿。

2.鼻音和边音对比训练。

(1)单音节对比练习。

那——辣　讷——乐　耐——赖　内——累　脑——老

难——蓝　囊——狼　能——棱　腻——立　聂——列

尿——料　牛——流　年——连　您——林　娘——凉

凝——零　怒——路　挪——罗　暖——卵　浓——龙

女——吕　虐——略　你——李　妞——溜　撵——脸

(2)双音节词语练习。

n—l　奶酪　耐劳　能力　耐力　年轮　努力　哪里　年龄

能量　农历　奴隶　女郎　内敛　尼龙　年老　内陆

鸟类　脑力　农林　浓烈　农历　暖流　内力　年历

l—n　辽宁　两年　理念　历年　老年　来年　来临　老娘

留念　来年　靓女　两难　连年　冷暖　列宁　流年

烂泥　老牛　岭南　老衲　落难　丽娜　蓝鸟　凌虐

(3)双音节词语对比练习。

n—l　脑子——老子　大怒——大陆　女客——旅客

难住——拦住　无奈——无赖　男女——褴褛

男鞋——蓝鞋　浓重——隆重　一年——一连

水牛——水流　南宁——兰陵　小牛——小刘

留念——留恋　泥巴——篱笆　允诺——陨落

鸟雀——了却　老农——老龙　妮子——梨子

(4)绕口令练习。

A. 老龙恼怒闹老农,老农恼怒闹老龙,龙怒龙恼农更怒,龙闹农怒龙怕农。

B. 蓝帘子内男娃娃闹,搂着奶奶连连哭,奶奶只好去把篮子拿,原来篮子内留了块烂年糕。

C. 念一念,练一练,n、l 的发音要分辨。l 是边音软腭升,n 是鼻音舌靠前。你来练,我来念,不怕累,不怕难,齐努力,攻难关。

3. j、q、x 和 z、c、s 的发音训练。

(1)单音节字词练习。

鸡　减　家　九　金　讲　镜　借　教　决　句　卷　气　恰　球　浅

怯　亲　庆　瘸　劝　桥　群　强　西　夏　先　想　写　嗅　学　熏

(2)双音节词语练习。

j—z　机组　杰作　激增　尽早　救灾　急躁　就座　佳作　捐赠　抉择

q—c　凄惨　青菜　起草　情操　钱财　清脆　潜藏　取材　其次　器材

x—s　相似　迅速　血色　心思　像素　线索　潇洒　心酸　逊色　习俗

### （三）声母综合训练

**【练习题】**

1. 四字词语练习。

深谋远虑　山明水秀　热火朝天　语重心长　手不释卷
拭目以待　如饥似渴　容光焕发　软硬兼施　塞翁失马
守口如瓶　声情并茂　石破天惊　惊恐万状　九霄云外
始乱终弃　铁树开花　完璧归赵　微不足道　五光十色

2. 古诗词练习。

**凉　州　词**

（唐）王　翰

葡萄美酒夜光杯，
欲饮琵琶马上催。
醉卧沙场君莫笑，
古来征战几人回？

**望庐山瀑布**

（唐）李　白

日照香炉生紫烟，
遥望瀑布挂前川。
飞流直下三千尺，
疑是银河落九天。

**出　塞**

（唐）王昌龄

秦时明月汉时关，
万里长征人未还。
但使龙城飞将在，
不教胡马度阴山。

**山　行**

（唐）杜　牧

远上寒山石径斜，
白云深处有人家。
停车坐爱枫林晚，
霜叶红于二月花。

## 二、韵母训练

### 导练略读

### （一）韵母的特点和分类

韵母是汉语音节中声母以后的部分。韵母由单元音或复合音充当，普通话中有39个韵母。

韵母由韵头、韵腹和韵尾三部分组成。如果有两个或三个元音充当韵母，那么其中口腔开度最大、声音最响亮的那个元音是韵腹。如果韵母是由单元音充当的，这个元音就是韵腹。韵腹前面的元音是韵头，后面的元音、辅音是韵尾。一个音节可以没有韵头或韵尾，但是不可以没有韵腹。

普通话的韵母根据韵母的结构特点和韵母开头元音的发音口形，可以分别分成两大类。

第一大类，按照韵母的结构分为三类：单韵母、复韵母、鼻韵母。

单韵母：由单元音充当，共10个，分别是 ɑ、o、e、ê、u、ü、n、-i(前)、-i(后)、er。复韵母：由两个或三个元音复合构成，共13个，包括二合复韵母 iɑ、ie、ɑi、ei、ɑo、ou、uɑ、uo、üe 以及三合复韵母 iɑo、iou、uɑi、uei。鼻韵母：由一个或两个元音带上鼻辅音 n 或 ng 构成，有16个，包括前鼻音韵母 ɑn、en、in、uɑn、uen、ün、üɑn、iɑn 以及后鼻音韵母 ɑng、eng、ing、ong、iɑng、ueng、uɑng。

第二大类，按汉语语音学的传统分析方法，根据韵母开头元音的唇形特点把韵母分为四类，叫"四呼"，即开口呼、齐齿呼、合口呼和撮口呼韵母。

开口呼韵母：没有韵头，韵腹不是 i、u、ü 的韵母。

齐齿呼韵母：韵头或韵腹是 i 的韵母。

合口呼韵母：韵头或韵腹是 u 的韵母。

撮口呼韵母：韵头或韵腹是 ü 的韵母。

### （二）韵母的发音规则

(1)单元音韵母的发音规则。发舌面元音时，口腔的变化主要与舌位的高低前后、唇形圆展有直接关系。

舌位是指发元音时，舌面隆起的最高点即最接近上腭的一点，也叫近腭点。

舌位的高低：发音时，舌面隆起的最高点同上腭距离的大小。距离小就叫做"舌位高"，距离大就叫做"舌位低"。舌位的高低与口腔的开合有关，舌位越高开口度越小，舌位越低开口度越大。

舌位的前后：发音时，舌面隆起的最高点的前后。前元音即发音时舌头略向前伸平，舌尖和下齿背接近，舌高点在舌面的前部。后元音即发音时舌头后缩，舌尖不与下齿背接触，舌高点在舌面的后部。央元音即舌高点在舌面中部，并与硬腭中部相接近。

唇形的圆展：在相同舌位状态的条件下，由于唇形圆展的不同也会形成不同的元音。

(2)复元音韵母的发音条件。在复元音韵母的发音过程中，舌位的前后、高低和唇形的圆展要发生连续的移动、变化，是元音音素间彼此受到影响而发生变化复合形成的。这里要注意的是，舌位唇形由一个元音的发音状态滑动变化到另一个元音的发音状态是一个有机的结合。三合韵母发音时，处于中间转折位置元音音素的舌位、唇形不再是单元音的标准位置，而是向起始和终止元音音素偏移、变化。舌位滑动的过程也叫做舌位动程。

根据韵腹所处的位置，将复韵母分为如下三类。

前响复韵母：发音时，前面的元音清晰响亮，音值稍长。

后响复韵母：发音时，后面的元音清晰响亮，前面的元音轻短。

中响复韵母：发音时，中间的元音清晰响亮，前后元音轻短模糊。

(3)鼻元音韵母的发音规则。发鼻元音韵母时是由元音的发音状态向鼻音的发音状态逐渐变化,最后完全变成鼻音的。发音时,先抬起软腭堵塞住鼻腔的通路,然后逐渐抬起舌的前部或者是后部堵塞鼻腔通路,再放松软腭。让气流从鼻腔中流出,发出鼻音。这里要注意的是,不能把元音鼻化,也就是说不能让鼻音前面的元音也带上鼻音的色彩。因此,就要注意不要让气流过早地进入鼻腔,一定要到尾音的时候再进入鼻腔。另外,在鼻辅音的归音上,只要发音位置正确,归音到位,趋向明显就可以了,不要刻意地去追求鼻音,这样会显得很不自然,字音也不清楚。

## 训练内容

### (一)同韵母词语训练

**【练习题】**

1.单韵母练习。

ɑ——搭　他　那　拉　马　拔　怕　尬

打杀　沙发　腊八　喇叭　妈妈　邋遢　拉杂　眨巴

o——播　婆　磨　破　默　跛

伯伯　婆婆　磨破　默默　磨墨　薄膜

e——个　和　课　这　热　涉　扯　涩

合格　特赦　色泽　割舍　鸽舍　苛刻　菏泽　隔热

i——级　其　习　里　第　你　题　逼

集体　积极　机器　利益　奇迹　笔迹　提议　仪器

u——努　路　故　虎　哭　读　凸　祝

互助　孤独　图书　朴素　主仆　祝福　无辜　束缚

ü——鱼　句　取　序

语句　区域　序曲　伛偻　须臾　女婿　屈居　絮语

-i(前)——字　词　丝　紫　刺　四

自此　四次　自私　此次　嗣子　恣肆

-i(后)——指　吃　事　日　志　赤　矢

知识　支持　直指　实施　日食　指示　事实　值日

er——而　儿　二

然而　偶尔　耳朵　儿歌　儿童　十二

2.复韵母练习。

ɑi——该　海　爱　埋　呆　抬　乃　来

爱戴　采摘　海带　灾害　海带　买卖　晒台　摆开

ei——黑　飞　贝　赔　美　内　累　背

蓓蕾　肥美　配备　妹妹　黑莓　北非

ɑo——傲　告　考　好　包　炮　毛　刀

懊恼　操劳　高潮　早操　报到　糟糕　牢靠　号召

ou——藕　剖　豆　头　漏　狗　扣　喉

丑陋　兜售　口头　喉头　收购　守候　欧洲　抖擞

ia——鸭　家　恰　下

假牙　恰恰　下家　压价　加压

ie——叶　姐　茄　谢

结业　贴切　铁屑　趔趄　乜斜

ua——挖　挂　画　抓　耍

挂花　画画　耍滑　娃娃　花袜

uo——我　国　或　说　捉　绰　挪　罗

错落　阔绰　硕果　脱落　蹉跎　骆驼　过错　活络

üe——月　学　嚼　却

雀跃　雪月　约略　绝学　决绝

iao——药　教　笑　瞧　妙　鸟　聊　调

吊销　疗效　苗条　巧妙　教条　逍遥　小鸟　笑料

iou——油　就　秋　绣

久留　牛油　求救　绣球　悠久　优秀

uai——外　怪　怀　快

乖乖　怀揣　摔坏　外快　外踝

uei——威　贵　回　溃　催

垂危　归队　荟萃　追悔　汇兑　摧毁　回味　水位

3.鼻韵母练习。

(1)前鼻韵母练习。

an——暗　班　盘　返　干　懒　韩　赞

参战　反感　烂漫　谈判　犯难　淡蓝　坦然　橄榄

en——恩　本　跟　枕　岑　愤　嫩　怎

根本　门诊　人参　认真　本分　沉闷　深沉　深圳

in——音　斌　品　民　琴　心　仅

近邻　拼音　辛勤　信心　亲近　殷勤　尽心　金银

ün——云　俊　群　讯

军训　均匀　逡巡　循循(善诱)　芸芸

ian——眼　建　前　线　辨　篇　练　撵

艰险　简便　连篇　田间　偏见　变迁　连绵　沿线

uan——万　馆　宽　还　赚　传　栓　软

贯穿　软缎　酸软　专款　转弯　婉转　专断

uen——问　滚　困　魂　准　纯　顺　轮

昆仑 论文 温顺 温存 春笋

üan——原 卷 轩 劝

轩辕 渊源 圆圈 源泉 全权

(2)后鼻韵母练习。

ang——昂 棒 港 抗 涨 藏 桑 莽

帮忙 苍茫 当场 商场 方糖 厂房 螳螂 盲肠

eng——蹦 碰 等 能 争 成 增 僧

承蒙 丰盛 更正 声称 风声 萌生 登程 鹏程

ing——英 并 静 听 顶 庭 凝 另

叮咛 经营 命令 评定 精灵 情境 经营 宁静

ong——共 红 空 中 虫 纵 诵 聪

共同 轰动 空洞 通融 公众 总统 从容 隆重

iang——样 讲 强 像

两样 踉跄 洋相 奖项 想象 向阳 响亮

iong——用 炯 穷 熊

汹涌 炯炯 熊熊 穷兄

uang——王 黄 幢 床 双 逛 狂

狂妄 双簧 装潢 状况 网状

ueng——翁

老翁 水瓮 嗡嗡 主人翁 蓊郁

## (二)韵母对比训练

**【练习题】**

1. 前后鼻音对比训练。

(1)单音节词的对比练习。

n—ng 山——商 班——帮 站——帐 奔——崩

盆——朋 门——蒙 分——风 跟——耕

震——郑 枕——拯 音——英 斌——冰

频——平 民——名 金——惊 心——星

琴——情 产——厂 沾——张 痕——横

恳——坑 群——穷 寻——熊 君——炯

(2)双音节词的对比练习。

an—ang 安放 担当 胆囊 繁忙 反常 赶场 山羊 赞赏

ang—an 盎然 帮办 畅谈 当晚 防范 钢板 抗旱 浪漫

en—eng 奔腾 陈胜 分成 门风 认证 深层 真正 真诚

eng—en 登门 缝纫 恒温 能人 烹饪 升任 憎恨 征文

in—ing　尽情　禁令　民警　拼命　品行　聘请　心病　新星

ing—in　病因　精品　竞聘　鸣金　倾心　清新　轻信　听信

(3)绕口令练习。

A. 扁担长，板凳宽，扁担想要绑在板凳上，板凳偏不让扁担绑在板凳上。

B. 高高山上一根藤，青青藤条挂金铃。风吹藤动金铃响，风停藤静铃不鸣。

C. 望天空，满天星，光闪闪，亮晶晶，好像那小银灯，仔细看，看分明，大大小小、密密麻麻、闪闪烁烁，数也数不清。

D. 峰上有蜂，峰上蜂飞蜂蜇凤；风中有凤，风中蜂飞凤斗峰。不知到底是峰上蜂蜇凤，还是风中凤斗蜂。

2. 分清 i—ü。

(1)双音节词语练习。

i—i　鼻涕　裨益　砥砺　积极　利益　秘密　脾气　嬉戏

ü—ü　聚居　屈居　屈曲　序曲　蓄须　絮絮　栩栩　吁吁

i—ü　给予　寄予　机遇　基于　急于　鲫鱼　寄语　觊觎

ü—i　举臂　距离　拘泥　聚集　据悉　取缔　屈膝　虚拟

(2)双音节词语对比练习。

积极——集聚　栖息——崎岖　饥民——居民　经济——京剧

分期——分区　名义——名誉　力气——理屈　习气——袭取

序曲——戏曲　语言——义演　史记——时局　西药——需要

意义——寓意　遇见——意见　老吕——老李　白银——白云

(3)绕口令练习。

A. 村里新开一条渠，弯弯曲曲上山去，河水雨水渠里流，满山庄稼一片绿。

B. 清早起来雨稀稀，王七上街去买席。骑着毛驴跑得急，捎带卖蛋又贩梨。一跑跑到小桥西，毛驴一下失了蹄。打了蛋，撒了梨，跑了驴，急得王七眼泪滴，又哭鸡蛋又骂驴。

3. 分清 o—ou—uo。

(1)双音节词语练习。

o—o　伯伯　伯婆　薄膜　嬷嬷　磨破　默默　泼墨　婆婆

ou—ou　凑够　豆蔻　斗殴　钩扣　后头　收受　投手　洲头

uo—uo　错过　躲过　火锅　罗锅　啰嗦　懦弱　弱国　堕落

o—ou　搏斗　剥肉　薄厚　摸透　磨口　摸透　魔咒　莫愁

ou—uo　篝火　苟活　狗窝　后挪　后坐　口拙　口啜　后座

uo—ou　火头　豁口　活口　活扣　火候　祸首　落后　缩手

(2)绕口令练习。

A. 坡上长菠萝，坡下玩陀螺。坡上掉菠萝，菠萝砸陀螺。砸破陀螺补陀螺，顶破菠萝剥菠萝。

B.清早上街走，走到周家大门口，门里跳出一只大黄狗，朝我哇啦哇啦吼。我拾起石头打黄狗，黄狗跳上来咬我手，打没打着周家的大黄狗，周家的大黄狗咬没咬着我的手？

（三）韵母综合训练

**【练习题】**

1.四字词语练习。

跋山涉水　曾经沧海　豺狼成性　长风破浪　陈词滥调　诚惶诚恐　重温旧梦
崇山峻岭　宠辱不惊　触目惊心　穿针引线　大庭广众　胆战心惊　当仁不让
刀光剑影　倒海翻江　登峰造极　地老天荒　动人心弦　独断专行　独善其身
尔虞我诈　耳根清净　发愤图强　泛滥成灾　防患未然　废寝忘食　风平浪静
奉若神明　负荆请罪　甘心情愿　纲举目张　功成名遂　孤掌难鸣　光明正大
化整为零　荒诞不经　回肠荡气　坚韧不拔　江郎才尽　矫枉过正　弃暗投明
似曾相识　闻风丧胆　无病呻吟　息事宁人　相映成趣　心宽体胖　隐姓埋名

2.古诗词练习。

**竹　石**

（清）郑　燮

咬定青山不放松，
立根原在破岩中。
千磨万击还坚劲，
任尔东西南北风。

**墨　梅**

（元）王　冕

吾家洗砚池头树，
朵朵花开淡墨痕。
不要人夸好颜色，
只留清气满乾坤。

**石灰吟**

（明）于　谦

千锤万击出深山，
烈火焚烧若等闲。
粉身碎骨全不怕，
要留清白在人间。

**村　居**

（清）高　鼎

草长莺飞二月天，
拂堤杨柳醉春烟。
儿童散学归来早，
忙趁东风放纸鸢。

**【训练提示】**

单韵母发音时要注意共鸣器始终保持不变，复韵母发音时要注意它的动程，鼻韵母发音时要注意收音的位置。

## 三、声调训练

### 导练略读

#### 普通话声调的特点及练习方法

声调是语音学习的难点,它比任何声母、韵母都难掌握。

1. 阴平:阴平调值是55,发音时声带始终是拉紧,声音又高又平,阴平有为其他三个声调定高低的作用,如果阴平调值掌握不好,会影响其他声调的发音。

有些人阴平读得过低或过高,造成去声降不下来、阳平高不上去的后果。练习阴平,可先用单韵母读出高、中、低三种不同的平调,体会发高音时声带拉紧、发低音时声带放松的不同感觉。这种练习不但可以比较出阴平的高平调值,而且可以训练控制声带松紧的技能,为掌握好复杂的升、降、曲三种声调打下基础。

2. 阳平:阳平调值是35,发音时声带由不松不紧到逐渐拉紧,声音由不高不低升到最高。

多数人读不好这个调值是高音升不上去,主要原因是起点太高,声带已相当紧了,无法再紧,音高也就不能再升。纠正的方法是设法把声带放松,然后再拉紧。可以先读一个去声,把声带放松,紧接着读一个升调,这样可以读出接近阳平的调值。多读去声和阳平相连的词语,有助于练好阳平。

3. 上声:上声调值是214,发音时声带由较松慢慢到最松,再很快地拉紧。声音由较低慢慢到最低,再快速升高。

在朗读和谈话中,上声的基本调值出现的机会很少,经常出现的是变化之后的调值。但是基本调值是变化的基础,掌握了基本调值才能掌握它的变化,所以首先应读准上声的本调。读上声时主要的问题是起点高,降不下来,给人的感觉是拐弯不够大,也有的人虽有拐弯,但前面下降的部分太短,后面上升的部分太长。

练习上声时,首先应设法把声带放松,使声调的起点降低,并尽量把低音部分拖长。可以先读一个去声,以帮助放松声带和增加前半段的长度,气流不中断,紧接着念个短促的升调,就能读出较正确的上声了。

4. 去声:去声调值是51,发音时声带先拉紧,后放松,声音从最高降到最低。

多数人读去声时不感到困难,少数人降不下去。可用阴平带去声的方法来练习,即先发一个阴平,使声带拉紧,再在阴平的高度上尽量把声带放松,就能读出全降调的去声了。多读阴平和去声相连的词语有助于读好去声。

### 训练项目

#### 多音节词语朗读

**【练习题】**

1. 朗读下列多音节词语。

阴平:高音　音箱　箱中　中心　疏忽　商机　樱花　单一

咖啡 亲生 山东 积压 鲜花 翻车 沙滩 西安
居安思危 春天花开 江山多娇 珍惜光阴
卑躬屈膝 青春光辉 新屋出租 息息相关

阳平：和平 平常 年轮 牛氓 谣言 球迷 合肥
节余 辽宁 民权 围墙 灵活 原由 弘扬
人民团结 豪情昂扬 轮船直达 和平繁荣
勤劳人民 全员团结 连年学习 昂扬前行

上声：选举 举手 手指 指导 舞女 彼此 所有 浅显
展览 躲闪 起草 品种 采写 水鸟 主宰 美好
党委领导 理想美好 请你指导 写演讲稿
纸雨伞美 养匹母马 永远友好 彼此理解

去声：大会 会议 议事 事变 变化 面部 看见 废气
电视 政策 印象 确信 岁月 面部 对话 画像
创造纪录 运动大会 胜利闭幕 变幻莫测
见利忘义 竞赛项目 利税大户 报告变化

2.四音节词语训练。

(1)四声顺序练习。

花红柳绿 山明水秀 风调雨顺 鸡鸣狗吠 轰雷闪电 英明果断
光明磊落 高朋满座 英雄好汉 深谋远虑 优柔寡断 兵强马壮

(2)四声逆序练习。

万里长征 赤胆红心 暴雨狂风 忘我无私 爱我国家 凤舞龙飞
背井离乡 智勇无双 妙手回春 四海为家 大显神通 万古长青

**【训练提示】**

1.练习时注意调值要饱满，尤其要注意上声的调值；注意阴平调与去声调的区别。

2.重点训练普通话四声的读音，注意相对调值的稳定。

## 四、语流音变训练

### 导练略读

#### 语流音变的规则

音变就是语音的变化。人们在说话时，不是孤立地发出一个个音节(字)，而是把音节组成一连串自然的“语流”。由于相邻音节的相互影响或表情达意的需要，有些音节的读音要发生一定的变化，这就是语流音变。

普通话的音变包括变调、轻声、儿化和语气词“啊”的变化等。

1.变调。

变调是指在语流中,由于相邻音节的相互影响,使某个音节本来的声调发生变化。它包括上声的变调、“一”的变调、“不”的变调。

(1)上声变调。

上声在四个声调前都会产生变调,读原调的几率很小,只有在读单音节字或处在词语末尾或句末时才有可能读原调。上声有两种变调。

A.上声+非上声──→半上声[211]

上声+阴平:百般　火车　警钟

上声+阳平:祖国　旅行　导游

上声+去声:讨论　土地　感谢

上声+轻声:斧子　马虎　伙计

B.上上相连──→阳平[35]

雨水　买马　土改　百米

(2)“一”的变调。

“一”单念或作序数词时读原调(阴平调),此外还有两种变调:

A.在去声音节前变阳平[35]——一个、一定、一律。

B.在非去声音节前变去声[51]——一边、一群、一起。

(3)“不”的变调。

“不”只有在去声音节前变阳平调[35]——不必、不要。

在其他声调音节前读原调[51]——不听、不行、不许。

注意:以上变调音节的注音一律标原调。

2.轻声。

轻声是一种特殊的音变现象,它处于口语轻读音节的地位,失去它原有声调的调值,重新构成自身特有的音高形式,听感上显得短促模糊。

轻声的规律大致有以下六种。

(1)表示方位:北边　上面　里头　地下

(2)叠音名词及动词:妈妈　姥姥　跳跳　尝尝　练练

(3)结构助词、时态助词:的　地　得　着　了　过

(4)语气助词:啊　呀　吗　呢　啦　吧　哇

(5)“子、儿、头、么”作词缀及表示多数的“们”:儿子　椅子　鸟儿　花儿　木头　看头　什么　他们

(6)口语中历史悠久的双音节词语:萝卜　时候　告诉　行李　凉快　规矩　窗户　朋友　阔气　粮食　头发　先生

轻声的发音规律体现在两点。

(1)读半高平调[44]。当前一个音节的声调是上声时,后面的轻声音节的调形是短促的半高平调[44]。例如:

上声＋轻声——姐姐 老实 喇叭

(2)读低降调[31]。前一个音节的声调是非上声时，后面的轻声音节的调形是短促的低降调[31]。例如：

阳平＋轻声——婆婆 粮食 头发

阴平＋轻声——先生 玻璃 庄稼

去声＋轻声——弟弟 意思 漂亮

轻声调值的比较：老实[44]——粮食[31]

3. 儿化。

儿化是指一个音节带上卷舌动作，其韵母发生音变，成为卷舌韵母——儿化韵。

儿化在有些词语里具有区别词性和词义的作用，有些儿化具有细小、轻微的意思，还有的表示说话人喜爱、亲切的感情。

(1)区别词性的作用。

盖(动词)——盖儿(名词) 尖(形容词)——尖儿(名词)

破烂(形容词)——破烂儿(名词) 亮(形容词)——亮儿(名词)

(2)区别词义的作用。

头(脑袋)——头儿(领导、首领、一端) 眼(眼睛)——眼儿(窟窿眼儿、小孔)

白面(面粉)——白面儿(白色粉末或毒品) 信(书信)——信儿(消息)

(3)表示小、可爱、亲切或蔑视、鄙视等多种感情色彩或语气。例如：

小牛儿 小孩儿 宝贝儿 心尖儿 小草儿

小崽儿 门缝儿 有趣儿 小丑儿 小偷儿

(4)北京话口语习惯沿袭下来的。

A. 说哪儿去了，没边儿没沿儿的。

B. 一大早儿就遛弯儿去了。

C. 这天儿真好，明儿见。

4.“啊”的音变。

当语气助词“啊”处在语句末尾时，由于受到前面那个音节末尾因素的影响，常常会发生音变。其规律是：

(1)前面的音素是 i、ü、a、o(ao、iao 除外)、e、ê 时，读 ya。

A. 你到哪去啊？

B. 原来是他啊！

C. 这可是他毕生的心血啊！

D. 这个小孩儿真可爱啊！

(2)前面的音素是 u(包括 ao iao)时，读 wa。

A. 您在哪住啊？

B. 真可笑啊！

C. 这棵树真高啊！

(3)前面的音素是 n(前鼻音的韵尾)时,读 na。

例:A. 好大的烟啊!

B. 什么人啊!

C. 这事情办得真冤啊!

(4)前面的音素是 ng(后鼻音的韵尾)时,读 nga。

例:A. 这有什么用啊!

B. 真漂亮啊!

C. 这木头真硬啊!

(5)前面的音素是-i(后)时,读 ra。

例:A. 这是一首多好听的诗啊!

B. 你倒是快点吃啊!

C. 多绿的树枝啊!

(6)前面的音素是-i(前)时,读 za。

例:A. 你来过几次啊?

B. 多帅的字啊!

C. 不要自私啊!

## 训练项目

### (一)轻声

**【练习材料】**

阳平+轻声:帮手　苍蝇　窗户　耷拉　窟窿　知识　师傅　亲戚

庄稼　心思　精神　官司　先生　跟头　功夫　钉子

阳平+轻声:柴火　合同　咳嗽　麻烦　粮食　衙门　朋友　黄瓜

俗气　裙子　便宜　门道　人家　馒头　蚊子　侄子

去声+轻声:棒槌　别扭　漂亮　厚道　笑话　钥匙　态度　外甥

爱人　岁数　事故　客气　护士　报酬　相声　粽子

上声+轻声:脑袋　眼睛　老实　喇叭　打扮　讲究　口袋　铁匠

使唤　怎么　饺子　本钱　暖和　脑子　你们　走了

**【训练提示】**

读音时请注意:前一个音节的声调是阴平、阳平、去声时,后面的轻声音节读成短促的低降调[31];当前一个音节的声调是上声时,后面的轻声音节读成短促的半高平调[44]。

### (二)儿化

**【练习材料】**

花儿(huar)　小孩儿(hai→har)　老伴儿(ban→bar)

板凳儿(deng→der 鼻化) 玩意儿(yi→yier)
皮筋儿(jin→jier) 闺女儿(nü→nüer)
短裙儿(qun→quer) 电影儿(ying→yier 鼻化)
没词儿(ci→cer) 有事儿 shi→sher 树枝儿(zhi→zher) 写字儿(zi→zer)
小鸟儿 一个劲儿 跑腿儿 打鸣儿 小胖墩儿 脚后跟儿
命根儿 一股脑儿 背心儿 瓜子儿 长方块儿 瓷花瓶儿

**【训练提示】**

1.韵母的尾音音素是舌位较低或较后的元音 a、o、e、ê、u,儿化时原韵母不变,直接卷舌。

2.韵母的尾音音素是 i、n、ng,要丢掉尾音音素 i、n、ng,主要元音卷舌。后鼻音丢掉韵尾 ng 后,主要元音同时鼻化。

3.主要元音是 i、ü 的,如:i、in、ü、ün 以及 ing,加 er。

4.舌尖元音-i(前)-i(后)换成 er。

### (三)上声的变调

**【练习材料】**

上声+阴平:百般 火车 警钟 北方
上声+阳平:祖国 旅行 导游 沈阳
上声+去声:讨论 土地 感谢 彩电
上声+轻声:斧子 马虎 伙计 椅子
上声+上声:雨水 手指 母语 小组 整体 旅馆 广场 首长 海岛 铁塔
综合练习:喜欢 展出 等车 老师 口腔 主张 小心 普通
指责 羽毛 口才 草原 敏捷 考察 卷云 果然
脚步 体育 考试 等待 美丽 丑恶 满意 笔画
也许 品种 演讲 减少 引起 水鸟 所有 手表
孔乙己 老保守 苦水井 请允许 总导演
蒙古语 跑马表 处理好 演讲稿 游泳馆

**【训练提示】**

三个上声在一起,要看它的构词法。有几种情况:(1)“双单格”,亦称为“2+1”结构。它指在该词组中前两个音节的意义关系密切,这样前两个上声变成“直上”,即(上声+上声)+上声→阳平+阳平+上声。(2)“单双格”,也称为“1+2”结构。它指在该词组中后两个音节的意义关系更密切,这样第一个上声变为“前半上”,第二个上声变为直上,第三个读原调。(3)“单三格”,亦称作“1+1+1”结构,它指在该词组中三个音节的意义关系都相近。这样第一、第二个上声变成阳平,第三个上声读原调。即上声+上声+上声→阳平+阳平+上声。

### (四)"一、不"的变调

**【练习材料】**

一年级　九九归一　同一律　从一而终

不听　不行　不许　不偏不倚　不屈不挠

一代　一律　一贯　一件

不对　不干　不信　不过

一箭双雕　一见钟情　一路顺风　一步登天

不共戴天　不速之客　不翼而飞　不见经传

一边　一群　一起　一间

一帆风顺　一丝不苟　一尘不染　一鼓作气

说一说　想一想　看一看　对不起　好不好　看不见

一心一意　一粥一饭　一帆风顺　一朝一夕　一颦一笑

不干不净　不闻不问　不即不离　不尴不尬　不伦不类

**【训练提示】**

"一"单念或作序数词时读原调(阴平调)。"不"在非去声前念本调(去声调);在去声音节前,"一、不"都变成阳平调;在非去声音节前"一"变去声;"一、不"夹在词语中间读轻声。

### (五)语气词"啊"的变调

**【练习材料】**

1. 多漂亮的小马啊!
2. 热乎乎的土地啊!
3. 注意节约啊!
4. 你在哪住啊?
5. 让我好找啊!
6. 走不走啊?
7. 快来看啊!
8. 打得真准啊!
9. 长江啊!
10. 小点声啊!
11. 人类在思考中飞腾啊!
12. 有几张椅子啊?
13. 这是第几次啊?
14. 你订几份报纸啊?
15. 多美的诗啊!

**【训练提示】**

"啊"在语流中的音变一定要自然,末尾音素和元音 a 的连读过渡得要自然、协调。

### (六)综合练习

**【练习材料】**

1. 有一天,当他在一处干涸的水塘里猛踢一个猪膀胱时,被一位足球教练看见

了。(作品41号,节选自刘燕敏《天才的造就》)[1]

2. 它虽美却不吝惜生命,即使告别也要展示给人最后一次的惊心动魄……它不苟且、不俯就、不妥协、不媚俗,甘愿自己冷落自己……人们不会因牡丹的拒绝而拒绝它的美。(作品30号,节选自张抗抗《牡丹的拒绝》)

3. 有些演讲者全神贯注在自己的讲稿上,从来不正视听众一眼。可以肯定地说,这样的演讲者在演讲的当天,就会被听众忘掉。(节选自《普通话培训教程》)

4. 捧着作文本,他笑了,蹦蹦跳跳地回家了,像只喜鹊。但他并没有把作文本拿给妈妈看,他在等待,等待着一个美好的时刻。(作品51号,节选自张玉庭《一个美丽的故事》)

5. 我崇敬那只小小的、英勇的鸟儿,我崇敬它那种爱的冲动和力量。(作品27号,节选自[俄]屠格涅夫撰、巴金译《麻雀》)

6. 她老了,身体不好,走远一点儿就觉得很累。(作品33号,节选自莫怀戚《散步》)

7. 它静静地卧在那里,院边的槐荫没有庇覆它,花儿(huā'ér)也不再在它身边生长。(作品3号,节选自贾平凹《丑石》)

8. 在历史时代,国家间经常发生对抗,好男儿(nán'ér)戎装卫国。(作品11号,节选自冯骥才《国家荣誉感》)

9. 同人一样,花儿(huā'ér)也是有灵性的,更有品位之高低。(作品30号,节选自张抗抗《牡丹的拒绝》)

10. 风儿(fēng'ér)俯临,在这座无名者之墓的树木之间飒飒响着,和暖的阳光在坟头嬉戏。(作品35号,节选自[奥]茨威格撰、张厚仁译《世间最美的坟墓》)

11. 进了门儿,倒杯水儿,喝了两口运运气儿。顺手拿起小唱本儿,唱一曲儿,又一曲儿,练完了嗓子我练嘴皮儿。绕口令儿,练字音儿,还有单弦儿牌子曲儿;小快板儿,大鼓词儿,又说又唱我真带劲儿!(绕口令《进了门》)

**附录一**

## 容易读错的多音节词语

### A

1. 挨 āi 紧　2. 挨 ái 饿受冻　3. 白皑皑 ái　4. 狭隘 ài　5. 不谙 ān 水性
6. 熬 āo 心　7. 煎熬 áo　8. 鏖 áo 战　9. 拗 ǎo 断　10. 拗 ào 口

---

① 选自《普通话水平测试指导用书》(江苏版),商务印书馆2004年版。(本教材朗读部分所用的作品×号均出自该书)

**B**

1. 纵横捭阖 bǎihé
2. 稗 bài 官野史
3. 扳 bān 平
4. 同胞 bāo
5. 炮 bāo 羊肉
6. 剥 bāo 皮
7. 薄 báo 纸
8. 并行不悖 bèi
9. 蓓蕾 bèilěi
10. 奔波 bō
11. 投奔 bèn
12. 迸 bèng 发
13. 包庇 bì
14. 麻痹 bì
15. 奴颜婢膝 bìxī
16. 刚愎 bì 自用
17. 复辟 bì
18. 濒 bīn 临
19. 针砭 biān
20. 屏 bǐng 气
21. 摒 bǐng 弃
22. 剥削 bōxuē
23. 波 bō 涛
24. 菠 bō 菜
25. 停泊 bó
26. 淡薄 bó
27. 哺 bǔ 育
28. 各奔 bèn 前程

**C**

1. 粗糙 cāo
2. 嘈 cáo 杂
3. 参差 cēncī
4. 差 chā 错
5. 偏差 chā
6. 差 chā 距
7. 搽 chá 粉
8. 猹 chá
9. 刹 chà 那
10. 差 chāi 遣
11. 谄 chǎn 媚
12. 忏 chàn 悔
13. 羼 chàn 水
14. 场 cháng 院
15. 一场 cháng 雨
16. 赔偿 cháng
17. 偿 cháng 伴
18. 绰 chāo 起
19. 风驰电掣 chè
20. 瞠 chēng 目结舌
21. 乘 chéng 机
22. 惩 chéng 前毖后
23. 惩创 chéngchuāng
24. 驰骋 chěng
25. 鞭笞 chī
26. 痴 chī 呆
27. 痴 chī 心妄想
28. 白痴 chī
29. 踟蹰 chíchú
30. 奢侈 chǐ
31. 整饬 chì
32. 炽 chì 热
33. 不啻 chì
34. 叱咤 chìzhà 风云
35. 忧心忡忡 chōng
36. 憧 chōng 憬
37. 崇 chóng 拜
38. 惆怅 chóuchàng
39. 踌躇 chóuchú
40. 相形见绌 chù
41. 黜 chù 免
42. 揣 chuǎi 摩
43. 椽 chuán 子
44. 创 chuāng 伤
45. 凄怆 chuàng
46. 啜 chuò 泣
47. 辍 chuò 学
48. 宽绰 chuò
49. 瑕疵 cī
50. 伺 cì 候
51. 烟囱 cōng
52. 从 cóng 容
53. 淙淙 cóng 流水
54. 一蹴 cù 而就
55. 璀 cuǐ 璨
56. 忖度 cǔnduó
57. 蹉跎 cuōtuó
58. 挫 cuò 折
59. 痴 chī 心妄想
60. 参 cēn 差 cī 不齐
61. 命运多舛 chuǎn
62. 嗤 chī 之以鼻
63. 绰 chuò 绰有余

**D**

1. 呆 dāi 板
2. 答 dā 应
3. 逮 dǎi 老鼠
4. 逮 dài 捕
5. 殚 dān 精竭虑
6. 虎视眈眈 dān
7. 肆无忌惮 dàn
8. 档 dàng 案
9. 当 dàng(本)年
10. 追悼 dào
11. 提 dī 防
12. 瓜熟蒂 dì 落
13. 缔 dì 造
14. 掂掇 diān · duo
15. 玷 diàn 污
16. 装订 dìng
17. 订 dìng 正
18. 恫吓 dònghè
19. 句读 dòu
20. 兑 duì 换

21. 踱 duó 步　22. 笃 dǔ 信

**E**

1. 阿谀 ēyú　2. 婀娜 ēnuó　3. 扼 è 要

**F**

1. 菲 fěi 薄　2. 沸 fèi 点　3. 氛 fēn 围　4. 肤 fū 浅
5. 敷衍塞责 fūyǎnsè　6. 仿佛 fú　7. 凫 fú 水　8. 篇幅 fú
9. 辐 fú 射　10. 果脯 fǔ　11. 随声附和 fùhè

**G**

1. 准噶 gá 尔　2. 大动干戈 gē　3. 诸葛 gé 亮　4. 脖颈 gěng
5. 提供 gōng　6. 供 gōng 销　7. 供给 gōngjǐ　8. 供 gōng 不应 yìng 求
9. 供 gòng 认　10. 口供 gòng　11. 佝偻 gōulóu　12. 勾 gòu 当
13. 骨 gū 碌碌　14. 骨 gǔ 气　15. 蛊 gǔ 惑　16. 商贾 gǔ
17. 桎梏 gù　18. 粗犷 guǎng　19. 皈 guī 依　20. 瑰 guī 丽
21. 刽 guì 子手　22. 聒 guō 噪　23. 羽扇纶 guān 巾　24. 病入膏 gāo 肓 huāng

**H**

1. 哈 hǎ 达　2. 尸骸 hái　3. 罕 hǎn 见　4. 引吭 háng 高歌
5. 沆瀣 hàngxiè 一气　6. 干涸 hé　7. 一丘之貉 hé　8. 上颌 hé
9. 喝 hè 彩　10. 负荷 hè　11. 蛮横 hèng　12. 飞来横 hèng 祸
13. 发横 hèng 财　14. 一哄 hòng 而散　15. 糊 hú 口　16. 囫囵 húlún 吞枣
17. 华 huà 山　18. 怙 hù 恶不悛 quān　19. 豢 huàn 养　20. 病入膏肓 huāng
21. 讳疾 huìjí 忌医　22. 诲 huì 人不倦　23. 阴 huì 晦　24. 污秽 huì
25. 浑 hún 水摸鱼　26. 混淆 hùnxiáo　27. 和 huó 泥　28. 搅和 huò
29. 豁 huò 达　30. 霍 huò 乱　31. 一唱一和 hè　32. 一气呵 hē 成
33. 浑 hún 浑噩噩　34. 鱼目混 hùn 珠

**J**

1. 茶几 jī　2. 畸 jī 形　3. 羁 jī 绊　4. 羁 jī 旅
5. 放荡不羁 jī　6. 无稽 jī 之谈　7. 跻 jī 身　8. 通缉 jī 令
9. 汲 jí 取　10. 即 jí 使　11. 开学在即 jí　12. 疾 jí 恶如仇
13. 嫉 jí 妒　14. 棘 jí 手　15. 贫瘠 jí　16. 狼藉 jí
17. 一触即 jí 发　18. 脊 jǐ 梁　19. 人才济济 jǐ　20. 给予 jǐyǔ
21. 觊觎 jìyú　22. 成绩 jì　23. 事迹 jì　24. 雪茄 jiā
25. 信笺 jiān　26. 歼 jiān 灭　27. 草菅 jiān 人命　28. 缄 jiān 默
29. 渐 jiān 染　30. 眼睑 jiǎn　31. 间 jiàn 断　32. 矫 jiǎo 枉过正
33. 缴 jiǎo 纳　34. 校 jiào 对　35. 开花结 jiē 果　36. 事情结 jié 果

37. 结 jié 冰　38. 反诘 jié　39. 拮据 jiéjū　40. 攻讦 jié
41. 桔 jié 梗　42. 押解 jiè　43. 情不自禁 jīn　44. 腈 jīng 纶
45. 长颈 jǐng 鹿　46. 杀一儆 jǐng 百　47. 强劲 jìng　48. 劲 jìng 敌
49. 劲 jìng 旅　50. 痉 jìng 挛　51. 抓阄 jiū　52. 针灸 jiǔ
53. 韭 jiǔ 菜　54. 内疚 jiù　55. 既往不咎 jiù　56. 狙 jū 击
57. 咀嚼 jǔjué　58. 循规蹈矩 jǔ　59. 矩 jǔ 形　60. 沮 jǔ 丧
61. 龃龉 jǔyǔ　62. 前倨 jù 后恭　63. 镌 juān 刻　64. 隽 juàn 永
65. 角 jué 色　66. 口角 jué　67. 角 jué 斗　68. 角 jué 逐
69. 倔强 juéjiàng　70. 崛 jué 起　71. 猖獗 jué　72. 一蹶 jué 不振
73. 诡谲 jué　74. 矍 jué 铄　75. 攫 jué 取　76. 细菌 jūn
77. 龟 jūn 裂　78. 俊 jùn 杰　79. 崇山峻 jùn 岭　80. 竣 jùn 工
81. 隽 jùn 秀　82. 桀 jié 骜 ào 不驯　83. 矫 jiǎo 枉 wǎng 过正
84. 泾 jīng 渭 wèi 分明　85. 三缄 jiān 其口　86. 忍俊不禁 jīn

**K**

1. 同仇敌忾 kài　2. 不卑不亢 kàng　3. 坎坷 kě　4. 可汗 kèhán
5. 恪 kè 守　6. 倥偬 kǒngzǒng　7. 会 kuài 计　8. 窥 kuī 探
9. 傀儡 kuǐ　10. 脍 kuài 炙 zhì 人口　11. 振聋发聩 kuì

**L**

1. 邋遢 lā·tā　2. 拉 lā 家常　3. 丢三落 là 四　4. 书声琅琅 láng
5. 唠 láo 叨　6. 落 lào 枕　7. 奶酪 lào　8. 勒 lè 索
9. 勒 lēi 紧　10. 擂 léi 鼓　11. 羸 léi 弱　12. 果实累累 léi
13. 罪行累累 lěi　14. 擂 lèi 台　15. 罹 lí 难　16. 潋 liàn 滟
17. 打量 liáng　18. 量 liàng 入为出　19. 撩 liāo 水　20. 撩 liáo 拨
21. 寂寥 liáo　22. 瞭 liào 望　23. 趔趄 lièqiè　24. 恶劣 liè
25. 雕镂 lòu　26. 贿赂 lù　27. 棕榈 lǘ　28. 掠 lüè 夺
29. 身陷囹 líng 圄 yǔ

**M**

1. 抹 mā 桌子　2. 阴霾 mái　3. 埋 mán 怨　4. 耄耋 màodié
5. 联袂 mèi　6. 闷 mēn 热　7. 扪 mén 心自问　8. 愤懑 mèn
9. 蒙 mēng 头转向　10. 蒙 méng 头盖脸　11. 靡 mí 费　12. 萎靡 mǐ 不振
13. 静谧 mì　14. 分娩 miǎn　15. 酩酊 mǐngdǐng　16. 荒谬 miù
17. 脉脉 mò　18. 抹 mò 墙　19. 蓦 mò 然回首　20. 牟 móu 取
21. 模 mú 样　22. 风靡 mǐ 一时　23. 所向披靡 mǐ

**N**

1. 羞赧 nǎn　2. 呶呶 náo 不休　3. 泥淖 nào　4. 口讷 nè

5. 气馁 něi
6. 拟 nǐ 人
7. 隐匿 nì
8. 拘泥 nì
9. 亲昵 nì
10. 拈 niān 花惹草
11. 宁 nìng 死不屈
12. 泥泞 nìng
13. 忸怩 niǔní
14. 执拗 niù
15. 驽 nú 马
16. 虐 nüè 待

## O

1. 偶 ǒu 然

## P

1. 扒 pá 手
2. 迫 pǎi 击炮
3. 心宽体胖 pán
4. 蹒 pán 跚
5. 滂沱 pāngtuó
6. 彷 páng 徨
7. 炮 páo 制
8. 咆哮 páoxiào
9. 炮烙 páoluò
10. 胚 pēi 胎
11. 香喷喷 pèn
12. 抨 pēng 击
13. 澎湃 péngpài
14. 纰 pī 漏
15. 毗 pí 邻
16. 癖 pǐ 好
17. 否 pǐ 极泰来
18. 媲 pì 美
19. 扁 piān 舟
20. 大腹便便 pián
21. 剽 piāo 窃
22. 饿殍 piǎo
23. 乒乓 pīngpāng
24. 湖泊 pō
25. 居心叵 pǒ 测
26. 糟粕 pò
27. 解剖 pōu
28. 前仆 pū 后继
29. 奴仆 pú
30. 风尘仆仆 pú
31. 玉璞 pú
32. 匍匐 púfú
33. 瀑 pù 布
34. 一曝 pù 十寒
35. 一暴 pù 十寒
36. 否 pǐ 极泰来
37. 暴虎冯 píng 河

## Q

1. 休戚 qī 与共
2. 蹊跷 qīqiāo
3. 祈 qí 祷
4. 颀 qí 长
5. 歧 qí 途
6. 绮 qǐ 丽
7. 修葺 qì
8. 休憩 qì
9. 关卡 qiǎ
10. 悭 qiān 吝
11. 掮 qián 客
12. 潜 qián 移默化
13. 虔 qián 诚
14. 天堑 qiàn
15. 戕 qiāng 害
16. 强 qiǎng 迫
17. 勉强 qiǎng
18. 强 qiǎng 求
19. 牵强 qiǎng 附会
20. 襁 qiǎng 褓
21. 翘 qiáo 首远望
22. 讥诮 qiào
23. 怯 qiè 懦
24. 提纲挈 qiè 领
25. 锲 qiè 而不舍
26. 惬 qiè 意
27. 衾 qīn 枕
28. 倾 qīng 盆大雨
29. 引擎 qíng
30. 亲 qìng 家
31. 曲 qū 折
32. 祛 qū 除
33. 黢 qū 黑
34. 水到渠 qú 成
35. 清癯 qú
36. 瞿 qú 塘峡
37. 通衢 qú 大道
38. 龋 qǔ 齿
39. 兴趣 qù
40. 面面相觑 qù
41. 债券 quàn
42. 商榷 què
43. 逡 qūn 巡
44. 麇 qún 集
45. 强 qiǎng 词夺理
46. 苟且 qiě 偷生
47. 锲 qiè 而不舍
48. 茕 qióng 茕孑 jié 立

## R

1. 围绕 rào
2. 荏苒 rěnrǎn
3. 稔 rěn 知
4. 妊娠 rènshēn
5. 仍 réng 然
6. 冗 rǒng 长
7. 坚忍 rěn 不拔
8. 耳濡 rú 目染
9. 相濡 rú 以沫
10. 繁文缛 rù 节

## S

1.缫 sāo 丝
2.稼穑 jiàsè
3.堵塞 sè
4.刹 shā 车
5.芟 shān 除
6.潸 shān 然泪下
7.禅 shàn 让
8.讪 shàn 笑
9.赡 shàn 养
10.折 shé 本
11.慑 shè 服
12.退避三舍 shè
13.海市蜃 shèn 楼
14.舐 shì 犊之情
15.教室 shì
16.有恃 shì 无恐
17.狩 shòu 猎
18.倏 shū 忽
19.束缚 shùfù
20.刷 shuà 白
21.游说 shuì
22.吮吸 shǔn
23.瞬 shùn 息万变
24.怂恿 sǒngyǒng
25.塑 sù 料
26.簌簌 sù
27.虽 suī 然
28.鬼鬼祟祟 suì
29.婆娑 suō
30.狼奔豕 shǐ 突
31.舐 shì 犊情深
32.隔靴搔 sāo 痒

## T

1.趿 tā 拉
2.鞭挞 tà
3.叨 tāo 光
4.熏陶 táo
5.体 tī 已
6.孝悌 tì
7.倜傥 tìtǎng
8.恬 tián 不知耻
9.殄 tiǎn 灭
10.轻佻 tiāo
11.调 tiáo 皮
12.妥帖 tiē
13.请帖 tiě
14.字帖 tiè
15.恸 tòng 哭
16.如火如荼 tú
17.湍 tuān 急
18.颓 tuí 废
19.蜕 tuì 化
20.囤 tún 积

## W

1.逶迤 wēiyí
2.违 wéi 反
3.崔嵬 wéi
4.冒天下之大不韪 wěi
5.为 wèi 虎作伥 chāng
6.龌龊 wòchuò
7.斡 wò 旋
8.深恶 wù 痛绝
9.纨 wán 绔 kù 子弟
10.唯 wéi 唯诺诺
11.请君入瓮 wèng

## X

1.膝 xī 盖
2.檄 xí 文
3.狡黠 xiá
4.厦 xià 门
5.纤维 xiānwéi
6.翩跹 xiān
7.屡见不鲜 xiān
8.垂涎 xián 三尺
9.勾股弦 xián
10.鲜 xiǎn 见
11.肖 xiào 像
12.采撷 xié
13.叶 xié 韵
14.纸屑 xiè
15.机械 xiè
16.省 xǐng 亲
17.不朽 xiǔ
18.铜臭 xiù
19.星宿 xiù
20.长吁 xū 短叹
21.自诩 xǔ
22.抚恤 xù 金
23.酗 xù 酒
24.煦 xù 暖
25.眩晕 xuànyùn
26.炫 xuàn 耀
27.洞穴 xué
28.戏谑 xuè
29.驯 xùn 服
30.徇 xùn 私舞弊
31.鲜 xiǎn 为人知
32.惟妙惟肖 xiào
33.寡廉鲜 xiǎn 耻
34.屡见不鲜 xiān
35.不屑 xiè 一顾
36.一张一翕 xī
37.弦 xián 外之音
38.乳臭 xiù 未干

## Y

1.倾轧 yà
2.揠 yà 苗助长
3.殷 yān 红
4.湮 yān 没
5.筵 yán 席
6.百花争妍 yán
7.河沿 yán
8.偃 yǎn 旗息鼓
9.奄奄 yǎn 一息
10.赝 yàn 品
11.佯 yáng 装
12.怏怏 yàng 不乐

13. 安然无恙 yàng
14. 杳 yǎo 无音信
15. 窈窕 yǎotiǎo
16. 发虐 yào 子
17. 耀 yào 武扬威
18. 因噎 yē 废食
19. 揶揄 yéyú
20. 陶冶 yě
21. 呜咽 yè
22. 摇曳 yè
23. 拜谒 yè
24. 笑靥 yè
25. 甘之如饴 yí
26. 颐 yí 和园
27. 迤逦 yǐlǐ
28. 旖旎 yǐnǐ
29. 自怨自艾 yì
30. 游弋 yì
31. 后裔 yì
32. 奇闻轶 yì 事
33. 络绎 yì 不绝
34. 造诣 yì
35. 友谊 yì
36. 肄 yì 业
37. 熠熠 yì 闪光
38. 一望无垠 yín
39. 荫 yìn 凉
40. 应 yīng 届
41. 应 yìng 承
42. 应 yìng 用文
43. 应 yìng 试教育
44. 邮 yóu 递员
45. 黑黝黝 yǒu
46. 良莠 yǒu 不齐
47. 迂 yū 回
48. 向隅 yú 而泣
49. 愉 yú 快
50. 始终不渝 yú
51. 逾 yú 越
52 年逾 yú 古稀
53. 娱 yú 乐
54. 伛偻 yǔlǚ
55. 舆 yú 论
56. 尔虞 yú 我诈
57. 囹圄 yǔ
58. 参与 yù
59. 驾驭 yù
60. 家喻 yù 户晓
61. 熨 yù 贴
62. 寓 yù 情于景
63. 鹬蚌 yù 相争
64. 卖儿鬻 yù 女
65. 断瓦残垣 yuán
66. 苑囿 yuànyòu
67. 头晕 yūn
68. 允 yǔn 许
69. 晕 yùn 船
70. 酝酿 yùnniàng
71. 一塌 tā 糊涂
72. 香销玉殒 yǔn
73. 自怨自艾 yì
74. 偃 yǎn 旗息鼓
75. 揠 yà 苗助长
76. 良莠 yǒu 不齐
77. 睚 yá 眦 zì 必报
78. 自怨自艾 yì
79. 窈 yǎo 窕 tiǎo 淑女

## Z

1. 扎 zā 小辫
2. 柳荫匝 zā 地
3. 登载 zǎi
4. 载重 zài
5. 载 zài 歌载舞
6. 怨声载 zài 道
7. 拒载 zài
8. 暂 zàn 时
9. 臧否 zāngpǐ
10. 宝藏 zàng
11. 确凿 záo
12. 啧啧 zé 称赞
13. 谮 zèn 言
14. 憎 zēng 恶
15. 赠 zèng 送
16. 驻扎 zhā
17. 咋 zhā 呼
18. 挣扎 zhá
19. 札 zhá 记
20. 轧 zhá 钢
21. 择 zhái 菜
22. 占 zhān 卜
23. 客栈 zhàn
24. 破绽 zhàn
25. 精湛 zhàn
26. 颤 zhàn 栗
27. 高涨 zhǎng
28. 诏 zhào 书
29. 着 zháo 慌
30. 沼 zhǎo 泽
31. 召 zhào 开
32. 肇 zhào 事
33. 折腾 zhē
34. 动辄 zhé 得咎 jiù
35. 蛰 zhé 伏
36. 贬谪 zhé
37. 铁砧 zhēn
38. 日臻 zhēn 完善
39. 甄 zhēn 别
40. 箴 zhēn 言
41. 缜 zhěn 密
42. 赈 zhèn 灾
43. 症 zhēng 结
44. 拯 zhěng 救
45. 症 zhèng 候
46. 诤 zhèng 友
47. 挣 zhèng 脱
48. 脂 zhī 肪
49. 踯躅 zhízhú
50. 近在咫 zhǐ 尺
51. 博闻强识 zhì
52. 标识 zhì
53. 质 zhì 量
54. 脍炙 zhì 人口
55. 鳞次栉 zhì 比
56. 对峙 zhì
57. 中 zhōng 听
58. 中 zhòng 肯
59. 刀耕火种 zhòng
60. 胡诌 zhōu
61. 啁 zhōu 啾
62. 压轴 zhòu
63. 贮 zhù 藏
64. 莺啼鸟啭 zhuàn
65. 撰 zhuàn 稿
66. 谆谆 zhūn
67. 弄巧成拙 zhuō
68. 灼 zhuó 热
69. 卓 zhuó 越
70. 啄 zhuó 木鸟
71. 着 zhuó 陆
72. 穿着 zhuó 打扮
73. 恣 zì 意
74. 浸渍 zì
75. 作 zuō 坊
76. 柞 zuò 蚕
77. 惴 zhuì 惴不安
78. 乌烟瘴 zhàng 气

## 经常误读的多音节词语

伺候 cìhou　家畜 jiāchù　请帖 qǐngtiě　酗酒 xùjiǔ　与会 yùhuì
谙练 ānliàn　盎司 àngsī　凹陷 āoxiàn　谄谀 chǎnyú　炽热 chìrè
惆怅 chóuchàng　辍学 chuòxué　璀璨 cuǐcàn　玷污 diànwū　恫吓 dònghè
笃信 dǔxìn　废黜 fèichù　汾酒 fénjiǔ　刽子手 guìzishǒu　裹挟 guǒxié
胡诌 húzhōu　踝骨 huáigǔ　奇数 jīshù　畸形 jīxíng　犄角 jījiǎo
脊椎骨 jǐzhuīgǔ　戛然 jiárán　缄默 jiānmò　犟嘴 jiàngzuǐ　孑然 jiérán
矜持 jīnchí　粳米 jīngmǐ　痉挛 jìngluán　沮丧 jǔsàng　咀嚼 jǔjué
角色 juésè　累赘 léizhui　擂台 lèitái　腼腆 miǎntiǎn　蒙骗 mēngpiàn
模子 múzi　拈阄儿 niānjiūr　鸟瞰 niǎokàn　忸怩 niǔní　滂沱 pāngtuó
蹒跚 pánshān　抨击 pēngjī　澎湃 péngpài　纰漏 pīlòu　毗邻 pílín
癖好 pǐhào　媲美 pìměi　剽悍 piāohàn　剽窃 piāoqiè　撇开 piēkāi
撇嘴 piězuǐ　婆娑 pósuō　叵测 pǒcè　剖析 pōuxī　气馁 qìněi
蹊跷 qīqiāo　契机 qìjī　卡壳 qiǎké　牵掣 qiānchè　掮客 qiánkè
荨麻 qiánmá　翘首 qiáoshǒu　悄然 qiǎorán　惬意 qièyì　龋齿 qǔchǐ
祛除 qūchú　躯壳 qūqiào　妊娠 rènshēn　偌大 ruòdà　缫丝 sāosī
瘙痒 sàoyǎng　霎时间 shàshíjiān　赡养 shànyǎng　晌午 shǎngwǔ　深邃 shēnsuì
神龛 shénkān　尸骸 shīhái　拾掇 shíduo　侍奉 shìfèng　似的 shìde
涮锅子 shuànguōzi　思忖 sīcǔn　夙愿 sùyuàn　榫眼 sǔnyǎn　拓片 tàpiàn
绦虫 tāochóng　调唆 tiáosuō　挑唆 tiǎosuō　湍急 tuānjí　拓荒 tuòhuāng
剜肉 wānròu　蜿蜒 wānyán　蔓儿 wànr　腕子 wànzi　威吓 wēihè
巍然 wēirán　萎靡 wěimǐ　猥琐 wěisuǒ　猥亵 wěixiè　斡旋 wòxuán
忤逆 wǔnì　吸吮 xīshǔn　檄文 xíwén　瑕疵 xiácī　吓唬 xiàhu
涎水 xiánshuǐ　楔子 xiēzi　星宿 xīngxiù　渲染 xuànrǎn　炫耀 xuànyào
眩晕 xuànyùn　绚烂 xuànlàn　血渍 xuèzì　徇情 xùnqíng　殷红 yānhóng
岩层 yáncéng　眼睑 yánjiǎn　赝品 yànpǐn　唁电 yàndiàn　要挟 yāoxié
窈窕 yǎotiǎo　谒见 yèjiàn　穴位 xuéwèi　隐讳 yǐnhuì　引擎 yǐnqíng
应和 yìnghè　余孽 yúniè　玉玺 yùxǐ　谕旨 yùzhǐ　晕厥 yūnjué
晕车 yùnchē　杂沓 zátà　凿子 záozi　造诣 zàoyì　渣滓 zhāzi
扎手 zhāshǒu　轧钢 zhágāng　栅栏 zhàlan　择菜 zháicài　粘连 zhānlián
瞻望 zhānwàng　湛蓝 zhànlán　颤栗 zhànlì　着慌 zháohuāng　着落 zhuóluò
肇事 zhàoshì　蛰伏 zhéfú　褶皱 zhězhòu　甄别 zhēnbié　箴言 zhēnyán
诤言 zhèngyán　咫尺 zhǐchǐ　妯娌 zhóuli　贮藏 zhùcáng　专横 zhuānhèng
转瞬 zhuǎnshùn　撰述 zhuànshù　装殓 zhuāngliàn　装帧 zhuāngzhēn　拙见 zhuōjiàn
卓见 zhuójiàn　卓识 zhuóshí　灼见 zhuójiàn　茁壮 zhuózhuàng　辎重 zīzhòng
租赁 zūlìn　阻塞 zǔsè　作坊 zuōfang　作弄 zuōnòng　柞蚕 zuòcán
作梗 zuògěng　做作 zuòzuo　作祟 zuòsuì　拾掇 shíduo　给以 gěiyǐ
给予 jǐyǔ　纤维 xiānwéi　辍学 chuòxué　风靡 fēngmǐ　恰当 qiàdàng

邻居 línjū
倒腾 dǎoteng
请帖 qǐngtiě
搪塞 tángsè
秘书 mìshū
穴位 xuéwèi
处分 chǔfèn
乳臭 rǔxiù
事迹 shìjì
汾酒 fénjiǔ
逮捕 dàibǔ
教室 jiàoshì
岷山 mínshān
叵测 pǒcè
会计 kuàiji

怪癖 guàipǐ
困难 kùnnan
曲折 qūzhé
报酬 bàochou
爽快 shuǎngkuai
因为 yīnwèi
烟筒 yāntong
气氛 qìfēn
勉强 miǎnqiǎng
教诲 jiàohuì
堵塞 dǔsè
惩罚 chéngfá
说过 shuōguo
胆怯 dǎnqiè
证券 zhèngquàn

桎梏 zhìgù
仍旧 réngjiù
挑衅 tiǎoxìn
聪明 cōngming
总结 zǒngjié
尽管 jǐnguǎn
酗酒 xùjiǔ
清楚 qīngchu
强迫 qiǎngpò
芥末 jièmo
糯米 nuòmǐ
囚犯 qiúfàn
呕吐 ǒutù
头发 tóufa
相片 xiàngpiàn

打捞 dǎlāo
然而 rán'ér
一会儿 yíhuìr
即使 jíshǐ
比较 bǐjiào
兴奋 xīngfèn
紊乱 wěnluàn
不禁 bùjīn
输血 shūxuè
哺育 bǔyù
谬论 miùlùn
什么 shénme
喷吐 pēntǔ
念头 niàntou
唱片儿 chàngpiānr

菲薄 fěibó
指甲 zhǐjia
本色儿 běnshǎir
着陆 zhuólù
血本 xuèběn
匕首 bǐshǒu
熏陶 xūntáo
道理 dàoli
立即 lìjí
号召 hàozhào
脉脉 mòmò
逶迤 wēiyí
怄气 òuqì
挂念 guàniàn

# 第三单元　态势语训练

你应学会在交际活动中，在用有声语言传情达意外，辅以各种姿态、动作、表情来帮助自己表达思想感情。

## 训导模块

### 导学精读

态势语是一种“无声的语言”，在教学中能辅助有声语言更准确、更形象、更直观地表达教师的意图和情感，对提高教育教学效果具有重要作用。教师态势语实际上是教师展现课堂教学艺术的有效手段，是实现教师教学意图的重要方式，是教师完成和学生交流的必要辅助。端庄、得体的身姿语可以吸引学生注意力，自然、适度的手势语可以辅助教学，生动、丰富的表情语可以渲染课堂气氛，变化、明快的目光语可以及时捕捉反馈信息。所以，态势语的训练对于提高教师语言实践能力的作用是不可忽视的。

### 一、什么是态势语

态势语是一种最古老、最原始的交际方式，也是历史最悠久的交际方式。它是指通过体态、手势、眼神等方式来传情达意的一种语言辅助形式，包括人的动作、神态、表情等各个方面，也叫体语、体态语等。它具有交流思想、传达感情、暗示心理、描摹形态、渲染气氛等多种功能。根据人体范围，可以将态势语分为两大类：一类是整体态势语，包括身姿语、服饰语、界域语；另一类是局部态势语，包括手势语、表情语、目光语。

### 二、态势语的种类

（一）眼神

1. 环顾，即用眼神环视听众。运用这种方法要神态自然，视线向前流转，以观察听众。眼光在全场按一定部位自然地流转，但头部不可摆动。这种眼神可以控制全场情绪，还可以了解听众反应以检查自己表达的效果。

2. 专注，就是把视线集中在某一点或某一区域。这种方法只同个别或部分听众交流视线，可以以此来引导全场听众专心听讲，还可以制止个别听众在场的小声议论或小动作。

3.虚视，即用眼睛似看非看，运用这种方法要睁大眼睛面向全场观众，而不专注某一点，这样全场观众都以为讲话者在注视他们，于是全场便被控制，同时，聚集的目光还可缓解怯场引起的紧张情绪。

虚视与专注配合可以消除专注容易造成的目光呆滞的不足。在回忆和想象时，虚视还可以把听众带入假设的意境，受到熏陶和感染。

### （二）面部表情

邵守义先生说："如果说'眼睛是心灵之窗'，那么脸面就是'心灵的镜子'。"这面镜子，是由脸的颜色、光泽、肌肉的收展，以及脸面的纹络组成的。它以最敏感的特点，把具有各种复杂变化的内心世界，如高兴、悲哀、痛苦、畏惧、愤怒、失望、忧虑、烦恼、报复、疑惑等最迅速、最敏捷、最充分地反映出来。

在口语表达中，我们运用面部表情表达自己的内心情感时，要注意：

1.要灵敏。能较迅速、敏捷地反映内心情感。

2.要鲜明。能准确、明朗地让观众觉察到你的微小变化。

3.要真实。让观众相信是发自你心灵深处最真挚的流露。

4.要有分寸。不愠不火，适可而止。过火则造作，不及则平淡。

### （三）手势

手势在态势语中动作最明显，表达最自然。从形式上看，可分为手掌手势、手指手势、拳头手势。从表意作用上分为象形手势、指示手势、情意手势、象征手势。象形手势主要用来摹形状物，给听众一种形象的感觉；指示手势有指明对象、方向的作用；情意手势能突出说话人的强烈情感，渲染气氛，增强感染力；象征手势可以用具体动作表现比较抽象的思想内容。

手势活动范围可分为三个区域：肩部以上为上区，多表现积极、振奋、赞扬等情意；肩至腰部为中区，多表示平静、严肃、和气等；腰部以下为下区，多表示否定、压抑、鄙视等。

### （四）身姿

身姿，主要指站姿、坐姿、走姿。身姿不仅可以强化口语信息的表达效果，还可以反映一个人的气质、风度、素养和内心活动。

正确的身姿是站如松、坐如钟。

站时，两脚基本平行，相距与肩同宽或相当自己的两个拳头宽，挺胸收腹；坐时，收腿、平肩、直腰、身正；走时，挺胸抬头，目视前方，步态从容，手臂自然摆动。

## 三、态势语的作用

态势语具有三种功能:在激发感情并欲造成渲染效果时,对重要的问题、词句进行加重或强调处理时,在做肯定或否定判定时,发挥加势和强化功能;当言不足意或不宜明言时,借舞手蹈足以达之,发挥的是取代功能和注释功能;它辅助有声语言,使有声和无声二者彼此互补、相得益彰,让演讲得到完美的体现,这是它的优化功能。

## 四、态势语训练的基本要求

和谐,是态势语运用的美学要求,包括态势语运用的得体、自然和适度。态势语的运用要同有声语言的内容、语调、响度、节奏等协调,要同说话或听话者的心态、情感吻合,态势语本身各构成要素(如身姿、手势、表情、目光)之间要做到局部与整体的和谐。

1. 得体。听说双方的态势语运用要同特定的口语交际场合相符合,要同口语交际的目的相符合,要同听、说双方的身份、年龄等相符合。

2. 自然。态势语的运用应当是随情所至,自然大方,是内容、情感的自然表达,是个性风格的自然流露。态势语训练不应限定僵化的、同一的模式,反对矫揉造作。但自然并不等于意识的随意,而是受口语交际目的的制约。

3. 适度。态势语运用的幅度、力度、频率等受到有声语言、语境等因素的制约,要注意把握分寸。动作幅度不宜过分夸张,形式不宜复杂;力度和频率要适中,要有助于口语表达,而不要喧宾夺主、哗众取宠。

## 五、要纠正的不良习惯动作

1. 矫揉造作、装腔作势、粗野放肆,不根据实际需要去运用动作。

2. 倾斜着身子,耸立肩膀(又称端肩),东摇西晃,抓耳挠腮,挖鼻揉眼,频繁使用手帕或纸巾。

3. 惊慌不安,六神无主,莫名其妙地傻笑,眼睛望着天花板,死盯着讲稿或地下,不时地眼看着窗外或是眼光不停地从一处扫到另一处。

4. 从一只脚到另一只脚前后摇动,两腿交叉站立,腿与腿之间的距离太近或太远,把脚踩在椅子上。

5. 手臂交叉分开,手放在背后或伸进衣袋里,让钱币和钥匙之类的东西叮当作响。

6. 拇指插进裤腰带中,当众抓痒,把手绞在一起,或两肘紧挟。

7. 不时解开又扣上纽扣,揉搓衣角,玩弄和卷起讲稿等。

态势语中的不良习惯动作还不止这些,这些动作如果出现在演讲中一般是不允许的,因为它们会破坏整个演讲效果。在演讲中态势语的恰当运用可以表现一个人的成熟、自信、涵养、气质和风度。如果不从艺术上给予过分要求,那么至少也要做到：一要以自己所要表达的思想感情为根据，二要和演讲的语言意思协调一致，三要符合自己的身份、性别、职业、体貌等。

## 训练模块

### 训练要点

以手势、目光和身体姿态训练为重点，力求达到态势语得体、自然、适度的要求。

## 一、手势语训练

### 导练略读

#### （一）手是第二张脸

肢体的动作常能起到带动情绪的作用，而在肢体的语言中，手势语又尤为重要，手势的高低对于情绪的表达是非常直接的。手指抵于嘴前，一手手指顶向另一手手心都是常见的表示“停止说话”的手势语。

手是人体敏锐丰富的表意传情的器官之一。有人说，手是第二个脸。它以众多的不同态势的造型，描摹着事物的复杂状貌，传送着人们的潜在心声，披露着说话者内心深处的微妙情感。

手势表达的含义相当丰富，可以大致分为三种：一是象形手势，用于描摹事物或人物的形象；二是指示手势，用以指明要求或指明口语中所说的具体对象；三是情意手势，用来表达说话者的情感。

手势的方向不同也表示不一样的意思，比如：

1. 手指语言：“大拇指”动作一般表夸奖、很好，但有时表高傲的情绪；“十指交叉”一般表自信、敌对情绪、感兴趣；“抓指式”一般表控制全场之势；“背手”可给自己壮胆，镇静，也表自信，但对有的人是种狂妄表现；“手啄式”表示不礼貌的动作，本身就有一种挑衅、针对和强制性。以上都要看具体环境和当时面部表情。

2. 手掌语言：“向上”表示诚恳、谦虚；“向下”表示提醒、命令；“紧握伸食指”带有一种镇压性；“搓掌”表示期待，快搓表示增加可信度，慢搓表示有疑虑；“手掌向前”表示拒绝、回避；“手掌由内向外推”表示安慰、把所有的问题概括起来；“劈掌”表示果断、决心。

3. 手臂语言：“手臂交叉”表示防御；“交叉握拳”表示敌对；“交叉放掌”表示有点紧张并在努力控制情绪；“一手握另一只手上臂，另外一只手下垂”表示缺乏自信。

#### （二）视线的位置很重要

眼睛是心灵的窗户，目光是面部表情达意最丰富的渠道。在口语交际中，根据视线停留的位置,分成以下三类目光类型。

一是亲密注视。(1)近亲密注视:对方两眼与胸部之间的倒三角区;(2)远亲密注视:对方两眼与裆部之间的倒三角区。

二是社交注视。对方两眼与嘴部之间的倒三角区。

三是严肃注视。对方前额之间的倒三角区。

与人交往中,要适时适度地注意对方。注意的位置要视与对方的人际关系而定。如果是亲人,比如父母、兄妹、恋人等可取亲密注视。它分为近亲注视与远亲注视两种。前者指视线停留在两眼和下巴的三角区域,后者指视线停留在下巴和胸部之间的三角区域。如果是一般商务场合的人,比如谈判对象则用社交注视,即视线停留在双眼与嘴部之间的三角区域。有时要表达一种威严、愤怒等情形,使自己处于主动,则可运用严肃注视,即将视线停留在对方前额的一个假定的三角形区域。

我们还要根据语境和口语交际的需要恰当运用各种眼神来帮助说话,如:正视表示庄重、诚恳,斜视表示轻蔑,环视是与听众交流,点视具有针对性和示意性,仰视表示崇敬或傲慢,俯视表示关心或忧伤,凝视表示专注,漠视表示冷漠,虚视可以消除紧张心理等。

### (三)不同的文化,不同的手势语

中国人用来表示“2”的手势,在欧美手背朝内,表示“胜利”、“成功”;手背朝外,则暗示伤风败俗的意思。

中国人用来表示“6”的手势,在夏威夷成了问好的招呼动作(要伴以晃动)。

中国人用来表示“9”的手势,日本人用来表示“偷窃”。

中国人用来表示“10”的手势,在英美表示“祝好运”或表示与某人的关系密切。

表示“O”的手势:

在中国用来表示“O”的手势,只注意圆圈儿部分,至于其他三指或蜷或伸并不重要。

在英美伸开时的手势表示 OK,意思为“好”、“行”、“对”、“是”(有时还要同时眯上一只眼睛)。

在法国,表示此意时常伴随着微笑,一般情况下只表示“微不足道”或“无价值”。

在日本,这一手势表示“金钱”。

斯里兰卡的佛教徒用右手做同样的手势,放在颌下胸前,同时微微欠身颔首,用以表示希望对方“多多保重”。

一些研究者观察到,文化不同使用手势的方式及其所具有的含义都有一系列差异,简单的致意有许多种不同的手势来表现。在中国,人们不喜欢被别人触摸,点一下头或稍微鞠躬通常表示问候,但是握手也是被人接受的。在各国文化中,某种手势所具有的含义也是不同的,在美国,当某人示意一个朋友过来时,通常是做出这样的一个手势,即将一个手的手指或紧或疏地并拢在一起,朝上,同时做顺时针方向运动，该手势所比拟好像是将其友拉近的动作。世界上很多地方的人如想和一个朋友打招呼时，如中国人，会将手作环状，手心朝下，手指按逆时针方向转动。而美国人看到这个手势会以为那个人在和他或她再见，而不是招呼自己走近。

在阿拉伯世界，将鞋底指向阿拉伯人（如有些老板常常将脚放到桌上的动作）或者交叉着双腿坐着不会被认为是上司权威性和自信心的体现，而会被看作是一种极不尊重对方的行为。有一位教诗歌的英国教授曾到埃及开罗的一所大学讲课。在讲解一首诗时，这位教授得意忘形地往后仰坐在椅子上，以致露出了自己的足底，并且足底正好对着全体学生，于是招致满座皆惊。因为在穆斯林社会，做出这样的姿势是一种最带侮辱性的动作。第二天，开罗的报纸纷纷以横幅标题报道了学生对此提出的抗议。他们谴责了英国所谓的"礼仪"，并要求把那位教授赶回老家。所以，在你的工作中，你应当明确这种文化差异给体态行为的解释会带来任何你意想不到的后果。

## 训练设计

**【练习题】**

1. 观察并收集人们说"你好"、"再见"等常用语句时的各种不同手势，说说这些手势同说话者的性格或交际双方的人际关系有什么联系。

2. 列举并评析人们说"我"、"你"、"他"时的各种手势，选用你认为最合适的手势进行自练。

3. 根据手势建议的提示练习边朗诵，边做手势语。

| ○的断想 | 手势建议 |
| --- | --- |
| ○是谦虚者的起点，<br>骄傲者的终点。 | 象征手势。可单手掌心向上，抬小臂，<br>微伸；中区。翻转掌心，向下。 |
| ○的负担最轻，<br>但任务最重。 | 情意手势。抬臂至肩下，握拳，拳心向内。 |
| ○是一面镜子，<br>让你认识自己。 | 指示手势。松拳；掌心向内贴于左胸。 |
| ○是一只救生圈，<br>让弱者随波逐流。 | 情意手势。翻转掌心，向下；由内向外移动； |
| ○是一面敲响的战鼓，<br>强者奋勇进取。 | 举起右手，带动小臂，向前向上抬；<br>手与肩平，动作有力度。 |

4. 给下面的每一句话设计一个手势：

——大家安静，安静！

——我讲的这个问题非常重要！

——这么一讲，我们不就完全明白了吗？

——注意，有一点切不可大意！

——有人想这么办不行，这是触犯刑律的，绝对不行！

**【训练提示】**

1. 表示“我”的姿势：表示同一意思的手势往往不止一个，有以手轻按胸口的；有以食指指指自己鼻子的；还有以拇指自指的。第一种姿势一般用来表示谦虚和诚意；第三种姿势往往用来表示夸耀。

2. 朗诵诗歌时，各诗句的动作有连贯性，过渡自然，中间不要做收势、出势。动作幅度也不宜过大。练习时不要拘泥于“手势建议”，可根据自己对诗句的体会，创造性地进行设计。

## 二、目光语训练

### 训练设计

**【练习题】**

1. 将前方一固定物想象成你最喜欢的人或拿一面镜子对里面的自己说话，进行目光语的练习。

2. 每人登台面向全体同学做 3～5 个不同的目光语，并口述含义，师生共同纠正。

3. 坐在讲台上，一边念稿，一边和同学们进行目光交流。

4. 讨论：下面的眼神可能透露了什么？

(1)听着听着，目光凝滞住了；

(2)听着听着，眼睛忽然湿润了；

(3)听着听着，身子不停地扭动起来；

(4)听着听着，忽然眼睛闪动了一下，向别处看去；

(5)听着听着，眼珠转动，不自觉地搓着双手；

(6)听着听着，一面点头，一面打起哈欠来。

5. 下列视角的正、仰、斜、俯，透出的信息可能是：

(1)正视，一般表示？　　(2)斜视，一般表示？

(3)仰视，一般表示？　　(4)俯视，一般表示？

6. 下列视线的长、短、软、硬，透出的信息可能是：

(1)长而硬的视线(直视)一般表示？　　(2)长而软的视线(虚视)一般表示？

(3)短而硬的视线(盯视)一般表示？　　(4)短而软的视线(探视)一般表示？

(5)视线忽然消失(短暂闭目)一般表示？

**【训练提示】**

1. 眼神训练时，不要死盯一个人或一个目标，目不转睛，适当时候做一些活动和调整；不要盯着观众的脖子、下颌或其他什么地方，应注视观众的眼睛；眼神要注意与头及身体的协调。看前面的目标，不能只抬眼皮不抬头或抬头转头无眼神儿。

2. 练习题中关于视角、视线，在我们实际运用时切莫机械套用，它只是提供了表达中的一种调控依据。

## 三、坐、站、走姿训练

### 导练略读

身姿语包括站姿、坐姿、行姿等，是构成口语交际中说话者整体形象的重要因素。

古人云：站如松（挺身直立），坐如钟（正襟危坐），行如风（步履稳健）。教师更应该在日常教学中注意自己的身姿。

1. 站姿，是讲话的基本姿势之一。一般分为三种形式：一是自然式，两脚平行或略成八字形，双距与肩同宽；二是前进式，两脚一前一后，相距适中；三是丁字式，两脚成丁字站立。无论哪种站姿，都应该肩平、腰直、身正、立稳。

2. 坐姿，任何坐姿都反映人的心理状态。如落座在座位的前半部，两腿平行垂直，两脚落地，腰板挺直，说明说者听者都十分严肃认真；抬头仰身靠在座位上，是倨傲不恭的表现；上身略微前倾，头部侧向说话者，是洗耳恭听的表现；上身后仰并把脚放在面前的茶几或桌子上，是放纵失礼的行为；欠身坐在椅子的一角是拘谨的表现；跷起二郎腿不时晃动的坐姿表现了听话人心不在焉。在口语交际中，作为说话者要注意观察听话者身姿的变换，推测对方的心理状态，依此来及时调整自己的口语表达；作为听话者，也可以通过有意识的身姿变换，实现与对方的心理沟通或调控口语交际过程。

3. 行姿，走路时要抬头挺胸，步履稳健而轻捷，不要慌慌张张、摇摇晃晃、拖拖沓沓。

### 训练设计

**【练习题】**

1. 观看中央台访谈节目的录像，观察专访主持人的坐姿并进行模仿练习。

2. 请一人站到讲台上，根据以上的站姿规范，做出自然式、前进式和丁字式的站立姿势。

3. 请每位同学绕教室走一圈，同学、老师指出其是否合乎要求，问题在哪儿。

**【训练提示】**

1. 坐姿训练要做到：入座起座动作要轻盈舒缓，从容自如，切忌猛坐猛起；落座要保持上身平直，含胸驼背，会显得萎靡不振；不要玩弄桌上东西或不停抖腿，给人无修养之感。

2. 站姿训练要做到：女同学站立双脚成“V”型，双膝和双脚后跟尽量靠紧；男同学站立时，双脚可稍稍叉开，最多与肩同宽；一般情况下，不要把手插在衣服或裤子的兜里。

3. 不要左右晃肩，也不要左右晃胯；同行注意调整步幅，尽量同步行走；保持膝关节和脚尖正对前进的方向，避免双脚成内八字或外八字。如果已经有了这样的行走习惯，一定要努力纠正。

# 第四单元　听话训练

在听的过程中,你能够正确理解语意、辨析正误,并且悟出言外之意,从而提高言语交际能力。

## 训导模块

### 导学精读

#### 一、什么是听话

听的能力是口头语言的接受能力,是一种重要的语文能力。在人的智力发展过程中,读写能力的培养建立在听说能力之上,其中,听又是说的基础。

一般来说,听话能力就是感知、理解记忆别人说话意图的能力。听是被动接受的技能,听的言语活动是机械地、被动地理解和接受信息的过程。在语言学习乃至人类交往活动中,听是最基本的形式,是理解和吸收口头信息的交际能力。在语言学习中,听是吸收和巩固语言及培养说、读、写语言能力的重要手段。

据专家研究表明,在一个人必备四种语文能力中,听占45%、说占30%、读占16%、写占9%。可见听的使用频率和范围远大于说、读、写,其重要性不容忽视。

我们必须接受认真的听话训练,才能适应现代社会生活的挑战。现代社会要求在听话能力上做到听得准、理解快、记得清,做到听话的一次准确性,具有较强的听话品评力和听话组合力。当然,这种能力不是自发形成的,必须通过严格的训练和参加社会交际活动才能逐步提高。

#### 二、听话的特点

1. 稍纵即逝性。在常见的口头交际中,听与说在一般情况下,全凭听话人即时地听取然后由大脑储存起来,必要时再通过回忆反映出当时的情形细节或讲述内容。因此对说话人来说,讲过的话马上消逝了;对听话人来说,听,带有一定的被动性,听过的话也立即被隐藏起来了。

2. 听说交互性。听话是听别人说,说话是说给别人听。一般情况下,听与说是一个相互交融的过程,有说客必然有听众,有听众必有相应的说客。在听话过程中,听话者是主体,被听的语声是客体;而在说话过程中,说话者是主体,听众则是客体。因此,听话具有交互性。

3.时空确定性。你在什么时候、什么地点，听什么人对你说什么话或偶尔在何时何方听到何人说何话，总有一个确切的时间和空间。当你听到别人在何时何方说话的同时，往往能够回想起听说的具体内容，这些内容，也许有中心有重点，也许无中心无重点；也许是一点两点，也许是更多……

## 三、听话的过程和要求

俗话说，“十聋九哑”，“会说的不如会听的”。有鉴于此，有人提出，所谓口才，并非“口上之才”，口才学应为“口耳之学”。从人类语言活动的规律来看，也是先有“听”后有“说”，没有听话也就没有表达。正是从这个意义上讲，听话是一切言语交流与应变的前提。研究“说话”必须从研究“听话”开始，“练口”的同时还必须注意“练耳”。据专家称，在实际生活中，“不会听”大有人在。能平心静气地、有目的地倾听对方说话的人不到总人数的10%。再加上口头交际环境的复杂性（引起听众注意力分散的因素甚多），稍不留意，便会造成偏听、误听、漏听或没有听清、听懂的情况。

### （一）听话过程的五个环节

1.听清。听清主要是指集中注意力听清别人说话的内容，包括“观色”和“辨音”两个方面。“观色”就是明白、真切地看清楚来自说话人体态方面的内容或特征。“辨音”是指对来自说话人的有声语言的音节、语调听得真切、明白。听清，是听知活动中一系列环节得以展开的前提和基础。

2.听记。听记主要是指记住别人说话的内容，包括话语的观点、头尾、主要事实以及重要的停顿和转折的地方、关键词等等。听记，并不是要对说话内容“全文照录”，而是摘要而记。听记的主要手段是心记，当然也可以笔录。听记是听知活动中对话语内容进行领悟和评价的重要环节。

3.听辨。听辨就是分析辨别别人说话的内容，通过说话人的语气、重音、腔调以及眼神、表情、手势，进行细心辨别，弄清它们的来龙去脉及其隐含的意思。这是达到听懂听悟的关键。

4.听悟。听悟也叫听懂，就是完全领悟别人说话的含义，包括明白别人所用各种词语或手段的表层含义和深层含义。听懂听悟，是整个听知活动的根本目的，是听清、听记、听辨的必然结果，但还不是听知活动的最后环节。

5.听评。听评就是对说话人的话语内容、目的动机、风格特点和效果进行审视、品评。听评不仅是达到听懂听悟的一个手段，更重要的，它是听话人对说话人的话语作出评析，进行取舍，决定回应的需要。所以完整的听知过程应该包括听评这一环节。

### （二）听话的三个基本要求

整个听话的过程，并非是一个简单的被动接受的过程，而是一个积极主动的倾听过程，是一个口到、耳到、眼到、手到、心到、脑到的听、记、辨、悟、评、得（决定取舍与作出反应）的过程，是一个感情和注意力高度集中的过程。在听话过程中，几乎调动了听话人全部的知识和智慧。因此，正确的听话应该努力体现以下三个基本要求：

1. 集中注意力听清。口语比较复杂，各种风格的腔调都有。加上说话的人语音未必规范，有的语速快有的语速慢，有的口音对听者来讲，还可能比较陌生，或听起来让听者感到别扭，难以"入耳"。还有的人表情、眼神和手势特别丰富等等。所以听知的第一个要求是必须全神贯注，集中注意力听清。据专家估计，许多人养成了不注意倾听的习惯，造成这种习惯的一个客观原因，是与说和听的速度有关。人们平均每分钟表达120～150个词，而作为听者，每分钟则可轻而易举地处理500个词，听和思的速度大约是说话速度的4倍。那么剩下的大部分时间，我们通常就开始心不在焉，而往往也就在这时，我们遗漏了重要的信息。所以集中注意力听清，要处理好听与说的矛盾。一般来说，听者不要简单地按照自己的需要对对方说话的内容作主观的取舍，而是要力求注意对方的全部，以利于从整体上把握信息的含义。

2. 抓住关键听懂。在复杂的语言环境中，有的信息真，有的信息假，有的直白明确，有的含义模糊。从交际的社会学和心理学角度来看，人们说话亦非那么明白和直率的。表面上，大家都是用大致相同的词汇和语调说话；实际上，各种词汇和语调的细微差别后面，却往往蕴含着丰富复杂的生活内容，这就是我们常说的"话中有话"、"弦外之音"。因此，听知的一个重要要求，就是要分辨"话中之话"，听懂"弦外之音"。大凡听别人说话，不但要弄懂他讲了什么，怎么讲的，还要弄清他为什么要讲以及为什么要这样讲。细心听辨，不仅用"耳"，而且用"心"。通常的做法是抓关键，注意说话人的说话重音、语调、修辞方式及情态变化。有时则需要结合具体的语言环境，透过人物的身份、关系和背景，来揣测说话人的动机与立场。抓住关键听辨，就要随时注意把握说话人的话语要点，理解说话人的思路，能够三言两语概括说话人的话语中心。可以这么说，能否抓住关键听懂，是衡量一个人听知水平的最重要的一个方面。

3. 辨清优劣正误。俗话说："听君一席话，胜读十年书。"哲学家培根说：交谈使人敏捷。这些都是对听知收获的高度概括。规范的听知要求"有得"，一是在全面正确地理解了别人的话语内容以后，要有所取舍，当接受的予以接受，当剔除的予以剔除。要知道，一个积极的语言交际过程，就是一个互通有无、互相学习、取长补短的过程。二是在听懂听悟了别人的说话内容后，要及时作出反应。因为听辨理解别人话语内容的过程，同时也是一个思考、选择应变技巧的过程。听别人发言的同时，自己的思路也要活跃畅通起来，要能够随时准备投入到与别人的交谈中去，当赞同的点头，当否定的反驳。要达到"有得"，就要注意听评。细心辨别别人话语的真假、是非与正误。认真品味出别人话语水平的高下、优劣与好坏。

# 训 练 模 块

## 一、感知力训练

### 训练要点

提高听话感知的质量和效率。

### 导练略读

感知是听话能力要素中的第一要素。听别人说话，首先是借助自己的听觉系统，将语声传达到大脑听觉中枢。所谓听说的感知，就是对语声的知觉过程。

1. 感知的表层特征。

在感知过程中，各种因素之间有一定的层次。最先被感受到的是语音和语调，人们通常称之为韵律特征或表层特征。表层的音调是最先被人们所感觉到的，因而也是印象最深的，对于感知和理解往往起着“先入为主”的作用。但表层感觉可能不牢靠，因为毕竟是表层的，而不是深层的。例如“新肇周路”会被听成“西藏中路”。这里有两个因素在起作用：一是这两个路名在上海话中声调十分相同，声母和韵母也近似，换言之，它们的韵律特征十分相近；二是听者对西藏中路更熟悉，也更敏感。因此，在听到的语声与脑子里原来贮存的相匹配时产生了误解。

2. 感知的深层特征。

感知的深层特征通过语义和语法结构表现出来。对于深层的语义，人们在听感上就没有音调那样印象深刻了。特别是对于语法结构，在听话时往往印象模糊。人们习惯于抓住句子的基本语义，然后按照习惯把句子重新组合，而不在意这句子原来是怎样构成的。

### 训练项目

#### 感知效率训练

**【练习题】**

1. 听写下列句子。

(1)轻柔、优美得像一阵微风似的音乐从湖对岸飘过来了！

(2)营业员小王跑过来从书架上取下一本小说让老李看。

**【训练提示】**

在训练中，请自行检查一下，哪些词句容易写对，哪些成分容易写丢或写错。

2. 姓氏幽默——以两人一组为单位，听写新郎新娘的姓氏，并写出由他们的姓氏而组成的四字词语。

新郎姓张，新娘姓顾，在他们的婚礼上，新郎利用两人的姓氏做了一次令人叫绝的恋爱经验介绍：“本新郎姓张，新娘姓顾。我们尚未认识时我是东张西望，她是顾影自怜。后来我张口结舌去找她，她说她已有所爱，我张皇失措，劝她改变主意，她说现在只好顾此失彼了。我大张旗鼓地追求她，她左顾右盼地等着我。认识久了，我就明目张胆，她也无所顾忌。于是我便请示她择日开张，她也欣然惠顾了。”

填空：(1)新郎姓______，新娘姓______

(2)______________________________

(3)______________________________

3. 听后请写出或说出下面这段话里的一个多音字，再把这个字的几种读音拼写出来。

**这是什么字？**

我在赴考途中，穿过一片树木参差的树丛，来到了车站。遇到了出差回来的叔叔。他亲切地对我说：“小芳，准备得差不多了吧？要沉着、冷静，才能少出差错。”我信心百倍地回答：“放心吧，差不了。”

4. 听写下列句子(允许在听写时可以把遗漏的内容补充上去，但不许涂改)。

天边那一片挟着雷电裹着暴雨的黑压压的乌云慢慢地像威严的暴君似地飘过来了。

**【训练提示】**

要提高听话感知的质量与效率，既要加强听话的注意力，真正听懂，防止不懂装懂和误解；又要懂得表层的韵律即音调特征，知道深层的语义与语法结构特征和掌握正确的听话顺序。

5. 听读以下材料，指出材料中的错误之处，并予以纠正。

(1)队员在平时的训练中一定要加强体能和对抗性训练，这样才能适应比赛的激烈程度，否则的话，就会像不倒翁一样一撞就倒。

(2)本轮过后，拉齐奥队以6胜3平1负积21分的不败战绩排在首位，尤文图斯队以22分紧随其后。

(3)1981年6月25日《人民日报·今日谈》刊登的《春江水暖鸭先知》一文写到：“有句唐诗说得好：‘竹外桃花三两枝，春江水暖鸭先知’。”

(4)他们根据那位青年提供的线索，先找到张某，要他供出假冒名酒是从哪里贩来的，再缘木求鱼，终于把制造假冒名酒的黑窝子找到了。

(5)我们每一个人都应该去植树，不能去毁树。植树和毁树是一对矛盾。要做到这一点很不容易。现在社会上还有毁树的现象。

(6)由美国等专家组成的考古队最近在危地马拉进行科学考察时发现，人类的玉米种植历史最早可以追溯到一万年以前。

## 二、理解力训练

### 训练要点

抓主旨，悟含蓄，在理解上下功夫，提高听的“接收能力”。

### 导练略读

#### 怎样算作听懂了

说的语言稍纵即逝，暂留性强。因而不能听一句想一句，要抓重点，抓中心，这是听的重要方法。如果听一句想一句，就会听了前头丢了后头，不得要领。有的人讲话，由于某种原因，直话曲说，用含蓄的方法达意。这就要根据场景、语境听出“弦外之音”。一位家长送孩子出门上学，说一声：“走，路上没有蚂蚁！”走路和蚂蚁有什么相干？这是弦外有音的话。原来，走路怕踩死蚂蚁的人，会走一步，看一步，慢慢吞吞，行而不快。家长怕孩子在路上玩，因走路慢而迟到，所以含蓄地说了这句话，言中之意是：走快点，别慢慢吞吞的。这句话还表达了对孩子的一种不悦和责备的情感信息。我们听话，就要动脑筋，努力捕捉对方话里的含义。

人们在听到话之后，首先要分解句中的成分，找出主旨，这一层次大多数人都能做到。然后对所得到的信息进行加工，排除歧义，这一点往往需要听话人自己的经验和判断能力，因此也就不是人人都可以做好的了。最后到了第三个层次，就是根据所处的语境来修正所得到的信息，找出说话人的潜在意义，这一层就更难了。这时，省去的由语境来补充，反语由语境来拨正，要真正做到这点，就不是轻而易举的事了。如果做到以上三点，才能算作听懂了。

有一个笑话，讲的是一位工人，有一天老板叫他去买竹竿，他一听，二话不说就跑到猪肉铺里买了斤猪肝，看还有钱找，他想：反正老板不知道，我把这钱买点猪耳朵回去自己吃。于是他口袋里揣了几个猪耳朵，手里提着猪肝回去交差。谁知老板一看破口大骂：“我叫你去买竹竿，你怎么把猪肝给买回来了？你的耳朵呢？”工人一听吓坏了，以为老板知道了真相，赶紧承认：“耳朵放在我的口袋里。”

这工人当然地被炒鱿鱼了。是什么使他丢了工作的？除了不诚实，还有就是听力差。买错东西是听音之错，把猪耳朵拿出来是听义上之错（老板问的是该工人为何不听清他说话的意思）。可见，无论在学习上还是工作上，听力都是很重要的技能。

教学听辨理解中有一个相当重要的技术要领，就是教师对学生发言思维走向、原因及言外之意的推测。

下面有一段教学问答实录，请注意听（看）学生的回答，并作出相应推测。

教师问：你在课堂上为什么不发言？

学生反问：发言不发言有什么区别！？

假如你是这位教师，你能听出上例中学生的反问中蕴含有什么言外之意？或者推测一下学生这样回答的原因。

学生对教师的反问“发言不发言有什么区别”，其中的言外之意有：其一，平时我发言了，你又不说好坏，有什么意思？其二，其他同学不发言，不也一样。其三，发言不发言，成绩也是一样。

这三种意思都表明该教师平时的课堂提问，没有能激发起学生回答问题的兴趣和积极性，在听后应调整自己的教学提问。

## 训练项目

### （一）把握主要信息训练

**【练习题】**

听读下列五段话后，立即将你对话语内涵的理解填入表格内。

1. 为人立传，我希望多写些真人、凡人，少写些假人、仙人。特别是不要把这个人写得连他自己都不敢相认，那可就太滑稽了。

2. 每块木头都是座佛，只要有人去掉多余的部分；每个人都是完善的，只是要自己去除掉缺点和瑕疵。

3. 世界上若没有女人，真不知道这世界要变成什么样子……我所能想象的是：世界上若没有女人，这世界至少要失去十分之五的“真”、十分之六的“善”、十分之七的“美”。

4. 只要有虚荣心在，奉承话就永远不会消失。

5. 尽管一生中有无数不幸和遗憾，但生活毕竟是美好的。对生活要乐观、热爱、全心全意做每一件事，并且用歌声来表达这份对人生的狂热。

| 段　数 | 对话语内涵的理解 |
|---|---|
| 1 | |
| 2 | |
| 3 | |
| 4 | |
| 5 | |

**【训练提示】**

学会读懂潜台词，抓住每句话的要点。

### （二）剔除干扰因素训练

**【练习题】**

1. 仔细听甲对乙说的下面这段话，判断一下甲的英语到底怎么样。

“你前两天问我能不能接下那个任务。你说完成那个任务需要熟练的英语，问我是否能胜任。我想了又想，我的英语算不算熟练呢？这话我可不好说啊！”

**【训练提示】**

这段话确实没有说明甲的英语究竟熟练不熟练。那么甲究竟是否认为自己的英语熟练呢？从字面上看并没有说明白，然后排除了“自谦”的干扰。他说：“我可不好说。”为什么不好说呢？如果他自认为不熟练，就没有什么不好说的，必然是他自认为“很熟练”，而照直说呢，又违反了自谦原则，所以才“不好说”了。由此可见，甲无疑是认为自己的英语很熟练。

有时候，理解一段话不单要配合表情动作，还要联系上下文，第一、二、三段各自的大意组合起来会成为完全不同于一、二、三段的第四个意义。

2. 听以下三段话，要求分别写出各段大意，然后总起来写大意。

第一段：“要说人呢，就数老王头最和气，谁跟他商量事儿，他从来不给人脸色看。”

第二段：“可也就有人对他特别地不满意，说是他像软棉花，一点儿原则性都没有。”

第三段：“唉！要不怎么说做人难，难做人呢。依我说呀，一个人要让人人说好，那是不可能的事儿啊！”

**【训练提示】**

以上第一段是夸老王，第二段是贬老王，事实上这段话并不是要评价老王，而是以对老王的评价引出第三段发出做人难的感慨。因此，必须把三段话放在一起来看，才能理解。只有这样，才能从信息的组合中分析、综合，得出正确的判断，否则就可能“断章取义”，造成理解上的偏差。

## 三、记忆力训练

### 导练略读

#### （一）记忆对于听说的作用

因为有了记忆，人类才能够不断地积累经验；因为有了记忆，人们才能够掌握越来越多的语言材料和说话技巧。严格地说，在学习听话的过程中，只有记住的，才是你真正拥有的——仅仅理解，还不能成为熟练的技能和技巧。

记忆是人脑的一种功能，我们应该努力开发这种功能，使它为我们的交际和交流思想服务。在说话时，记忆能帮助我们使说话顺利进行，脱稿讲话时，必须把讲话纲目、材料熟记于心。在上课时，教师如能准确地叫出每一位学生的名字，师生关系就会变得融洽起来。在与朋友交往时，最容易激起彼此感情的，无过于你马上回忆起你们早年交往中的一些琐事，而交往中最令人尴尬的是你竟然叫错了慕名来访客人的名字。

记忆与遗忘是相辅相成的。会遗忘才会记忆。样样东西都“过目不忘”，把头脑中的记忆细胞空间全部占满了，也就无法再记新的信息了。事实上，人的大脑在记忆的过程中也有选择与过滤作用。在听话时，人们只记住那些重要的信息，过滤掉一些不重要的信息。例如说话人的口头语之类，除非特别留心或说话人反复出现这些口头语，否则是会被“忽略不计”的。而对于那些说话人强调之点，或者带有说话人态度的句子,异乎寻常的举动与表情,则一定会被听话人牢牢记住的。

当人们记忆某个信息的时候,如何保持它不变形,这是一个重要的问题;当人们记忆某个信息时,如何使这个信息记得长久,容易记住,这又是另一个重要的问题。如果我们对于信息既能准确记忆,又能易记难忘,那么我们的记忆力也就提高了。

### (二)常用的记忆方法

如何防止变形的发生?如何增强记忆力?这两个问题涉及记忆的方法问题。一般说来,形象的易记,抽象的难记;有意义的易记,无意义的难记;非常规的易记,常规的难记;突出的易记,一般的难记。根据这样的情况,避难就易,抓住特点、突出重点、变无意义为有意义、谐音双关等方法就应运而生了。下面介绍一些常用的记忆方法:

1. 纲目法。这是最常用的一种分类法,适用于理论性较强的材料,采用大纲细目,分门别类,这样有助于记忆。

2. 口诀法。对付一些无意义的材料,可采用"三百千"(《三字经》、《百家姓》、《千字文》)似的方法,编成押韵的有意义或无意义的诗歌,依托韵律加强记忆。

3. 谐音法。这是一种通过谐音,变无意义为有意义,以帮助记忆的方法。如现在上海出租汽车公司的电话号码 62580000,用上海话谐音为"让我拨四个零",也是用谐音帮助记忆的一种方法。

4. 诵读法。记忆知识性的材料,如记外语单词,最有效的方法是反复诵读。因为每读一遍的同时,自己又听了一遍,得到的印象就是双份的,反复刺激的结果,在不知不觉中就记住了。

**【练习题】**

听后回答问题。

**以善良征服他**

我小的时候,是我们街坊最小的也是唯一的女孩子,经常受邻居男孩子们的欺负。每当我受到委屈时,妈妈就抚摸我的头发慈祥地说:"以善良征服他。"这对一个想用拳头进行反击的孩子来说,是一个不中听的忠告。在过去许多年中,当有人对我出言不逊时,我善于反唇相讥。其结果往往是伤害了别人也使自己痛苦。后来我就按妈妈的忠告试着以善良对付不公平——一句诚挚的赞美,一声庆贺之辞或一丝愉快的微笑。真奇怪,我开始听到"我错了"这句话,我的朋友多了,心情也舒畅了。

问题:1. 我小时候有什么不愉快的遭遇?妈妈是怎样教导我的?

2. 我开始听妈妈的话吗?我是怎样做的?

3. 后来我为什么按妈妈的话做了?我得到了什么?

**【训练提示】**

关于记忆力的训练,以后的复述、演讲、朗诵、主持等等甚至在生活中的很多地方都能得到锻炼和检验,这里就不再列举练习了。

# 提高篇

## 形象：教师语言实践的第二目标位

什么样的语言学生最易于接受、乐于接受？答案是毋庸置疑的，那就是“形象”。

作为诉诸听觉的口头语言，接受的即时性、交互性要求主体表达时应该有一种形式上抑扬顿挫、深入浅出，内容上由表及里、化枯燥为生动的特点，而这就是形象化的语言。

教师语言形象化的能力，可以通过朗读、演讲、讲述、主持、论辩等形式来培养和训练。

朗读，训练的是一种声情并茂地表达情感的能力。所以，有感染力，是朗读语言的重要特点。

演讲，训练的是一种情理交融地宣讲道理的能力。所以，有鼓动性，是演讲语言的重要特点。

讲述，训练的是一种有条有理地传情达意的能力，有对象感，是讲述语言的重要特点。

主持，训练的是一种承上启下的语言“串烧”能力，灵活性，是主持语言的重要特点。

论辩，训练的是一种针锋相对、瞬间表达思辨的能力，互动性，是论辩语言的重要特点。

以上五个单元训练所追求的语言特点，其实就是语言形象化的主要表征。

# 第五单元　朗读训练

你应准确把握作品的基调，正确使用朗读的各种技巧，能够准确、流利、有感情地朗读各类文学作品。

## 训导模块

### 导学精读

#### 一、什么是朗读

朗读是一种有声语言的艺术，是借助语音形式生动、形象地表达作品思想内容的言语活动，是口头语言艺术。

朗读不是机械地把文字变成声音，而是要求朗读者把握文章的思想内容，用普通话正确、流利、有感情地把文章读出来，从而更好地传情达意。

#### 二、朗读的基本要求

朗读的基本要求是正确、流利、有感情地表达作者的思想。

正确，就是用普通话标准音朗读，不能用方言，不掉字，不添字，不改字，不读错字音。

流利，就是要读得连贯自然，不结结巴巴，不颠三倒四，不重复。

有感情，就是要在掌握文章中心思想的前提下，根据感情线索的发展变化，恰当地运用语速、重音、停顿和语调等因素，准确地表现爱慕、憎恨、激动、感激、厌恶、欣喜、悲伤等不同的感情。

## 训练模块

#### 一、把握基调训练

### 训练要点

准确把握并表达作者在作品中的态度和感情色彩。

## 导练略读

### (一)把握作品的基调是朗读的关键

基调,指作品的基本情调,即作品总的态度感情、总的色彩和分量。作为朗读,必须把握住作品的基调,并在理解感受和语言表达的统一中,在情和声的统一中使作品的基调得到完美的体现。要把握好基调,必须深入分析、理解作品的思想内容,从作品的体裁、作品的主题、作品的结构、作品的语言以及综合各种要素而形成的风格等方面入手,进行认真、充分和有效的解析。在此基础上,朗读者才能产生出真实的感情、鲜明的态度,产生出内在急于要表达的律动。

每一篇作品都有自己的基调,如,《世间最美的坟墓》(作品 35 号)的基调是庄严肃穆、赞扬尊敬,《一个美丽的故事》(作品 51 号)的基调是深情赞扬、热诚自勉。

每一篇作品的基调是一种整体感,是部分、层次、段落、语句中具体思想感情的综合表露。把握基调,就是把握朗读某篇作品整体感的问题。只有这种整体感既符合作品本身,又体现于朗读之中,才算把握住了基调。

### (二)作者的态度和感情色彩

优秀的作品,在字里行间一定处处流露着作者的态度感情。作者的态度感情对朗读者来说非常重要,朗读者要在理解、感受中深入开掘,使之显明。朗读者应当在分析理解作品的过程中,必然地、不以人的意志为转移地把朗读者的感情融化在作品内容里,进而表露在有声语言中。

因此,态度感情是朗读根基的核心,是朗读再创作的精华,是朗读有声语言的生命,是朗读技巧的灵魂。

为了便于在朗读中把握态度感情,我们把态度分为五类进行探讨。

1. 肯定和否定类。对作品中的人、事、物、理,朗读者必须有明确的是非褒贬,区分其是非、好坏。凡属于是的、好的,就要肯定;凡属于非的、坏的,就要否定。

2. 严肃和亲切类。严肃的态度指郑重、重视、不苟且、不随便,包括严厉、尖刻、冷峻、嘲讽、轻蔑等。亲切的态度指和蔼、亲密、平易、温存,也包括活泼、顽皮、幽默、嬉戏等。像《在马克思墓前的讲话》、《论"费厄泼赖"应该缓行》、《反对自由主义》等作品,我们主要应采取严肃的态度;像贾平凹的《丑石》(作品 3 号)、巴金的《繁星》(作品 8 号)、林清玄的《和时间赛跑》(作品 14 号)等作品,我们主要应采取亲切的态度。

3. 祈求和命令类。祈求是一种对他人的请求,包括哀求、请示、劝告、祝贺、慰勉等,有希望对方答应、接受的意思。命令是对他人的要求、指示,包括号召、宣告、法令、规定等,有要求对方服从、遵守的意思。

4. 客观和直露类。客观,在朗读中也是一种态度,给人的感觉是"无意肯定,无意否定"或"未见支持,未见反对"。直露,在朗读中直接表态,既不借助于人物的言行,也不借助于情景的变迁,完全不隐晦曲折,而是直言直语,和盘托出。

5.坚定和犹豫类。坚定的态度表示对某种事物、信念的不容置疑。犹豫的态度表示进退两难、拿不定主意。两者是对立的，不相容的。

感情色彩是一种体验，它是感受的发展，态度的深化。所以，在朗读中要特别重视感情色彩的由衷引发。一般的感情色彩分五类。

1.挚爱和憎恨类。挚爱是人们对人、事、物、景产生了肯定的态度之后发出来的倾心的、亲近的感情。憎恨是人们对人、事、物、景产生了否定的态度之后生发出来的对立的、厌恶的感情。

2.悲哀和喜悦类。悲哀是一种伤心、痛惜的感情，像沉痛、悲恸、哀婉、凄切等都是。喜悦是一种高兴、快乐的感情，像兴奋、欣喜、欢快、愉悦等都是。

3.惊惧和欲求类。惊惧常有吃惊、恐惧、担心、忧虑等感情，是想避开或不愿发生某种事态的心绪。欲求与惊惧相反，是希望、愿意发生某事、接近某人等心绪，盼望、思念、憧憬、期待等感情都是欲求。

4.焦急和冷漠类。焦急指紧迫的、急切的感情，"燃眉之急"、"心急如焚"，是把这种感情形象化了。冷漠，指冷淡、漠然的感情，"冷若冰霜"、"铁石心肠"，也是指心灰意冷、漠然处之的心绪。

5.愤怒和疑惑类。愤怒是气愤、生气的感情，常与憎恨连用。疑惑是怀疑、迷惑的感情，常与诧异连用。

## 训练要点

正确体会作者的态度和感情色彩，并在朗读中体现出来，形成基调。

## 训练项目

### （一）把握态度感情训练

**【练习材料】**

1.它没有婆娑的姿态，没有屈曲盘旋的虬枝，也许你要说它不美丽，——如果美是专指"婆娑"或"横斜逸出"之类而言，那么，白杨树算不得树中的好女子；但是它却是伟岸，正直，朴质，严肃，也不缺乏温和，更不用提它的坚强不屈与挺拔，它是树中的伟丈夫！（作品1号，节选自茅盾《白杨礼赞》）

这里赞美了白杨树伟岸、正直、朴质、严肃，朗读者必须细致入微地加以体会，在形象感受的基础上做出肯定判断。

2."爸，我可以问您一个问题吗？"

"我只是想知道，请告诉我，您一小时赚多少钱？"

"爸，可以借我十美金吗？"（作品7号，节选自唐继柳编译《二十美元的价值》）

这里应该用祈求的态度，把小男孩想父亲陪自己的愿望表达出来。

3."如果你只是要借钱去买毫无意义的玩具的话，给我回到你的房间睡觉去。好好想想为什么你会那么自私。我每天辛苦工作，没时间和你玩儿小孩子的游戏。"（作

品7号，节选自唐继柳编译《二十美元的价值》）

这里应该用命令的语气，把一个不问青红皂白就训斥儿子、整天辛苦工作、没时间陪儿子的父亲形象表现出来。

4. 三百多年前，建筑设计师莱伊恩受命设计了英国温泽市政府大厅。他运用工程力学的知识，依据自己多年的实践，巧妙地设计了只用一根柱子支撑的大厅天花板。一年以后，市政府权威人士进行工程验收时，却说只用一根柱子支撑天花板太危险，要求莱伊恩再多加几根柱子。（作品19号，节选自游宇明《坚守你的高贵》）

这里，尽管这位权威人士的意见是错误的，但我们应该采取客观的态度，不要采取否定的态度，因为，作品的这段文字里并没有包含任何否定的意思。

5. 散落在田间、路边及草丛中的塑料餐盒，一旦被牲畜吞食，就会危及健康甚至导致死亡。填埋废弃塑料袋、塑料餐盒的土地，不能生长庄稼和树木，造成土地板结，而焚烧处理这些塑料垃圾，则会释放出多种化学有毒气体，其中一种称为二噁英的化合物，毒性极大。（作品60号，节选自林光如《最糟糕的发明》）

这里，作者的态度是一目了然的，是直接表露出来的。

6. 忽然，从附近一棵树上飞下一只黑胸脯的老麻雀，像一颗石子似的落到狗的跟前。老麻雀全身倒竖着羽毛，惊恐万状，发出绝望、凄惨的叫声，接着向露出牙齿、大张着的狗嘴扑去。（作品27号，节选自[俄]屠格涅夫撰、巴金译《麻雀》）

老麻雀的一种保护孩子的本能使她坚定地向比自己强大很多倍的狗扑了过去，这应该成为朗读者获得坚定态度的有力依据。

7. 后来发生了分歧：母亲要走大路，大路平顺；我的儿子要走小路，小路有意思。……一霎时我感到了责任的重大。我想找一个两全的办法，找不出；我想拆散一家人，分成两路，各得其所，终不愿意。（作品33号，节选自莫怀戚《散步》）

到底是顺应母亲的要求还是顺应儿子的要求？文中的“我”犹豫了，我们朗读到这儿的时候，也应用犹豫的态度。

**【训练提示】**

以上材料，请根据每个节选下面的提示部分，认真体会，在范读的引领下，读出作者的感情态度。

### （二）把握感情色彩

**【练习题】**

1.《白杨礼赞》（作品1号）、《可爱的小鸟》（作品22号）、《一个美丽的故事》（作品51号）等属于挚爱类感情色彩，选一篇仔细体会。

2.《绿》（作品25号）、《家乡的桥》（作品18号）、《济南的冬天》（作品17号）等属于喜悦类感情色彩，选一篇仔细体会。

3.《火光》（作品16号）、《风筝畅想曲》（作品9号）、《莲花和樱花》（作品24号）等属于欲求类感情色彩，选一篇仔细体会。

4.《迷途笛音》(作品 28 号)、《二十美金的价值》(作品 7 号)等属于焦急类感情色彩,选一篇仔细体会。

5.《父亲的爱》(作品 10 号)、《金子》(作品 20 号)等属于疑惑类感情色彩,选一篇仔细体会。

6. 分析普通话水平测试朗读作品 37 号《态度创造快乐》的基调。

7. 下面是普通话水平测试朗读作品 16 号《火光》([俄]柯罗连科撰、张铁夫译),请在朗读中注意正确把握它的感情色彩。

## 火　光

很久以前,在一个漆黑的秋天的夜晚,我泛舟在西伯利亚一条阴森森的河上。船到一个转弯处,只见前面黑黢黢的山峰下面一星火光蓦地一闪。

火光又明又亮,好像就在眼前……

"好啦,谢天谢地!"我高兴地说,"马上就到过夜的地方啦!"

船夫扭头朝身后的火光望了一眼,又不以为然地划起桨来。

"远着呢!"

我不相信他的话,因为火光冲破朦胧的夜色,明明在那儿闪烁。不过船夫是对的,事实上,火光的确还远着呢。

这些黑夜的火光的特点是:驱散黑暗,闪闪发亮,近在眼前,令人神往。乍一看,再划几下就到了……其实却还远着呢!……

我们在漆黑如墨的河上又划了很久。一个个峡谷和悬崖,迎面驶来,又向后移去,仿佛消失在茫茫的远方,而火光却依然停在前头,闪闪发亮,令人神往——依然是这么近,又依然是那么远……

现在,无论是这条被悬崖峭壁的阴影笼罩的漆黑的河流,还是那一星明亮的火光,都经常浮现在我的脑际,在这以前和在这以后,曾有许多火光,似乎近在咫尺,不止使我一人心驰神往。可是生活之河却仍然在那阴森森的两岸之间流着,而火光也依旧非常遥远。因此,必须加劲划桨……

然而,火光啊……毕竟……毕竟就//在前头!……

**【训练提示】**

作者在文中所说的"火光",已经不再是西伯利亚那条河上的火光了,而是"生活之河"(或者说"人生之旅"、"事业之途")上,代表着希望、成功与光明的"火光"。这火光看似很近(因为渴望"到达"的心情太迫切),实则很遥远(因为途中还隔着无数的困难与艰辛),因此,"必须加紧划桨"。在这里"划桨"已经变成"劳动"、"战斗"、"坚苦创业"等等的代名词。朗读中要紧紧扣住作者从中悟出这个生活哲理,读出用劳动去点亮光明的顿悟和信念。

## 二、表达重音训练

### 训练要点

1. 正确地确定作品中的重音。

2. 用多种手段恰当地表达重音。

### 导练略读

#### (一)重音是体现语句目的的重要手段

朗读的内容是由众多的词、短语连成的。这些词、短语在表露某种思想感情、达到某种具体的语言目的的时候,不可能是同等重要、一律平列的,总是有的重要些,有的次要些。那些重要的词或短语,甚至是某个音节,必然要通过朗读的声音形式显出它的重要性及重要程度,我们把最重要的词或短语甚至某个音节,或者说,在朗读时需要强调的或突出的词或短语甚至某个音节,叫做重音。

每一篇作品都有主题,朗读作品都有目的,落实到语句中,语句也有目的,重音是体现语句目的的重要手段。

#### (二)重音的类型

1. 并列性重音。

作品中常有并列语句,短语和词因之而有并列性。并列成分是相辅相成的有机并列,而最主要的并列成分便形成并列性重音。

2. 对比性重音。

运用对比突出语言目的,或加强形象,或显露曲折,或直陈态度,或深化感情,在许多作品中屡见不鲜。我们必须准确区分对比的内涵,考察对比的主次,加强对比的感受,确定对比性重音。

3. 递进性重音。

有不少作品,从内容上看是层层发展的,许多句子的关系是递进的。体现递进关系的重音就是递进性重音。

4. 转折性重音。

有些句、段是曲折行进的。转折性,反映了语言链条的发展有某种多向性的特点。犹如走路,不仅会有“逢山开路,遇水架桥”的情况,还会有左弯右转、东奔西突的情况,突出转折性的重音,便容易符合“千回百转”、“回肠荡气”的文气。

5. 强调性重音。

作品中某些语句,为了区别程度、呈现形象或者突出情感,对那些具有强调色彩的词或短语要强调突出,我们称之为强调性重音。

6. 肯定性重音。

作品中经常用“是”、“有”、“在”、“不是”、“没有”、“不”、“没”等对人、事、物进行判断。无论用哪一个词，在句子里都表示某种判断的确定无疑，都是被判断的对象在上文已经出现过，给听者留下较深的印象，下文只是强调它们被肯定的性质，那么这些词要作为肯定性重音。

### （三）重音的表达手段

重音有重读和轻读两种表达手段。谈及重音的表达，人们自然会想到提高音量的办法。这种方法当然是正确的，因为既然是重音就理应加大音量。例如：“这就是白杨树，西北极普通的一种树，然而决不是平凡的树！”（摘引自茅盾《白杨礼赞》）“白杨树”、“普通”、“不是”这几个词都是重音位置之所在，此处只有用提高音量的办法，才能取得良好的重音效果。但应看到，表达重音除了这种最一般最常用的方法外，还有一种不常运用但效果奇特的方法，那就是重音轻读。例如：“瀑布在襟袖之间；但我的心中已没有瀑布了。我的心随潭水的绿而摇荡。那醉人的绿呀！”（摘引自朱自清《绿》）“摇荡”和“绿”都是需要强调的重音，但是很显然，从词义所表达的情感和呈现的形象来看，用重读的方法表达会“大煞风景”，而用重音轻读的方法，既表现了“摇荡”的那份“沉醉”的内心感受，又从听觉上给我们呈现了“绿”的“怡然”之态。

**【练习材料】**

1. 人们从《论语》中学得智慧的思考，从《史记》中学得严肃的历史精神，从《正气歌》中学得人格的刚烈，从马克思学得人世的激情……（作品6号，节选自谢冕《读书人是幸福人》）

2. 没有一片绿叶，没有一缕炊烟，没有一粒泥土，没有一丝花香，只有水的世界，云的海洋。（作品22号，节选自王文杰《可爱的小鸟》）

**【训练提示】**

这些加线的部分都是并列性重音。

这种并列性重音在朗读作品中的作用是十分明显的，在体现语句目的的过程中，对于全文的结构来说，无异于支柱或筋骨。

并列性重音的判定：只要是并列性语句，都会有并列性重音；并列性重音在并列语句中一般处于大体相似的位置；并列性重音显示着并列关系中的区别性，那些重复出现的相同词语一般不作重音。

处理并列性重音一般采用渐高和渐低两种方法。渐高，是指后一个重音比前一个重音高；渐低，是后一个重音比前一个重音低。至于采用哪一种，根据作品的思想内容来确定。

3. 可是一段时间后，叫阿诺德的那个小伙子青云直上，而那个叫布鲁诺的小伙子却仍在原地踏步。（作品2号，节选自张健鹏、胡足青主编《故事时代》中《差别》）

它属于对比性重音。两个年轻人，受雇于同一家店铺，拿同样的薪水，但待遇却完全不同。加线的重音号有对比性。

4. 朋友新烫了个头，不敢回家见母亲，恐怕惊骇了老人家，却欢天喜地来见我们，老朋友颇能以一种趣味性的眼光欣赏这个改变。（作品32号，节选自杏林子《朋友和其他》）

它属于对比性重音。这里的对比十分明显，它将朋友间的"心灵的契合"表现出来。

5. 反动派，你看见一个倒下去，可也看得见千百个站起来的。（节选自闻一多《最后一次讲演》）

它属于对比性重音。"一个"和"千百个"对比，"倒下去"和"站起来"是对比性重音，把作者对李公朴先生被暗杀的极大义愤、对反动派的极度蔑视、对人民群众奋起斗争的极强信念更强地表现出来。

**【训练提示】**

对比性重音是一种相反相成的重音，无论是从内容上、感受上还是文气上看，都必须是相反趋向的，这样，就与并列性重音有了明显的不同。

处理对比性重音，一般采用连中有停法，即在重音前，或者在重音后，或者在重音前后安排或长或短的停顿，这样，会使重音的分量加重，给人留下深刻的印象。

6. 头上扎着白头绳，乌裙，蓝夹袄，月白背心，年纪大约二十六七，脸色青黄，但两颊却还是红的……她仍然头上扎着白头绳，乌裙，蓝夹袄，月白背心，脸色青黄，只是两颊上已经消失了血色，顺着眼，眼角上带着些泪痕，眼光也没有先前那样精神了。（节选自鲁迅《祥林嫂》）

属于递进性重音。这里对祥林嫂外貌的描写，有层次地展现了祥林嫂命运的变化过程。这变化揭示了人物内心的创伤。

7. 各国球员都回国效力，穿上与光荣的国旗同样色彩的服装。在每一场比赛前，还高唱国歌以宣誓对自己祖国的挚爱与忠诚。一种血缘情感开始在全身的血管里燃烧起来，而且立刻热血沸腾。（作品11号，节选自冯骥才《国家荣誉感》）

这个递进性重音将球员们的国家荣誉感凸现出来。

**【训练提示】**

递进性重音可以用"弱中加强"法来表达。所谓"弱中加强"法，就是从强弱（或重轻）的角度看，全句的非重音词或短语处于较弱的声音中，重音词或短语却比较强。

8. 中国人民革命军事博物馆里，有一个粗瓷大碗，是赵一曼用过的。（节选自《抗日女英雄赵一曼》）

这是递进性重音。试比较，"有一个"和"粗瓷大碗"，"是"、"用过的"和"赵一曼"，前者轻，后者重。这里，强弱不必加大幅度。非重音词，点到为止，唇舌较为松弛；重音词，唇舌稍微用力。这就造成由弱渐强、弱中加强的声音效果。

9. 这正如地上的路；其实地上本没有路，走的人多了，也便成了路。（节选自鲁迅《故乡》）

“没有”是转折性重音，“多”与“成”是一组递进性重音，但都是“没有”的转折性重音。

10. 虽然都是极熟的朋友，却是终年难得一见，偶尔电话里相遇，也无非是几句寻常话。（作品32号，节选自杏林子《朋友和其他》）

“终年难得一见”是转折性重音。

11. 如果美是专指“婆娑”或“横斜逸出”之类而言，那么，白杨树算不得树中的好女子；但是它却是伟岸，正直，朴质，严肃，也不缺乏温和，更不用提它的坚强不屈与挺拔，它是树中的伟丈夫！（作品1号，节选自茅盾《白杨礼赞》）

转折性重音突出白杨树决不是平凡的树，而是树中的伟丈夫！

**【训练提示】**

一定要先获得转折感受，然后再确定转折性重音；转折性重音又加强了这种感受。转折性重音也采用停中有连法来表达。

12. 乌鸦听了狐狸的话，得意极了，就唱起了歌来。（节选自《狐狸和乌鸦》）

13. 啊，是对我的美好前途的憧憬支撑着她活下去，为了给她那荒唐的梦至少加一点真实的色彩，我只能继续努力，与时间竞争，直至一九三八年我被征入空军。巴黎很快失陷，我辗转调到英国皇家空军。刚到英国就接到了母亲的来信。这些信是由在瑞士的一个朋友秘密地转到伦敦，送到我手中的。（作品42号，节选自[法]罗曼·加里《我的母亲独一无二》）

14. 现在正是枝繁叶茂的时节。这棵榕树好像在把它的全部生命力展示给我们看。那么多的绿叶，一簇堆在另一簇的上面，不留一点儿缝隙。翠绿的颜色明亮地在我们的眼前闪耀，似乎每一片树叶上都有一个新的生命在颤动，这美丽的南国的树！（作品48号，节选自巴金《鸟的天堂》）

**【训练提示】**

以上三句，要强调的词或短语，有时间的久暂，有空间的大小，有数量的多少，有程度的极限，有性格的强弱，有感情的浓淡……它们都给人以非常鲜明的印象，很有点“极而言之”的味道。因此，从语句目的出发，落实到具体的词语结构上，把那些“极而言之”的词或短语加以突出，便成为强调性重音。

15. 至于看桃花的名所，是龙华，也是屠场，我的好几个青年朋友就死在那里，所以我是不去的。（节选自鲁迅《给黎明的信》）

“龙华”和“屠场”是转折性重音，“屠场”和“死”是递进性重音；而“不去”，因为有“看桃花”的思想，所以成为肯定性重音，把“忍看朋辈成新鬼，怒向刀丛觅小诗”的深沉冷峻的心境含蓄地表现了出来。

16. 获此“殊荣”的，就是人们每天大量使用的塑料袋。（作品60号，节选自林光如《最糟糕的发明》）

17. 作为一名建筑师，莱伊恩并不是最出色的。但作为一个人，他无疑非常伟大……（作品19号，节选自游宇明《坚守你的高贵》）

18.然而,火光啊……毕竟……毕竟就//在前头!(作品16号,节选自[俄]柯罗连科撰、张铁夫译《火光》)

**【训练提示】**

肯定性重音有时采用实中转虚法来表达,尤其是一些表示悲壮的场面、轻巧的动作、寂静的环境、深沉的情思、内心的感奋等的语段,我们都可以用实中转虚法来表达。所谓实声,就是响亮实在的声音。所谓虚声,就是声轻气多的声音。

19.漓江的水真静啊,静得让你感觉不到它在流动。(节选自陈淼《桂林山水》)

20今年二月,我从海外回来,一脚踏进昆明,心都醉了。(节选自杨朔《荔枝蜜》)

21.为什么我的眼里常含着泪水,因为我对这土地爱得深沉。(节选自艾青《我爱这土地》)

**【训练提示】**

以上三句的读法属重音轻读,其方法是:1.轻读重音之前的词或词组应读得重一点,这样轻读重音才能起到强调的作用;2.轻读重音之前总伴随着停顿。停顿让你酝酿情感,让听众产生情感期待;3.重音轻读时,内心情绪是很强烈的,此时,无声的气息是情感的流动和支撑;4.重音轻读时,其声音特点是:音量轻,而语调的变化是丰富多彩的。

**【练习题】**

朗读普通话水平测试朗读作品57号小思《中国的牛》,标出各部分的重音,说说这些重音各属什么类型,并说说如何将它们表达出来。

对于中国的牛,我有着一种特别尊敬的感情。

留给我印象最深的,要算在田垄上的一次"相遇"。

一群朋友郊游,我领头在狭窄的阡陌上走,怎料迎面来了几只耕牛,狭道容不下人和牛,终有一方要让路。它们还没有走近,我们已经预计斗不过畜牲,恐怕难免踩到田地泥水里,弄得鞋袜又泥又湿了。正踟蹰的时候,带头的一头牛,在离我们不远的地方停下来,抬起头看看,稍迟疑一下,就自动走下田去。一队耕牛,全跟着它离开阡陌,从我们身边经过。

我们都呆了,回过头来,看着深褐色的牛队,在路的尽头消失,忽然觉得自己受了很大恩惠。

中国的牛,永远沉默地为人做着沉重的工作。在大地上,在晨光或烈日下,它拖着沉重的犁,低头一步又一步,拖出了身后一列又一列松土,好让人们下种。等到满地金黄或农闲时候,它可能还得担当搬运负重的工作;或终日绕着石磨,朝同一方向,走不计程的路。

在它沉默的劳动中,人便得到应得的收成。

那时候,也许,它可以松一肩重担,站在树下,吃几口嫩草。偶尔摇摇尾巴,摆摆耳朵,赶走飞附身上的苍蝇,已经算是它最闲适的生活了。

中国的牛,没有成群奔跑的习//惯,永远沉沉实实的,默默地工作,平心静气,这就是中国的牛。

## 三、处理停连训练

### 训练要点

1. 准确地确定作品中的停与连。

2. 处理好声音、气息和情感在停连时的关系。

### 导练略读

#### 停连是调节语言节奏的链条

停连指朗读语流中声音的中断和延续。朗读时，在层次之间、段落之间、小层次之间、语句之间、短语之间甚至词之间，都可能出现声音的中断或延续，声音中断处是停顿，声音延续处是连接。无论停或连，都是思想感情发展变化的要求，而不是任意的。

停连有如下六种类型：

1. 区分性停连。区分性停连是书面文字转化为有声语言时对一个个汉字进行再创造性的组合、贯通的技巧。它对于突出感情色彩有显著的作用，即：在完全可以听懂的情况下，也要运用它，使思想更明晰，感情更鲜明。

2. 呼应性停连。在写作上，很讲究呼应，朗读也如此，朗读中运用呼应性停连必须解决哪个词是呼、哪个词是应、二者如何呼应等问题。运用呼应性停连也起某种区分作用，但主要是突出呼应关系。

3. 并列性停连。并列性停连，是指在作品里属于同等位置、同等关系、同等样式的词语之间的停顿及各成分内部的连接。它们之间的并列关系，决定它们的停顿应该同位置、同时间，而它们各自内部的连接较紧，有时有些小停顿，时间也不可长。这是显示并列关系的最初级的处理，但也是最基本的语言功力之一。

4. 强调性停连。在句子之间、短语或词之间，为了强调某个句子、短语或词，就在前边或后边以至前后同时进行停顿，使所强调的词句突现出来，其他不强调的词句中，有停顿处也相对缩短一些时间，这就是强调性停连。

5. 判断性停连。当我们边思索边说话的时候，往往会进行某种停连。朗读中，为了表现思索、判断的意味，就要在那些需要思索、判断的词句上运用判断性停连。停顿时，前边的那个音节拖长一些，停顿的时间因思索、判断的心理过程而定。有时，文字作品用破折号表示。

6. 转换性停连。在语句之间或词语之内，或顺流而下忽然逆上，或明亮清新忽而暗浊，或惊涛骇浪突然平静，或痛不欲生又大喜过望……为了表现这语义、感情，就要运用转换性停连。这种停连，时间相应延长，具体把握要随势而定。

## 训练项目

### 准确判断停连的类型并恰当处理

【练习材料】

1. 两个同龄的年轻人∧同时受雇于一家店铺，并且∧拿同样的薪水。（∧是停顿号，不论有无标点符号均可使用，停顿时间稍长，如用于有标点符号处，表示停顿时间再长些。）（作品2号，节选自张健鹏、胡足青主编《故事时代》中《差别》）

【训练提示】

上段属于区分性停连。这里如果不安排停顿，似乎并没有什么妨碍，但有了这样的停顿，短语、词之间的关系就更分明了。

2. 我赶紧∧唤住惊慌失措的狗，然后我怀着崇敬的心情，走开了。（作品27号，节选自[俄]屠格涅夫撰、巴金译《麻雀》）

【训练提示】

上段属于区分性停连。这类句子，不但有一般的停顿和连接，还有特殊的连接（第一个逗号被连接号代替，相对缩短了停顿的时间）。

必须注意的是，每个词或短语之后都可以停，也可以连，不应该机械地运用区分性停连。我们要善于识别，运用停连之后，词语关系是趋于明显、正确，还是变得模糊、错误，这是运用区分性停连的关键所在。不应当只从表面的语法成分上去把握，因为那样做很容易得不偿失。

3. 王大娘听到声音，十分高兴，赶忙走了出来。她看到儿子有些奇怪，就对他说：这是粮店的刘同志。（摘自《教师口语训练手册》，北京师范大学出版社1994年版）

【训练提示】

上段属于区分性停连。这句话的意思是很明确的，但如果停连不当，很可能造成听觉上的混淆。因为这句话可以表示两个不同的意思，一个是："她看到儿子∧有些奇怪。"另一个是："她看到∧儿子有些奇怪。"按文气说，后一个意思正确。但前一个意思的停连，按语法成分分析也对，但不符合文意。

4. 一个人的一生，只能经历▲自己拥有的那一份欣悦，那一份苦难，也许再加上他亲自闻知的那一些关于自身以外的经历和经验。（▲是挫号，用于没有标点符号的地方，停顿时间很短。）（作品6号，节选自谢冕《读书人是幸福人》）

【训练提示】

上段属于呼应性停连。这句话里，"经历"是"呼"，"欣悦"、"苦难"、"经历和经验"是"应"。"经历"后面的停顿，时间不可长，长了就造成呼应中断；如果取消这个停顿，呼应关系就模糊了。而后面的两个逗号则需要连接。

5. 总之，我们要拿来。我们要∧或使用，或存放，或毁灭。（节选自鲁迅《拿来主义》）

【训练提示】

上段属于呼应性停连。这里，"要"是"呼"，后面是"应"。"要"后面不停顿，连这一小部分也不易听明白，一呼三应当然就更模糊了。

呼应性停连使语句内部各词、短语的关系明晰、确定，严谨、贯通，在较长的语句中，在多概念的语句中，尤其能够发挥它的作用。

6. 对于一个在北平住惯的人，像我，冬天∧要是不刮风，便觉得是奇迹；济南的冬天∧是没有风声的。对于一个刚由伦敦回来的人，像我，冬天∧要能看得见日光，便觉得是怪事；济南的冬天∧是响晴的。（作品17号，节选自老舍《济南的冬天》）

**【训练提示】**

上段属于并列性停连。这里，前后是并列的，在“冬天”后面停顿，以表示并列关系。

7. 母亲和我都叹息他的景况：多子，饥荒，苛税，兵，匪，官，绅，都苦得他像一个木偶人了。（节选自鲁迅《故乡》）

**【训练提示】**

上段属于并列性停连。句中七个并列成分都用逗号点开了。为了显示并列关系，各并列成分都一样停顿，有点儿机械。遇到并列成分较多的情况，一般采取分组的方法，或按内容、或按类别、或按数目，尽量避免一个一个地读出来，造成单调乏味、呆板拖拉的感觉。这里的七个并列成分，按内容可以分为三组：“多子，饥荒”一组，“苛税”一组，“兵，匪，官，绅”一组。分组后，在保持并列感的基础上，组与组之间的停顿可稍长，组内各成分之间的停顿时间可稍短。

8. 他这只被故乡放飞到海外的风筝，尽管飘荡游弋，经沐风雨，可那线头儿一直∧在▲故乡和亲人手中牵着，如今飘得太累了，也该回归到∧家乡和亲人身边来了。（作品9号，节选自李恒瑞《风筝畅想曲》）

**【训练提示】**

上段属于并列性停连。这句话里，“在”为介词，“故乡和亲人”是并列关系的短语。如果在“和”前边停顿，“在”的前后没有停顿或停顿时间短于“和”前边的停顿，语意便不同了。

9. 自古称作天堑的长江，被我们▲征服了。（节选自人教版小学三年级《语文》第六册《南京长江大桥》）

**【训练提示】**

上段属于强调性停连。为了强调“征服”，在其前面停顿一下，逗号的停顿相对缩短，使所有其他词语处于紧密的连接之中。

10. 老麻雀是猛扑下来救护幼雀的。它用身体掩护着自己的幼儿……但它整个小小的身体因恐怖而战栗着，它小小的声音也变得粗暴嘶哑，它在∧牺牲自己！（作品27号，节选自[俄]屠格涅夫撰、巴金译《麻雀》）

**【训练提示】**

上段属于强调性停连。为了强调“牺牲”，在其前边停顿一下，这样突出老麻雀宁可牺牲自己也要拼命保护幼雀的大无畏精神。

11. 大家就随着女教师的手指，齐声轻轻地念起来：

"我们——是——中国人；

我们——爱——我们的——祖国。"（节选自《演讲与口才》）

**【训练提示】**

上段属于判断性停连。这种指到一个字词就读出来的情况，既不同于连贯地读一句话，也不是念一个个单字。这里包含着一个短暂的反应过程：读出一个词或短语，在声音稍微拖长、停顿一下的刹那间，随着教师的手指，又去看后面那个词或短语，接着，又读出这个词或短语……

12. "啊！地狱？"我很吃惊，只得支吾着。"地狱？——论理，就该∧也有，——然而∧也未必，……谁来管这等事。"（节选自鲁迅《祝福》）

**【训练提示】**

上段属于判断性停连。《祝福》中的"我"对祥林嫂的回答，确有一种矛盾心理，为了"人何必增添末路的人的苦恼"，才吞吞吐吐地说出这样的话来。这种吞吞吐吐，既非羞怯，又非糊涂，而是在惶急中的选择、判断。因此是边思索边回答的。按标点符号读，显得心理过程不明确。"就该也有"、"然而未必"中间，如果安排一个停顿，而且停顿时间稍长，对顿号、破折号处只需稍停，那"也有"和"也未必"的判断重点反而会更鲜明，惶急的心理状态也可能得到比较好的表达。

13. 我们在漆黑如墨的河上又划了很久。一个个峡谷和悬崖，迎面驶来，又向后移去，仿佛消失在茫茫的远方，而火光却依然停在前头，闪闪发亮，令人神往——依然是那么近，又依然是那么远……（作品16号，节选自[俄]柯罗连科撰、张铁夫译《火光》）

**【训练提示】**

上段属于判断性停连。在"令人神往"后面要作判断性的停顿，"往"这个音节拉长一些就行了。

14. 清早出发的时候，天气晴朗暖和，∧没想到中午突然刮起了暴风，下起了雪，气温急剧下降。（节选自人教版1982年小学《语文》第六册《小英雄努尔古丽》）

**【训练提示】**

上段属于转换性停连。为了着重显示天气突变，在"暖和"之后要有一个转换性停顿。这里的停顿，既是"天气晴朗暖和"的舒适爽快感的延续，又是对天气突变的一种准备和酝酿。突变之后，连接要迅速，其后的所有停顿时间都相对缩短。

15. 每一个人的人生，都是这诗篇中的一个词、一个句子或者一个标点。你可能没有成为一个美丽的词，一个引人注目的句子，一个惊叹号，〽但你依然是这生命的立体诗篇中的一个音节、一个停顿、一个必不可少的组成部分。（〽是间歇号，不论有无标点符号，均可用，停顿时间较长，如有标点符号，停顿时间更长些。）（作品55号，节选自[美]本杰明·拉什《站在历史的枝头微笑》）

**【训练提示】**

上段属于转换性停连。在“惊叹号”后面安排一个较长时间的转换性停顿，一方面结束前面的讲述，另一方面强调你依然是生命中不可或缺的部分，停顿的时间较长。

**【练习题】**

1. 用符号标出下列各句的停连。

(1)冬天过去了，微风悄悄地送来了春天。

(2)他们看见一只乌龟摆动着四条腿在水里游。

(3)现在，我向大家介绍唐代大诗人杜甫揭露统治阶级横征暴敛的诗篇。

(4)一个夏天，太阳暖暖地照着，海在很远的地方奔腾怒吼，绿叶在树枝上飒飒地响。

2. 朗读普通话水平测试朗读作品 32 号杏林子《朋友和其他》，注意恰当处理停连。

朋友即将远行。

暮春时节，又邀了几位朋友在家小聚。虽然都是极熟的朋友，却是终年难得一见，偶尔电话里相遇，也无非是几句寻常话。一锅小米稀饭，一碟大头菜，一盘自家酿制的泡菜，一只巷口买回的烤鸭，简简单单，不像请客，倒像家人团聚。

其实，友情也好，爱情也好，久而久之都会转化成亲情。

说也奇怪，和新朋友会谈文学、谈哲学、谈人生道理等等，和老朋友却只话家常，柴米油盐，细细碎碎，种种琐事。很多时候，心灵的契合已经不需要太多的言语来表达。

朋友新烫了个头，不敢回家见母亲，恐怕惊骇了老人家，却欢喜地来见我们，老朋友颇能以一种趣味性的眼光欣赏这个改变。

年少的时候，我们差不多都在为别人而活，为苦口婆心的父母活，为循循善诱的师长活，为许多观念、许多传统的约束力而活。年岁逐增，渐渐挣脱外在的限制与束缚，开始懂得为自己活，照自己的方式做一些自己喜欢的事，不在乎别人的批评意见，不在乎别人的诋毁流言，只在乎那一分随心所欲的舒坦自然。偶尔，也能够纵容自己放浪一下，并且有种恶作剧的窃喜。

也越来越觉得，人生一世，无非是尽心。对自己尽心，对所爱的人尽心，对生活的这块土地尽心。既然尽心了，便无所谓得失，无所谓成败荣辱。很多事情便舍得下，放得开，包括人事的是非恩怨，金钱与感情的纠葛。懂得舍，懂得放，自然春风和煦，月明风清。

就让生命顺其自然，水到渠成吧。犹如窗前的乌桕，自生自落之间，自有一分圆融丰满的喜悦。春雨轻轻落着，没有诗，没有酒，有的只是一分相知相属的自在自得。

夜色在笑语中渐渐沉落，朋友起身告辞，没有挽留，没有送别，甚至也没有问归期。

已经过了大喜大悲的岁月，已经过了伤感流泪的年华，知道了聚散原来是这样的自然和顺理成章，懂得这点，便懂得珍惜每一次相聚的温馨，离别便也欢喜。

## 四、表示语气训练

### 训练要点

以气息来带动喜、怒、哀、乐、爱、恶、惧等情感，进而让语言染上情绪的色彩。

### 导练略读

#### 语气给语言涂上情感的色彩

作品是以句子为基本单位的，任何句子都包含着具体的思想感情。朗读作品，也是以句子为基本单位的，通过有声语言把句子的思想感情准确地表达出来。就朗读的语句来说，既有内在的思想感情的色彩和分量，又有外在的高低、强弱、快慢、虚实的声音形式。综合这两个方面，我们称之为“语气”。语气是指具有声音和气息合成形式的语句流露出来的气韵。

语气的基本表示方法有以下几种：

1. 气徐声柔。口腔松宽，气息深长，音调有强弱起伏变化，有些音节可拖长，气流量、声音力度较小，给人以温和感、细腻感。常用来表现爱的情感。

2. 气足声硬。口腔紧窄，气息阻塞，语调上扬，语速较快，气流量、声音力度较大，有些音节咬字较紧，给人以挤压感。常用来表示憎恶的情感。

3. 气沉声缓。口腔有负重之感，气息如尽竭一般，语速较慢，音调低沉、平淡，给人以迟滞感、沉重感。常用来表示悲伤的情感。

4. 气满声高。口腔轻松，气息深长，语气上扬、活泼，仿佛语流音节在跳动中进行，给人以兴奋感、跳跃感。常用来表现喜悦的情感。

5. 气粗声重。口腔如鼓，气息如椽，语速适中，气流量、力度较大，给人以震撼感、严厉感。常用来表示愤怒的情感。

6. 气提声滞。口腔紧收，气息如倒流，有时语气断断续续，音调较微弱，有的音节可拖长，给人以紧缩感。常用来表现惧怕的情感。

### 训练项目

#### 不同语气的表达技巧

**【训练材料】**

1. 深秋的清晨是寒冷的，周总理▲却送来了春天的温暖。（节选自人教版小学《语文》第三册《温暖》）

**【训练提示】**

这一句是赞扬周总理的，表达对周总理的崇敬之情。用“气徐声柔”的方法将之表现出来。

2. 站在水边，望到那面，居然觉着有些远呢！这平铺着、厚积着的绿，着实可爱。她松松地皱缬着，像少妇拖着的裙幅；她滑滑的明亮着，像涂了“明油”一般，有鸡蛋清那样软，那样嫩；她又不杂些尘滓，宛然一块温润的碧玉，只清清的一色——但你却看不透她！（作品 25 号，节选自朱自清《绿》）

**【训练提示】**

作者对梅雨潭的绿非常喜爱，朗读时可用比较温和、亲切的语气将之表现出来。

3.“天杀的日本强盗，你为什么要把住渡口，不让孩子去看医生啊！”女人一边啜泣一边咒骂着。

**【训练提示】**

这里，咬紧每一个字，同时加线的字要重读，用“气足声硬”的方法把对日本强盗的憎恨之情表达出来。

4. 天安门广场上，花堆成了山，人汇成了海……爸爸脱下了帽子，妈妈摘下了头巾。他们低下头，向周爷爷默哀。（节选自 1977 年《雁北报》刊载的端阳生的《小白花》）

5. 读小学的时候，我的外祖母去世了。外祖母生前最疼爱我，我无法排除自己的忧伤，每天在学校的操场上一圈儿又一圈儿地跑着，跑得累倒在地上，扑在草坪上痛哭。（作品 14 号，节选自林清玄《和时间赛跑》）

**【训练提示】**

4、5 两段语流较慢，加线的重音更慢，用气深声缓的方法将人们的悲痛之情再现出来。

6. 从未见过开得这样盛的藤萝，只见一片辉煌的淡紫色，像一条瀑布，从空中垂下，不见其发端，也不见其终极，只是深深浅浅的紫，仿佛在流动，在欢笑，在不停地生长。（作品 59 号，节选自宗璞《紫藤萝瀑布》）

**【训练提示】**

用气满声高的方法将作者的惊叹、喜悦之情表现出来

7. 我在这繁响的拥抱中，也懒散而且舒适，从白天以至初夜的疑虑，全给祝福的空气一扫而空了，只觉得天地圣众歆享了牲醴和香烟，都醉醺醺的在空中蹒跚，豫备给鲁镇的人们以无限的幸福。（节选自鲁迅《祝福》）

**【训练提示】**

这句话，作为《祝福》的结尾句，充满了深沉的愤懑和冷峻的戟刺，我们可以用气粗声重的方法来表现。

8. 狐狸罗卡走进村子，它饿了想找只鸡来吃。这正是睡午觉的时候，每家的鸡都在睡午觉。

罗卡轻手轻脚走进白公鸡的家。白公鸡正在甜甜地做美梦呢，狐狸身上难闻的气味让它睁开了眼。

“你……你是谁？”白公鸡惊愕地问。

"我？我是你的好朋友啊！嘻嘻……"

白公鸡吓瘫了，趴在地上直求饶："求……求狐狸大老爷……饶了我的命吧，您放我一条生路，我……下辈子也要感谢您啊……"

对白公鸡的胆小、害怕，我们就用气提声滞的方法来表现。

**【训练提示】**

语气是表述者情态的自然流露。人的情感态度丰富而复杂，如感情的喜怒哀乐、爱憎好恶，态度的亲疏冷热、褒贬毁誉，程度的强弱深浅、浓淡高低，在表达中，这些情感态度往往不是孤立的、单独的，它们常常交织在一起，从而形成千变万化的语气，表达时不能去套固定的模式。

**【练习题】**

1. 讲述寓言故事《乌鸦和狐狸》，根据不同的任务、不同的感情色彩运用不同的语气。

2. 朗读普通话水平测试朗读作品 37 号《态度创造快乐》，注意采用恰当的语气。

一位访美中国女作家，在纽约遇到一位卖花的老太太。老太太穿着破旧，身体虚弱，但脸上的神情却是那样祥和兴奋。女作家挑了一朵花说："看起来，你很高兴。"老太太面带微笑地说："是的，一切都这么美好，我为什么不高兴呢？""对烦恼，你倒真能看得开。"女作家又说了一句。没料到，老太太的回答更令女作家大吃一惊："耶稣在星期五被钉上十字架时，是全世界最糟糕的一天，可三天后就是复活节。所以，当我遇到不幸时，就会等待三天，这样一切就恢复正常了。"

"等待三天"，多么富于哲理的话语，多么乐观的生活方式。它把烦恼和痛苦抛下，全力去收获快乐。

沈从文在"文革"期间，陷入了非人的境地。可他毫不在意，他在咸宁时给他的表侄、画家黄永玉写信说："这里的荷花真好，你若来……"身陷苦难却仍为荷花的盛开欣喜赞叹不已，这是一种趋于澄明的境界，一种旷达洒脱的胸襟，一种面临磨难坦荡从容的气度。一种对生活童子般的热爱和对美好事物无限向往的生命情感。

由此可见，影响一个人快乐的，有时并不是困境及磨难，而是一个人的心态。如果把自己浸泡在积极、乐观、向上的心态中，快乐必然会//占据你的每一天。

## 五、掌握节奏训练

### 训练要点

通过语言节奏的表达和转换，律动作品中的情感脉动。

### 导练略读

（一）节奏是律动情感的共鸣器

节奏就是由一定的思想感情的波澜起伏所造成的在朗读全篇作品过程中所显现

的抑扬顿挫、轻重缓急的声音形式的回环往复。节奏的成因，在于思想感情的运动状态，没有运动着的思想感情，就不可能产生有声语言的节奏；立足于作品的全篇和整体，是节奏的基本要求，不立足全篇和整体，就会失于零乱、限于枝枝节节；全篇声音形式的回环往复，要求峰谷相间、前呼后应，造成起伏跌宕、纵横捭阖、气势磅礴等的整体节奏感。

节奏的快慢造成语言的音乐性，增强语言的表达效果。

节奏的类型有以下六种：

1. 轻快型。

多扬少抑，多轻少重，语节（语节一般以词或短语为单位）少而词的密度大。基本语气、基本转换，都偏于轻快，重点句、段更为明显。

2. 凝重型。

语势较平稳，音强而有力，多抑少扬，语节多而词疏。基本语气、基本转换都显得凝重，重点句、段更为明显。

3. 低沉型。

语势多为落潮类，句尾落点多显沉重，音节多长，声音偏暗。基本语气、基本转换，都带有沉缓的感受，重点句、段尤甚。

4. 高亢型。

语势多为起潮类，峰峰紧连，扬而更扬，势不可遏。基本语气、基本转换都趋于高昂或爽朗，重点句、段更为突出。

5. 舒缓型。

语势多扬而少坠，声音较高而不着力，语节内较疏但不多顿，气流长而声清。基本语气、基本转换都较为舒展，重点句、段更明显。

6. 紧张型。

多扬少抑，多重少轻，语节内密度大，气较促，音较短。基本语气、基本转换都较为急促、紧张，重点句、段更突出。

### （二）学会自然灵活地转换节奏

在朗读作品时，笼统和单一是最容易出现的毛病，也是运用节奏的大忌。因此，要学会转换节奏。节奏的转换方法主要有以下三个方面：

1. 欲扬先抑，欲抑先扬。

声音的高低变化，形成峰谷相间的起伏关系。内容的主要部分必须以较浓的色彩、较重的分量表达出来。明确了主要部分，还要认真考虑次要部分如何表达，怎样为主要部分铺垫和陪衬。这主与次之间，有时用抑扬显示它们的区别和联系。如果主要部分要扬，次要部分就要抑，反之亦然。

2. 欲快先慢，欲慢先快。

快慢问题，在比较中表现为语节中词的相对疏密程度，语节中词疏则慢，词密则快。同样,少停紧接就快,多停缓接就慢。

在朗读中,有时抑扬变化不太大,而快慢变化较为显著,甚至以快慢变化为主。这种情况下,快慢的回环往复也是节奏的一种转换形态。

3. 欲轻先重,欲重先轻。

轻重变化,可以包括虚实变化。因为声音中有轻重之分,轻到一定限度就会转化为半实半虚的声音。由轻转重、由实转虚等,能够形成轻重相间、虚实相间的回环往复,造成节奏感。

## 训练项目

### (一)各类语言节奏训练

**【练习材料】**

1. 雪/纷纷扬扬,下得/很大。开始还伴着/一阵儿小雨,不久就只见大片大片的雪花,从/彤云密布的天空中/飘落下来。地面上一会儿就白了。冬天的山村,到了夜里/就万籁俱寂,只听得雪花/簌簌地不断往下落,树木的枯枝/被雪压断了,偶尔咯吱一声响。(作品5号,节选自峻青《第一场雪》)

**【训练提示】**

这里用"/"将语节划出来。其节奏是比较轻快的。

另外,普通话水平测试朗读作品2号、22号、25号、26号、58号等也都属于这种节奏。

2. 然而,到了世界杯大赛,天下大变。各国球员都回国效力,穿上与光荣的国旗同样色彩的服装。在每一场比赛前,还高唱国歌以宣誓对自己祖国的挚爱与忠诚。一种/血缘情感/开始在/全身的血管里/燃烧起来,而且/立刻/热血/沸腾。(作品11号,节选自冯骥才《国家荣誉感》)

**【训练提示】**

"一种/血缘情感/开始在/全身的血管里/燃烧起来,而且/立刻/热血/沸腾"是重点句,读时应该读得凝重些。

另外,普通话水平测试朗读作品3号、6号、30号、35号、57号等也都属于这种节奏。

3. 读小学的时候,我的外祖母去世了。外祖母生前最疼爱我,我无法排除自己的忧伤,每天在学校的操场上一圈儿又一圈儿地跑着,跑得累倒在地上,扑在草坪上痛哭。(作品14号,节选自林清玄《和时间赛跑》)

**【训练提示】**

这里应该选择低沉型节奏。

4. 人活着,最要紧的是寻觅到那片代表着生命绿色和人类希望的丛林,然后选一高高的枝头站在那里观览人生,消化痛苦,孕育歌声,愉悦世界!

这可真是一种潇洒的人生态度,这可真是一种心境爽朗的情感风貌。(作品55

号，节选自[美]本杰明·拉什《站在历史的枝头微笑》）

**【训练提示】**

这里应该选择高亢型节奏。

另外像普通话水平测试朗读作品1号、18号、38号、59号等都属于这种类型。

5. 我爱月夜，但我也爱星天。从前在家乡七八月的夜晚在庭院里纳凉的时候，我最爱看天上密密麻麻的繁星。望着星天，我就会忘记一切，仿佛回到了母亲的怀里似的。（作品8号，节选自巴金《繁星》）

**【训练提示】**

这里应该选择舒缓型节奏。

另外像普通话水平测试朗读作品9号、12号、19号、20号、23号、24号、40号、43号、51号等都属于这种类型。

6. 忽然，从附近一棵树上飞下一只黑胸脯的老麻雀，像一颗石子似的落到狗的跟前。老麻雀全身倒竖着羽毛，惊恐万状，发出绝望、凄惨的叫声，接着向露出牙齿、大张着的狗嘴扑去。（作品27号，节选自[俄]屠格涅夫撰、巴金译《麻雀》）

**【训练提示】**

这里应该选择紧张型节奏。

### （二）节奏转换的技巧

**【练习材料】**

1. ①这位比谁都感到受自己的声名所累的伟人，却像偶尔被发现的流浪汉，不为人知的士兵，不留名姓地被人埋葬了。②谁都可以踏进他最后的安息地，围在四周稀疏的木栅栏是不关闭的——保护列夫·托尔斯泰得以安息的没有任何别的东西，惟有人们的敬意；而通常，人们却总是怀着好奇，去破坏伟人墓地的宁静。（作品35号，节选自[奥]茨威格撰、张厚仁译《世间最美的坟墓》）

**【训练提示】**

《世间最美的坟墓》的节奏应属凝重型。上选例句，①稍抑，②上扬，突出列夫·托尔斯泰的伟大以及人们对他的尊敬之情。

2. ①一群朋友郊游，我领头在狭窄的阡陌上走，怎料迎面来了几头耕牛，狭道容不下人和牛，终有一方要让路。它们还没有走近，我们已经预计斗不过畜牲，恐怕难免踩到田地泥水里，弄得鞋袜又泥又湿了。②正踟蹰的时候，带头的一头牛，在离我们不远的地方停下来，抬起头看看，稍微迟疑一下，就自动走下田去。一队耕牛，全跟着它离开阡陌，从我们身边经过。

③我们都呆了，回过头来，看着深褐色的牛队，在路的尽头消失，忽然觉得自己受了很大的恩惠。（作品57号，节选自小思《中国的牛》）

**【训练提示】**

这里要赞扬的是中国的牛的默默奉献精神，表达作者对中国的牛的尊敬之情。

①句的节奏要渐快，②句稍慢，强调眼前的景象，③句更慢，将我们的惊讶和感动之情表达出来。

3."春天到了，可是我什么也看不见!"这富有诗意的语言，产生这么大的作用，就在于它有非常浓厚的感情色彩。是的，①春天是美好的，那蓝天白云，那绿树红花，那莺歌燕舞，那流水人家，怎么不叫人陶醉呢？②但这良辰美景，对于一个双目失明的人来说，只是一片漆黑。（作品53号，节选自语文S版小学《语文》四年级下册《语言的魅力》）

**【训练提示】**

语言的魅力在于它有浓厚的感情色彩，当人们想到一位盲老人，一生中竟连万紫千红的春天都不曾看到，怎能不对他产生同情之心呢？为了突出②句，①句应该读得轻一些，以此显出②句的色彩和分量。

**【练习题】**

朗读普通话水平测试朗读作品8号巴金《繁星》，注意节奏的把握。

我爱月夜，但我也爱星天。从前在家乡七八月的夜晚在庭院里纳凉的时候，我最爱看天上密密麻麻的繁星。望着星天，我就会忘记一切，仿佛回到了母亲的怀里似的。

三年前在南京我住的地方有一道后门，我打开后门，便看见一个静寂的夜。下面是一片菜园，上面是星群密布的蓝天。星光在我们的肉眼里虽然微小，然而它使我们觉得光明无处不在。那时候我正在读一些天文学的书，也认得一些星星，好像它们就是我的朋友，它们常常在和我谈话一样。

如今在海上，和繁星相对，我把它们认得很熟了。我躺在舱面上，仰望天空。深蓝色的天空里悬着无数半明半昧的星。船在动，星也在动，它们是这样低，真是摇摇欲坠呢！渐渐地我的眼睛模糊了，我好像看见无数萤火虫在我的周围飞舞。海上的夜是柔和的，是静寂的，是梦幻的。我望着许多认识的星，我仿佛看见它们在对我眨眼，我仿佛听见它们在小声说话。这时我忘记了一切。在星的怀抱中我微笑着，我沉睡着。我觉得自己是一个小孩子，现在睡在母亲的怀里了。

有一夜，那个在哥伦波上船的英国人指给我看天上的巨人。他用手指着：//那四颗明亮的星是头，下面的几颗是身子，这几颗是手，那几颗是腿和脚，还有三颗星算是腰带。经他这一番指点，我果然看清楚了那个天上的巨人。看，那个巨人还在跑呢！

## 六、朗读综合训练

### 训练要点

通过完整作品的朗读，灵活运用重音、停连、节奏、语气的技巧，准确、自然地表达作品的思想感情。

### 导练略读

比较完美的朗读都是在把握作品思想感情的基础上，恰当使用朗读技巧，用生动优美的语言将作品演绎出来的。这就要求我们能够准确把握作品，在自己内心深处建立起一定的视像，调动各方面的感知能力，生动地再现作品内容。这就是朗读的综合训练。

只有通过综合训练，朗读者才能在原作的基础上，在停连、重音、语气、节奏等方面进行艺术加工，以便从有声语言中准确、鲜明、生动地体现出原作的基本精神，表达出原作的独特风貌。

1.正确地理解作品。

朗读时既然要用有声语言把作品的思想内容明晰地表现出来，就必须对作品的思想内容作深刻的理解和细致的分析。只有深刻领会了文章的中心思想，掌握了作者思想发展的脉络，才能正确表达每一句、每一段乃至全篇的思想感情。因为只有理解了的东西，读者才能更深切地感受它，并获得与作者同样的感情和态度。

2.语言必须准确。

准确是指发音准确、吐字清晰，分得出轻重缓急、抑扬顿挫。发音准确的标准就是在吐字发音上对声母、韵母、声调的严格要求。声母要读得坚实有力，韵母要读得响亮完整，声调要清晰。这样，一个音节读出来，必然清晰、圆润、有力。

3.灵活运用技巧。

表达思想感情是停连、重音、语气、节奏这四种技巧的共同任务，每一种技巧也都要围绕着这个中心起作用。停连的序列性、重音的明确性、语气的具体性、节奏的回环性，都在不同方面满足着思想感情对有声语言的需要。这其中，语气应是技巧的关键，它是朗读内容、结构、主题、背景、目的、态度、感情、色彩、分量、主次、基调等的落脚点、汇聚点。可以说，语气可以支配停连、重音，也可以形成节奏的不同类型，同时，停连、重音、节奏的各自不同变化，主要由语气来体现。语气需要它们，它们更需要语气，在朗读过程中需要灵活运用。

**【练习材料】**

在里约热内卢的一个贫民窟里，有一个男孩子，他非常喜欢足球，可是又买不起，于是就踢塑料盒，踢汽水瓶，踢从垃圾箱里拣来的椰子壳。他在胡同里踢，在能找到的任何一片空地上踢。

有一天，当他在一处干涸的水塘里猛踢一个猪膀胱时，被一位足球教练看见了。他发现这个男孩儿踢得很像是那么回事，就主动提出要送给他一个足球。小男孩儿得到足球后踢得更卖劲了。不久，他就能准确地把球踢进远处随意摆放的一个水桶里。

圣诞节到了，孩子的妈妈说："我们没有钱买圣诞礼物送给我们的恩人，就让我们为他祈祷吧。"

小男孩儿跟随妈妈祈祷完毕，向妈妈要了一把铲子便跑了出去。他来到一座别墅前的花园里，开始挖坑。

就在他快要挖好坑的时候，从别墅里走出一个人来，问小孩儿在干什么，孩子抬起满是汗珠的脸蛋儿，说："教练，圣诞节到了，我没有礼物送给您，我愿给您的圣诞树挖一个树坑。"

教练把小男孩儿从树坑里拉上来，说："我今天得到了世界上最好的礼物。明天你就到我的训练场去吧。"

三年后，这位十七岁的男孩儿在第六届足球锦标赛上独进二十一球，为巴西第一次捧回了金杯。一个原来不为世人所知的名字——贝利，随之传遍世界。（作品41号，节选自刘燕敏《天才的造就》）

**【训练提示】**

我们首先要看一遍作品，对作品有一个总体印象，从而确定作品的基调。看完这篇文章后你立刻会有这样的感觉：在这个纷纷扰扰的时代，不要一味地去行走，必要的时候，让心灵停留，哪怕只有五分钟。这个时候，你会发现很多美的风景，会发现很多可爱的故事。《天才的造就》就在这样的时候深深地打动了你。作品中让我们感动的有三个人：小男孩贝利、小男孩的母亲、教练。他们身上有着共同的品质：他们都有着一颗真诚、善良和知道感恩的心灵。作者刘燕敏在这篇文章中褒扬的正是这种人性的美丽。我们在朗读时要将作品"赞扬"的感情基调把握住。

第一小节，作者告诉我们这个小男孩非常喜欢足球，可他买不起，他就踢一切可以踢的东西。朗读的时候我们要将小男孩对足球的喜爱表现出来。第一句话里的"非常喜欢"要重读；读"踢塑料盒，踢汽水瓶，踢从垃圾箱里拣来的椰子壳"时要一气呵成，其中的逗号停顿的时间很短甚至可以不停顿。第二句里的"任何一片"要重读，以此来强调小男孩抓住一切机会踢他可以踢的东西。

第二小节，介绍了小男孩获得了一位足球教练主动送给他的足球。这里朗读的语速稍快一些，语气平实一些，这样就为后文语气语调的变化埋下了伏笔。

第三小节只有一句话。但就是这一句话却描绘出一位善良美丽的母亲的形象。她说的这句话"我们没有钱买圣诞礼物送给我们的恩人，就让我们为他祈祷吧"朗读时要充满感情，在第三个"我们"后停顿，从而突出"为他祈祷"，"为他祈祷"要重音轻读，这样让读者和听者眼前浮现出母子俩在虔诚地为他们的恩人默默祝福的情景。这一节结束后要作长时间的停顿，给人留下回味的时间。

更感人的是第四、五小节。小男孩祈祷完之后，向妈妈要了一把铲子，来到一座别墅前的花园挖坑。"小男孩抬起满是汗珠的脸蛋儿"中的"满是汗珠"要重读，小男孩说的话"教练，圣诞节到了，我没有礼物送给您，我愿给您的圣诞树挖一个树坑"，我们要能读出孩子的纯真来，要能够再现一个孩童的朴实、真诚、纯洁、懂得感恩的美好品质。

回报小男孩和他母亲的是那位让人怦然心动的足球教练。他被孩子的真诚和对足球的无比热爱感动了。他把孩子从树坑里拉上来，说了两句话。我们要把这两句话读好。一句是"我今天得到了世界上最好的礼物"，读这一句的语速稍慢一些，"最好"要重读，声音里要充满感动之情；另一句是"明天你就到我的训练场去吧"，这是对孩子的真诚的回报，读这一句的时候用平调，这就是人们常说的“绚烂之极，归于平淡”，语气要亲切一些。

报答这位教练的是孩子骄人的成绩。文章最后一小节里的“独进二十一球”要重读；“为巴西第一次捧回了金杯”中，在“巴西”后面要停顿，“第一次”要重音重读。

文章中没有一句抒情、议论的话语，但赞美和感动却充满读者和听者心灵的每一个角落。朗读者要在自己被感动的同时，用自己声情并茂的朗读向别人传达这种感动。这需要不断训练，绝非一日之功。

**【练习题】**

朗读普通话水平测试朗读作品37号《态度创造快乐》，注意把握作品的基调，注意灵活地运用朗读的技巧。

一位访美中国女作家，在纽约遇到一位卖花的老太太。老太太穿着破旧，身体虚弱，但脸上的神情却是那样祥和兴奋。女作家挑了一朵花说：“看起来，你很高兴。”老太太面带微笑地说：“是的，一切都这么美好，我为什么不高兴呢？”“对烦恼，你倒真能看得开。”女作家又说了一句。没料到，老太太的回答更令女作家大吃一惊：“耶稣在星期五被钉上十字架时，是全世界最糟糕的一天，可三天后就是复活节。所以，当我遇到不幸时，就会等待三天，这样一切就恢复正常了。”

“等待三天”，多么富于哲理的话语，多么乐观的生活方式。它把烦恼和痛苦抛下，全力去收获快乐。

沈从文在“文革”期间，陷入了非人的境地。可他毫不在意，他在咸宁时给他的表侄、画家黄永玉写信说：“这里的荷花真好，你若来……”身陷苦难却仍为荷花的盛开欣喜赞叹不已，这是一种趋于澄明的境界，一种旷达洒脱的胸襟，一种面临磨难坦荡从容的气度。一种对生活童子般的热爱和对美好事物无限向往的生命情感。

由此可见，影响一个人快乐的，有时并不是困境及磨难，而是一个人的心态。如果把自己浸泡在积极、乐观、向上的心态中，快乐必然会//占据你的每一天。

# 第六单元　讲述训练

讲述重在训练语感、理解等方面的能力，提高表达的条理性和连贯性；训练观察、想象等方面的能力，提高表达的具体性、形象性和生动性；训练分析、评论等方面的能力，提高表达的准确性和思辨性。同时，根据不同的表达需要，你应进行使用不同语气、语调、语速、节奏、体态等技能技巧的训练，以增强表达效果。

## 训 导 模 块

### 导学精读

口语表达中的讲述与写文章一样，都是以客观事物为反映对象的，客观事物的复杂性，决定了反映方式的多样性。表达的对象不同、基础不同，所要表达的目的也不同。讲述分为复述、描述、评述三种类型。

#### 一、复述及其特点

复述就是把读到或听到的现成语言材料在理解的基础上加以整理，重新讲述出来的一种口头表达方式。

复述不是背诵，也不是“放录音”，背诵要求一字不改地再现原材料，而复述则按照一定的要求用自己的话表达原始材料的内容，它必须忠实于原材料，不能歪曲原意、丢掉或改换主要的观点和内容。

复述的步骤可概括为三个字：看（听）、想、讲。

1.看（听）：有目的、按顺序地看（听）清全部材料，掌握原材料中的人物、事件、环境和基本内容，理清其内在联系，弄清细节和全过程，明辨主旨，理解其基本思想，这样才能保证把原材料的内容完好地表达出来。

2.想：创造性地钻研原材料，展开合理的联想和丰富的想象，使人物更生动，使情节更丰满，使思想更深刻，把思路引向原材料以外更广阔的天地。总之，可以根据讲述的特殊目的和要求，合理而精心地组织原材料。

3.讲：语音正确，声音响亮，中心突出，条理分明，感情真挚，气势连贯，仪态大方，尽量使用口语词语，以求尽快有效地传递信息。

复述训练，一方面可以进行记忆能力的训练，强化知识，另一方面可以训练有序、有节、有理的表达能力。复述对于培养语感，熟悉语脉，积累语汇，培养良好的语言习惯,提高书面表达的条理性等都有不可忽视的作用。

## 二、描述及其特点

描述,是用生动形象的语言,把人、事、物、景等具体事物的特征及形态,具体细致地描绘给别人听,给听者以美的享受的一种口语表达方式。

描述是以观察为基础的。如果描述对象在眼前,要边看边说;如果描述对象不在眼前,也要尽量从记忆中搜寻它的形象,边想边说;如果描述对象没有全面观察过或全部经历的,那就要通过联想和想象构成它的形象。联想和想象并非胡思乱想,都要以观察为基础。

描述要抓住对象的特征,真实准确地再现人、事、物、景的基本形态与特点,不能没有重点地喋喋不休,或随意地夸大渲染。

描述要形象、生动、具体,必须恰当地选用词语,切忌辞藻堆砌。描述要饱含感情,形象传神地再现描述对象。但这种描述中的抒情,不是要描述者在描述过程中直接抒发,而是将这种感情融注于描述时所选用的词语和运用的语气及动作表情之中。

描述时的语言处理,应在清楚准确地反映事物的前提下,注意表达的形象性和感染力,要利用语调、语速、节奏等的变化,来突出那些显示形象特征的词语,以声带情。描述人物的语气的选择要注意切合人物的性格、身份、年龄、心理状态等方面的特征,如描述天真活泼的少年儿童,可说的活泼跳跃些,语调轻松愉悦些;如描述悲剧性人物,语气徐缓凝重;如描述热情幽默的性格,语气宜明快诙谐;描述英雄人物,语气宜刚健豪迈;如描述耿直爽朗的性格,语气宜粗犷明亮等。描述事件的语言处理,重在交代清楚事件的来龙去脉,语脉要清晰,语调宜平稳,语速宜舒缓。同时随事件的性质及其起承转合抑扬虚实而改变语气,如描述事件的开端和抒情成分较浓的材料,可气徐声柔,娓娓动人;如描述事件的急剧转折及振奋人心的场面,可气急声亮,高亢激昂;如描述悲剧性结局和凄惨场面,可气滞声凝,低咽悲怆;如描述圆满结局和欢庆场面,可气满生爽,明快欢悦。描述景物的语言处理,要注意融情于景,融情于物。一般而言,描述动态景物时多用强节奏,语调富于变化,以增强其直观性。描述静态景物时多用弱节奏,语调清细平和,以显示其恬静美。

## 三、评述及其特点

评述是对一定的人物、事件或观点发表自己见解和感受的口语表达方式。评述的核心在于“评”。它与复述、描述不同的是:它不是以听到的、读到的、看到的材料为表达对象,而是以听到、看到、读到后产生的见解和感受为表达对象。

评述,虽然以“评”为主体,但是离不开“述”;没有对读到、听到、观察到的客观事物的复述和描述,“评”就失去了基础和依据。因此,评述是“评”与“述”相结合的、具有综合性特点的口语表达方式。

评述在语言技巧处理上,应着重注意以下三点:

1.评述必须用明朗的语气,果断地说出自己的观点,或肯定,或否定,或赞同,或反对,即使说法委婉,也不能模棱两可,含混不清。一般来讲,表示支持、同意、赞许、颂扬时,语气应热烈,节奏应明快,情绪应高亢;表示否定、反问、揭露、批驳时,应用强节奏,语气应高昂;表示商榷、讨论时,语气较委婉、平和,语速较慢。

2.评述时应根据评述对象的不同和表情达意的需要,对重音、停顿等作恰当地处理,努力做到以情感人,以声夺人。

3.教师的课堂评述是帮助学生提高认识、推动教学目标实现的重要手段,它依附于教材内容、学生实际和教学语境,有较灵活的适应性,因此,在评述时,“述”的语速适当快一些,并说得生动活泼以调动对“评”的兴趣;“评”的语调略显平实,有时可用商榷的口吻同学生一道作深入的评析,有时要以无可置疑的语气强调某个结论的确定性,有时可略带感情色彩,使自己所持观点的倾向性更为鲜明。

## 训练模块

### 一、复述训练

#### 训练要点

1.复述的语言处理不同于朗读,应在如实反映原材料和感情特点的前提下,注意表达的清晰度和客观性,突出其贴近于原材料的“述”的特点。

2.复述记叙性材料时,在讲清过程的同时,要增强生动性。复述议论性材料时,突出论点、论据、推论过程和结论。

3.复述说明性材料时,对事物的形状、方位、结构、性能等特征,要重点突出。

#### 导练略读

**复述的类型**

复述类型一般分为三种:详细复述、概要复述、创造性复述。

1.详细复述。

详细复述,即详尽地复述原材料的内容。它是一种接近原始材料的复述,是最简单、最基本的复述形式。进行详细复述,必须用自己的话按照原始材料的顺序、结构、人称,无遗漏地清楚、准确、完整、连贯地述说出来,要保持原材料的语言风格,做到细而不乱,使听众对原材料的内容能有较全面的了解。

2.概要复述。

概要复述,即简明扼要地述说出原材料的内容。它类似于写作中的缩写,与后面的扩展复述都属于对原材料的一种再创作。

3.创造性复述。

创造性复述,即通过对原材料进行改编和扩充等创造性加工后复述。创造性复述比前两种复述方式要求更高，难度也更大。它不仅要求能够复述原材料的基本内容，还要求在复述中对原材料进行创造性地改编和扩充。

## 训练项目

### （一）详细复述训练

1. 详细复述的方法。

详细复述在复述者忠实于原材料再现原材料的同时，允许对原材料的词语、句式等方面做一些适当的调整。比如：对于某些过长的句子，可以化短；有碍听者理解的方言土语，可以改换成通俗易懂的口语；对语法结构复杂的句子，可以化简；有些句子可以改变顺序，使其明白晓畅。

进行详细复述的基本方法是：首先，要细心地读（听），抓住中心，弄清思路，理出层次，全面把握原材料的内容；其次，在理解的基础上，强行记忆，对长的材料编写提纲，对短的材料打好腹稿；再次，根据听众对象，对原材料的语言形式等进行适当整理加工；最后，全神贯注，声音洪亮，富有表情地进行复述。

2. 详细复述实例。

#### 《蝉》的片段

蝉有非常灵敏的视觉。蝉有五只眼睛，左右和上方发生什么事情都看得见。只要看见有什么东西来了，蝉就停止演奏，悄悄地飞开。可是喧哗的声音不能使蝉受到惊扰。站在蝉的背后，你尽管拍手，吹哨子，敲石子，高声讲话，蝉都满不在乎。要是一只麻雀，听见一点儿轻微的声音，就惊慌地飞去了。镇静的蝉却仍旧演奏它的音乐，好像没事一样。

#### “《蝉》的片段”的复述

蝉的视觉非常灵敏。它有五只眼睛，左右两边和上面发生了什么事情都看得见。只要看见有什么东西来了，它就立刻停止鸣叫，悄悄地飞走了。可是它的听觉却特别得令人惊奇，再闹的声音也惊吓不了它、干扰不了它。站在蝉的背后，你尽管拍手，吹哨子，敲石子，高声讲话，它却一点都不在乎。假如是一只麻雀，只要听见一点儿细小的声音，就会惊慌失措地飞走了。

这是一段说明性材料的详细复述。在遵从原材料的基础上，进行了口语化的加工处理，不过没有改变原材料的说明顺序、说明方法、语言风格。在语言处理上，以自然轻快的语气语调、适中的语速，清晰明了地讲述了蝉在视觉和听觉上的特点，同时有些词语如“非常、都、停止、惊奇、惊吓、干扰、一点”等应作重音处理，以突出蝉的特殊功能。

**【练习题】**

1. 详细复述老师的一段话。

2. 听录音《卖火柴的小女孩》，然后作详细复述。

3. 详细复述你所经历的一件事。

**【训练提示】**

1. 第1题要能再现老师的讲话内容及语言风格。

2. 第2题是一则童话，通过叙述大年夜卖火柴的小女孩的悲惨遭遇，反映出穷苦儿童对美好生活的渴望。复述时，可参照以下情节提纲：大年夜，卖火柴的小女孩流落街头——擦火柴取暖，火光中出现了美丽的幻想——渴望温暖，渴望光明，悲惨死去。

3. 第3题在回忆述说的基础上，应对事情的发生、发展、结局复述完整。

### (二)概要复述训练

1. 概要复述的方法。

概要复述的要领是：把握整体，理清线索，紧扣中心，舍去枝叶，保留主干，缩减成篇，反映原貌。

若复述记叙性材料，可选取其主要情节或主要人物性格发展变化的脉络；若复述议论性材料，可抓住中心论点和分论点，作者的立论与驳论；若复述说明性材料，可扣住对事物根本特征的说明和对事物本质的说明。

但在加工整理原材料的内容时，不能改变其原有的风格、体裁，也不能加进复述者本人的评论，不能丢开原材料说几句空话，使内容不具体。复述前应编好提纲，打好腹稿，做到胸中有数，复述时应注意扣紧中心，抓重要语句，舍去一些过渡性段落、插说、阐释以及某些细节或修饰性部分，谨防概要复述过程中的前松后紧，头重脚轻。

2. 概要复述实例。

#### 九色鹿

在一片景色秀丽的山林中，有一只鹿。它双角洁白如雪，身上有九种鲜艳的毛色，漂亮极了，人们都称它九色鹿。

这天，九色鹿在河边散步。突然，耳边传来“救命啊，救命！”的呼喊，只见一个人在汹涌的波涛中奋力挣扎。九色鹿立即纵身跳进河中，将落水人救上岸来。

落水人名叫调达，得救后连连向九色鹿叩头，感激地说：“谢谢你的救命之恩。我愿意永远做你的奴仆，终身受你的驱使……”

九色鹿打断了调达的话，说：“我救你并不是要你做我的奴仆。快回家吧。你只要不向任何人泄露我的住处，就算是知恩图报了。”

调达郑重起誓，绝不说出九色鹿的住处，然后千恩万谢地走了。

有一天，这个国家的王妃做了一个梦，梦见了一头双角洁白如雪、身上有九种鲜艳毛色的九色鹿。她突发奇想：如果用这只鹿的毛皮做件衣服穿上，我一定会显得更加漂亮！于是，她缠着国王要他去捕捉九色鹿。国王无奈，只好张贴皇榜，重金悬赏捕捉九色鹿。

调达看了皇榜，心想发财的机会来啦，就进宫告密。国王听了，立即调集军队，由调达带路，浩浩荡荡地向着九色鹿的住地进发了。

山林之中，春光明媚。九色鹿在开满红花的草地上睡得正香。突然，乌鸦高声叫喊道："九色鹿，九色鹿，快醒一醒吧，国王的军队捉你来了！"九色鹿从梦中惊醒，发现自己已处在刀枪箭斧的包围之中，无法脱身。再一看，调达正站在国王身边，九色鹿非常气愤，指着调达说："陛下，你知道吗？正是这个人，在快要淹死时，我救了他。他发誓不暴露我的住地，谁知道他竟然见利忘义！您与一个灵魂肮脏的小人来滥杀无辜，难道不怕天下人笑话吗？"

国王非常惭愧。他斥责调达背信弃义，恩将仇报，并重重惩罚了他，还下令全国臣民永远不许伤害九色鹿。

## 《九色鹿》的概要复述

在一片景色秀丽的山林中，住着一只美丽漂亮的九色鹿。有一天，它奋力救出了落水的调达，调达为了报答它，愿意终身做奴仆，但九色鹿只要他不泄露自己的住地。调达郑重起誓，千恩万谢地走了。

有一天，王妃梦见了九色鹿，她想用这只鹿的皮做衣服，于是她要国王重金悬赏捕捉九色鹿。调达发现发财的机会来了，就进宫告密，并带路向九色鹿的住地进发。九色鹿从睡梦中惊醒，发现已经被包围之中，调达也站在旁边，它非常气愤，怒斥调达，国王也斥责调达恩将仇报，并重重惩罚了他，还下令全国臣民永远不许伤害九色鹿。

《九色鹿》原文七百字左右，主要讲了九色鹿不顾生命危险救了调达的命，并不要他的任何回报，只求他不向任何人泄露他的住处。调达郑重起誓决不说出九色鹿的住处，但在"重金"面前他竟然见利忘义出卖了九色鹿，最终受到了应有的惩罚。对比原文，这里削减了三分之二的篇幅，只保留了故事的主要情节，但通篇仍完整连贯，原文的主题没有变化，重点突出，让听众明了易懂。

在语言处理上，宜用叙述的语调，语脉清晰、自然流畅地讲述九色鹿见义勇为的经过，而在怒斥调达时，语速适当快一点，并突出重音，以表示对调达忘恩负义的愤怒。

**【练习题】**

1. 概要复述你喜欢的一部电影或电视、一篇小说或一个故事。

2. 根据下列提纲，概要复述《林则徐请客》。

起因：一些外国人想摸摸林则徐的底细。

经过：查理设宴，林则徐吃冰淇淋受侮辱；林则徐请客，外国人吃槟榔芋泥出洋相。

结果：外国人感到林则徐是不好对付的。

## 林则徐请客

林则徐五十三岁那年，道光皇帝派他到广州担任湖广总督，负责查禁鸦片烟。一些外国人，总想找机会摸摸林则徐的底细。

一次，英国领事查理设宴，邀请林则徐参加。宴会快结束时，送上来的最后一道点心，是甜食冰淇淋。那时候，冰淇淋还很罕见。林则徐见冰淇淋冒着气，以为很烫，送到嘴边时，还用口吹了吹。这一来，在座的外国人便趁机哄笑。林则徐受到侮辱，心里非常生气。但是，他压住怒火，似乎毫不在意地说："这道点心，外面像在冒热气，其实是冷冰冰的。今天，我算是上了一次当。"

过些天，林则徐在总督府设宴请客，回敬上次参加宴会的那些外国人。宴席上，一道道端上的都是中国名菜。那些外国人，一个个张大了嘴巴狼吞虎咽。他们一边吃喝，一边赞不绝口。酒足饭饱之后，有个外国人说："中国菜，好吃得没话说，只可惜少了一道甜食。"

"有！"林则徐便吩咐道，"上甜食！"话音刚落，一盆槟榔芋泥端上来了。外国人见是甜食，便举起汤匙，兴冲冲地舀着往嘴里倒。这一下，可够那些外国人尝的了。他们"啊——"，"啊——"，嚷成一片，喉咙里比卡着鱼骨还要难受。有的挥起手，想伸进嘴巴去抓；有的按住嘴，泪水直淌。一个个洋相出尽，狼狈不堪。

林则徐不动声色，若无其事地说："这是我家乡福建的名点，叫槟榔芋泥。这甜食，看上去外面冰冷，内里却滚烫非常，正好和似热实冷的冰淇淋相反。吃的时候，性急不得，性急了就要烫了喉咙！"

外国人瞪圆了蓝眼睛，个个呆似猴样。

他们这才感到林则徐不是个好对付的中国官员。

**【训练提示】**

1. 第 1 题在回忆电影电视、小说或故事的基础上，选取其主要的情节或主要人物性格发展变化的脉络，并以此作为复述的中心。

2. 第 2 题在不损害原文的基础上，可对原文中的人物对话、神态等作适当的删减，以突出其主干。

（三）创造性复述训练

1. 创造性复述的方法。

改编型创造性复述，就是改变原材料的人称或结构层次等。改变人称的创造性复述，可根据需要把原材料的第一人称改为第三人称，或将第三人称改为第一人称，然后按改变了的人称复述出来。改变结构层次的创造性复述，就是根据需要将原材料的叙述顺序、说明顺序、议论顺序作适当的调整组合，然后再复述。因为人称或结构层次有了改变，因此复述时的语气语调、情节的衔接过渡等都要作相应的调整。值得注意的是，改编，只限于文章的形式，不能改变文章的内容，所以，进行改编型创造性复述，主题、情节、人物以及风格等都不能更改。

扩充型创造性复述，就是对原材料作增补后的复述。它是在忠实于原材料的基础上，扩展一些情节，增加一些内容，使扩充后的材料更丰满、充实、具体、感人。但这种扩充不是随意杜撰，胡编乱造，而是在不改变主题、不偏离中心的情况下进行合理想象和生发。值得注意的是，对不同的原材料，其扩充的侧重点各不相同。议论性材料，主要是增加有理性论证的层次，补充论据材料，作更深入的剖析；说明性材料，主要对所述内容增加更具体、更鲜明的细部说明；记叙性材料，则要通过合理想象补充细节，使讲述的内容更生动、更完整。

2.创造性复述实例。

### 《草地夜行》片段

他焦急地看看天，又看看我，说："来吧，我背你走！"我说什么也不同意。这一下他可火了："别磨蹭了！你想叫咱们都丧命吗？"他不容分说，背起我就往前走。

天边的最后一丝光亮也被黑暗吞没了。满天堆起了乌云，不一会儿下起大雨来。我一再请求他放下我，怎么说他也不肯，仍旧一步一滑地背着我向前走。

突然，他的身子猛地往下一沉。"小鬼，快离开我！"他急忙说，"我掉进泥潭里了。"

我心里一惊，不知怎么办好，只觉得自己也随着他往下陷。这时候，他用力把我往上一顶，一下子把我甩在一边，大声说："快离开我，咱们两个人不能都牺牲！……要……要记住革命！"

我使劲伸手去拉他，可是什么也没有抓住。他陷下去了，已经没顶了。

我的心疼得像刀绞一样，眼泪不住地往下流。多么坚强的同志！为了我这样的小鬼，为了革命，他被这可恶的草地夺去了生命！

### "《草地夜行》片段"的改编创造性复述

老红军焦急地看看天，又看看小红军，说："来吧，我背你走！"小红军说什么也不同意。这一下老红军可火了："别折腾了！你想叫咱们都丧命吗？"他二话没说，背起小红军就往前走。

天边的光亮慢慢被黑暗吞没了。满天堆起了乌云，不一会儿下起大雨。小红军一再请求老红军放下他，可老红军说什么也不肯，仍然一步一滑地背着小红军向前走。

突然，老红军的身子猛地往下一沉。他急忙说："小鬼，快离开我！我掉进泥潭里了。"

小红军心里一惊，不知道怎么办才好，只感觉到自己慢慢随着老红军往下陷。这时候，老红军用力把小红军往上一顶，一下子把他甩在一边，大声说："快离开我，咱们两个人不能都牺牲！……要……要记住革命！……"

小红军用劲伸出手去拉老红军,可是什么也没有抓住。他陷下去了。

小红军的心疼得像刀绞一样,眼泪不住地往下流。他想:“多么坚强的同志!为了我,为了革命,他被这可恶的草地夺去了生命!”

这是《草地夜行》片段的改编创造性复述。这里把原文的第一人称改成了第三人称,这样,原文中的“他”变为老红军,“我”变为小红军,而原文人物语言中的“我”、“咱们”都不变。在语言处理上,应注意揣摩小红军当时的心理感受,体现小红军对老红军的尊敬和爱戴。

## 田忌赛马

齐国大将田忌,很喜欢赛马,有一回,他和齐威王约定,要进行一场比赛。他们商量好,把各自的马分成上、中、下三等。比赛的时候,要上马对上马、中马对中马、下马对下马。由于齐威王每个等级的马都比田忌的马强得多,所以比赛了几次,田忌都失败了。

田忌觉得很扫兴,这时,田忌抬头一看,人群中有个人,原来是自己的好朋友孙膑。孙膑发现他们的马脚力都差不多,可分为上、中、下三等。于是孙膑对田忌说:“您只管下大赌注,我能让您取胜。”田忌相信并答应了他,与齐王和诸公子用千金来赌胜。比赛即将开始,孙膑说:“现在用您的下等马对付他们的上等马,拿您的上等马对付他们的中等马,拿您的中等马对付他们的下等马。”三场比赛完后,田忌一场不胜而两场胜,最终赢得齐王的千金赌注。于是田忌把孙膑推荐给齐威王。威王向他请教兵法后,就把他当作老师。

## 《田忌赛马》的扩充创造性复述

齐国的大将田忌,很喜欢赛马,有一回,他和齐威王约定,要进行一场比赛。他们商量好,把各自的马分成上、中、下三等。比赛的时候,要上马对上马、中马对中马、下马对下马。由于齐威王每个等级的马都比田忌的马强得多,所以比赛了几次,田忌都失败了。

田忌觉得很扫兴,比赛还没有结束,就垂头丧气地离开赛马场,这时,田忌抬头一看,人群中有个人,原来是自己的好朋友孙膑。孙膑招呼田忌过来,拍着他的肩膀说:“我刚才看了赛马,威王的马比你的马快不了多少呀。”孙膑还没有说完,田忌瞪了他一眼:“想不到你也来挖苦我!”孙膑说:“我不是挖苦你,我是说你再同他赛一次,我有办法准能让你赢了他。”田忌疑惑地看着孙膑:“你是说另换一匹马来?”孙膑摇摇头说:“连一匹马也不需要更换。”田忌毫无信心地说:“那还不是照样得输!”孙膑胸有成竹地说:“你就按照我的安排办事吧。”

齐威王屡战屡胜,正在得意洋洋地夸耀自己马匹的时候,看见田忌陪着孙膑迎面走来,便站起来讥讽地说:“怎么,莫非你还不服气?”田忌说:“当然不服气,咱们再赛一次!”说着,“哗啦”一声,把一大堆银钱倒在桌子上,作为他下的赌钱。

齐威王一看，心里暗暗好笑，于是吩咐手下，把前几次赢得的银钱全部抬来，另外又加了一千两黄金，也放在桌子上。齐威王轻蔑地说："那就开始吧！"

一声锣响，比赛开始了。孙膑先以下等马对齐威王的上等马，第一局输了。齐威王站起来说："想不到赫赫有名的孙膑先生，竟然想出这样拙劣的对策。"孙膑不去理他。接着进行第二场比赛。孙膑拿上等马对齐威王的中等马，获胜了一局。齐威王有点心慌意乱了。第三局比赛，孙膑拿中等马对齐威王的下等马，又战胜了一局。这下，齐威王目瞪口呆了。

比赛的结果是三局两胜，当然是田忌赢了齐威王。

还是同样的马匹，由于调换一下比赛的出场顺序，就得到转败为胜的结果。

这是对《田忌赛马》一文的扩充创造性复述。这里在原文的基础上发挥了合理的想象，增加了田忌与孙膑、田忌与齐威王的对话，补充了齐威王的神情、赛马过程的叙述。这些补充并没有改变原文的主题，也不让人觉得臃肿，反而使故事显得更丰满、充实、生动。在语言处理上，田忌的话语速稍慢，以显示其怀疑的态度；孙膑的话宜平稳，以体现其沉着冷静；齐威王的话音调稍高些，以表示其傲慢轻蔑。

**【练习题】**

1. 对《东郭先生和狼》作创造性复述。

### 东郭先生和狼

东郭先生牵着毛驴在路上走。毛驴驮着个口袋，口袋里装着书。

忽然从后面跑来一只狼，慌慌张张地对他说："先生，救救我吧！猎人快追上我了，让我在你的口袋里躲一躲吧。躲过了这场灾难，我永远忘不了你的恩情。"

东郭先生犹豫了一下，看看狼那可怜的样子，心肠就软了，答应了狼的要求。他倒出口袋里的书，把狼往口袋里装。可是口袋毕竟不大，狼的身子很长，装来装去，怎么也装不下。

猎人越来越近了，已经听到马蹄声了。狼很着急，它说："先生，求求你快一点儿！猎人一到，我就完了。"说着就躺在地上，并拢四条腿，把身子紧紧蜷成一团，头贴着尾巴，叫东郭先生用绳子把它捆住。东郭先生把狼捆好，塞进口袋，又装上了书，扎紧了袋口。他把口袋放到驴背上，继续往前走。

猎人追上来找不着狼，就问东郭先生："你看见一只狼没有？它往哪里跑了？"东郭先生犹豫了一下，说："我没看见狼。这儿岔道多，它也许从岔道上逃走了。"

猎人走了，越走越远，听不到马蹄声了。狼在口袋里说："先生，我可以出去了。"东郭先生就把它放了出来。狼伸伸腰，舔舔嘴，对东郭先生说："我现在饿得很，先生，如果找不到东西吃，我一定会饿死的。先生既然救了我，就把好事做到底，让我吃了你吧！"说着，就向东郭先生扑过去。

东郭先生大吃一惊，只得绕着毛驴躲避。他躲到毛驴左边，狼就扑到左边；躲到毛驴右边，狼又扑到右边。东郭先生累得直喘气，嘴里不住地骂着："你这没良心的东西！你这没良心的东西！”

正在危急的时候，有个老农扛着锄头走过来。东郭先生急忙上前拉住老农，把事情的经过告诉了他，然后问道：“我应该让狼吃吗？”狼不等老农回答，抢着说：“他刚才捆住我的腿，把我装进口袋，还压上了好多书，把袋口扎得紧紧的。这哪里是救我，分明是想闷死我。这样的坏人，我不该吃吗？”

老农想了想，说：“你们的话，我一点儿也不信。口袋那么小，装得下一只狼吗？我得看一看，狼是怎样装进去的。”

狼同意了。它又躺下来蜷成一团，并拢四条腿，头贴着尾巴。东郭先生正准备再往口袋里装书，老农立即抢过去，把袋口扎得紧紧的。他对东郭先生说：“对狼讲仁慈，你真是太糊涂了，应该记住这个教训。”说着，他抡起锄头，把狼打死了。

2. 对《小猴子下山》作创造性复述。

## 小猴子下山

有一天，一只小猴子下山来。

它走到一块玉米地里，看见玉米结得又大又多，非常高兴，就掰了一个，扛着往前走。

小猴子扛着玉米，走到一棵桃树下。它看见满树的桃子又大又红，非常高兴，就扔了玉米去摘桃子。

小猴子捧着几个桃子，走到一片瓜地里。它看见满地的西瓜又大又圆，非常高兴，就扔了桃子去摘西瓜。

小猴子抱着一个大西瓜往回走。走着走着，看见一只小兔蹦蹦跳跳的，真可爱。它非常高兴，就扔了西瓜去追小兔。

小兔跑进树林子，不见了。小猴子只好空着手回家去。

3. 对《蚂蚁报恩》作创造性复述。

## 蚂蚁报恩

在一个炎热的夏季里，有一只蚂蚁被风刮落到池塘里，命在旦夕，树上有只鸽子看到这情景。“好可怜噢！去帮他吧！”鸽子赶忙将叶子丢进池塘。蚂蚁爬上叶子，叶子再漂到池边，蚂蚁便得救了。“多亏鸽子的救助啊！”蚂蚁始终记得鸽子的救命之恩。过了很久，有位猎人来了，用枪瞄准树上的鸽子，但是鸽子一点儿也不知道。这时蚂蚁爬上猎人的脚，狠狠咬了一口。“哎呀！好痛！啊！”猎人一痛，就把子弹打歪了。使得鸽子逃过一劫，并且蚂蚁也报答了鸽子的救命之恩。

**【训练提示】**

1. 第1题中这则寓言通过叙述东郭先生救狼、狼忘恩负义、最后东郭先生在老农的帮助下打死了狼的故事，告诫人们：对狼一样的敌人决不能心慈手软、姑息怜悯，而应当毫不留情地彻底消灭它们。可用第一人称“东郭先生的自述”的方式复述，可按照“同情狼—救狼—恶狼露真相—机智打狼—悟出教训”的顺序进行复述，复述时人称前后应一致。

2. 第2题中的这个故事叙述了小猴子下山先掰玉米，接着扔了玉米摘桃子，后又扔了桃子摘西瓜，又扔了西瓜追兔子，最后只落得个两手空空，告诉人们做事要一心一意，否则会一无收获。对这个故事进行创造性复述可采用以下方法：①采用倒叙的方法开头，说出小猴子垂头丧气的狼狈形象以及两手空空、一无所得的懊恼心情。②中间部分在按掰玉米—摘桃子—摘西瓜—追兔子顺序复述时，展开合理的想象，补充小猴子的心理活动和语言描写。③结尾部分应注意与开头相照应，并可加入议论性的语言揭示故事的主题。

3. 第3题中这则寓言故事，只有两百字左右，情节简单，进行创造性复述时，可以加上夏季景物的描写，以突出天气的炎热；可以增添鸽子与蚂蚁的对话，蚂蚁发现鸽子有危险时的心理活动，以及蚂蚁报恩后的心理感受；还可以增加议论性的语言，以揭示故事的主题。

## 二、描述训练

### 训练要点

1. 描述要真实准确，不论是人物、景物，还是事件、场景，都要符合生活的真实。

2. 描述要鲜明形象，抓住特征，突出事物的特点，一个个事物就会被描绘得活灵活现。

3. 描述要优美生动，恰如其分地运用拟声、双关等修辞手法，准确选择形容词语，而且还要注意语调的起伏变化、语流的舒畅舒展。

### 导练略读

#### 描述的类型

根据不同的标准，描述可分成不同的类别。从描述的方式上分，一般可分为观察性描述和想象性描述。

1. 观察性描述。

观察性描述，即通过对描述对象进行全面细致的观察，然后用口语绘声绘色地将对象的具体形态和特征说出来。一般包括描述人物、描述景物、描述事件等。

2. 想象性描述。

想象性描述，即在观察的基础上，通过想象和联想，对描述对象进行合情合理的再创造，然后再用口语绘声绘色地说出来。

### 训练项目

（一）观察性描述训练

1. 观察性描述的方法。

观察性描述的基础是观察。观察得细，才能了解全貌，描述才能具体；观察得准，才能抓住特征，描述才能准确而形象；观察时注意观察的顺序、方位、角度，描述才能清晰而有条理；观察中注意鉴别比较，才能抓住本质，描述才能中心明确、重点突出。

观察性描述的方法步骤是：首先要观察；其次要根据对象的形态和特征，安排描述顺序，选择描述词语，组织描述语言；最后要借助一定的语气语调和表情体态，有声有色地描述出来。

2. 观察性描述实例。

### 他

他，十五六岁，个子不高，但长得很敦实，他的胳膊和腿真像成熟的玉米棒。他喜欢穿外套不扣扣子，听他说："那样会更显得威风。"他圆圆的头，圆圆的脸蛋，巧的是他那双乌黑发亮的眼睛也是圆圆的。我最喜欢他笑，他一笑起来那双乌黑发亮的眼睛就会变成两个弯弯的月牙了。他那红红的小嘴最爱说笑话，他的笑话总是在我们没笑出声之前先把自己逗笑了，这时那弯弯的月牙又出现了。大家想知道他是谁吗？

这是一段人物描述。描述者从"他"的外貌、神态、语言等方面比较具体而生动地展现了一位生龙活虎、敦实可爱的同学形象。描述时，语气应明快畅达，语速适中，语调中带点幽默风趣，以体现对同学的喜爱之情。

### 秋　雨

浓浓的是江边雾色，清清的是秋雨校园。清秋里最爱的是秋风，轻轻柔柔地，拂过脸颊，掠过眉尖，舒服得令人惊叹。而如果这微风还伴着细雨，给人的感觉更为美妙。斜斜风，细细雨，秋风伴着秋雨，欢快地跳起了狐步舞。拍在脸上，有些凉意，而随着那飘飞的裙角流动的雨却独有一种清新的气息，令人不醉而醺的感觉。偶尔还夹着一缕花香，淡淡的，甜甜的，直沁入灵魂深处，难以言喻的微醉的幸福感萦绕着全身。而秋雨中的校园呢，更是美得可爱，平时的那些棱角分明多了几分细致，几许柔情。校园中的一切都被雨披上了一层精致朦胧的面纱，若隐若现，神秘得有让人一探究竟的冲动。

这是一段景物描述。描述者用较优美的语言，富于抒情色彩的语调和喜悦欢快的节奏，述说出一幅美丽的"校园秋雨图"。这里用了一些色彩鲜明的语词，抓住秋雨的细柔、秋风的凉爽、风雨中校园的朦胧等特征，进行了生动形象的描述，给人如临其境的感觉。描述的景物抒情味较浓，因此，宜用轻柔的语气、平和的语调，以渲染对秋风秋雨的喜爱之情，更是对美好校园的依恋之情。

**【练习题】**

1. 分小组，每人描述一位同学或老师，不说姓名，让对方猜猜描述的是谁，然后再进行评点。

2. 仔细观察一样物体，对其进行观察性描述。

【训练提示】

1. 第1题描述人物要抓住其特征。既可用人物的外貌、语言、动作等多侧面地来表现人物的特征，也可以从一点入手，刻画人物的个性。描述时，应注意用词的感情色彩。

2. 第2题是对物体的描述。描述静态时，语调可轻快活泼些，表达出对物体的喜爱之情。描述动态时，应突出一些重音，以突出物体的特点。

### （二）想象性描述训练

1. 想象性描述的方法。

想象和联想是想象性描述的基础。但是想象和联想离不开平时的观察和记忆。没有平时对各种事物的细心观察，就不会积累丰富的感性材料，想象和联想也就成了无本之木、无源之水。想象和联想还和知识水平有密切的关系，没有广博的知识，缺乏对事物的本质认识，想象和联想就缺乏科学依据，成了胡联乱想。

想象和联想必须合情合理。想象和联想不丰富，不大胆，不新奇，就失去了生命力；但假如太离奇，有悖于人之常理、生活常理，就成了奇谈怪论，也不可信。

想象性描述与观察性描述的主要区别是：想象性描述的想象成分更浓，更具有“虚构性”；想象性描述不只以观察到的材料为描述对象，还以想象和联想所构成的材料为主要描述对象。它包括心理描述、看图描述、意境描述等。

想象性描述的方法和过程与观察性描述基本相同，所不同的是，要在观察的基础上，展开丰富的联想和想象，从这想到那，从外表想到内部，从部分想到整体，从反面想到正面等。最后，把想到的内容按描述的要求和中心，加以取舍和整理，再连贯地讲述出来。

2. 想象性描述实例。

#### 放学以后

放学后，我拿起一把笤帚走到教室后面开始清扫地面。忽然，在一张桌子下发现一支笔，我捡起来一看，原来是一支“英雄”金笔。这笔是谁的呢？我看了一下座位，明白了准是“吹牛鬼”丢的。我记得前些天，他还向同学们吹嘘说，他过生日的时候，他的好朋友要送他一支“英雄”金笔的。这下别吹了，我把它藏起来，让他尝尝着急的滋味。于是我把笔放进口袋里，刷刷地清扫地面。忽然，我眼前浮现出同学着急的面孔，仿佛看见他急得抓耳挠腮。我这个玩笑开的可不是时候，怎么能拿自己的快乐，去换取别人的着急呢？想到这里，我急忙拿起手机，拨通了他的电话……

这是一段心理描述。描述者说了捡拾金笔的事情，是按照找到笔的主人—想到笔的来历—想让主人着急—决定送还失主的顺序说的，条理清楚，线索明确。描述时语速先慢后快，语调平直，以体现“我”急人所急的精神。

### 讲述“望梅止渴”成语的由来

“望梅止渴”是怎么回事呢？传说有一次曹操带兵打仗，找不到水喝。太阳像一盆火，晒得士兵的喉咙眼儿都冒烟了。他们肩膀上的刀枪越来越沉，两条腿像灌了铅，步子也迈不动了。这时，骑在一匹大白马上的曹操眉头一皱，计上心来。他清清嗓子，大声说道：“大家听着，这一带地形我很熟，前面不远有一片梅树林，年年这时候，梅子挂满了枝头，又甜又酸，好吃得很，大家快走，我们采梅子好解渴！”士兵们信以为真，顿时嘴里酸溜溜的，流出了口水，浑身也来劲了，一下子走了好长一段路，终于找到了水源。这就是“望梅止渴”成语的由来。

这是一段对成语“望梅止渴”的描述性口语，它有如一支传神的画笔，通过合理推测，融入了再造想象，将故事发生的场景、人物的神态和心理活动，描绘得惟妙惟肖，并且运用了比喻、夸张等手法，使听者对这个成语的印象更深刻了。描述时语速应适中，用上升调开始提问，然后用平直的语调进行叙述，中间应突出一些重音，在描述曹操语言时应适当提高音量。

### 山居秋暝

傍晚，刚刚下过一场秋雨，山谷显得特别幽静空旷，空气里散发出一种山林特有的清香。月亮冉冉地升起来了，皎洁的月光倾泻在林间的空地上，投下了斑驳的月影。泉水从山石处缓缓流过，发出叮叮咚咚的音响，跟秋虫唧唧的吟唱，组成一首悦耳动听的乐曲。秋夜的山林多美呀！

这是在王维《山居秋暝》的诗境总体把握基础上，对诗中“空山新雨后，天气晚来秋。明月松间照，清泉石上流”四句所提供的诗歌形象所作的描述。描述者在把握了《山居秋暝》寂静幽美这一景色特征，从整体出发展开了丰富而又合理的想象和联想。这样，在听众面前就展现了一幅有动有静、有声有色、情景交融的秋景图。描述时，节奏宜舒缓，语调以平稳为主，在平稳中略求起伏。

**【练习题】**

1. 对下面一首古诗进行意境描述。

### 登 高

（唐）杜 甫

风急天高猿啸哀，渚清沙白鸟飞回。无边落木萧萧下，不尽长江滚滚来。

万里悲秋常作客，百年多病独登台。艰难苦恨繁霜鬓，潦倒新停浊酒杯。

2. 描述下面这幅油画。

**图：油画作品《父亲》，作者罗中立，创作于**
1980 **年，原作品篇幅**：216cm×152cm

**【训练提示】**

1. 第1题中这首诗是唐代诗人杜甫大历二年（767）秋在夔州时所写。诗歌前两联写景，后两联抒情，通过登高所见秋江景色，倾诉了诗人长年漂泊、老病孤愁、忧国伤时的复杂感情。要求在充分理解诗意的基础上，展开合理的想象，把作者登高所览之景与忧国伤时之情结合起来，进行意境描述。

2. 第2题应一边观察一边描述油画中父亲的形象。可先说总的印象，而后依次描述"深深的皱纹"、"昏花"的眼睛、"青筋罗布、骨节隆起"的大手。描述时应观察仔细，抓住特征和重点，描述得生动、形象。在语言处理上，应语气凝重，充分体现出对父亲的崇敬和热爱。

## 三、评述训练

### 训练要点

1. 评述要观点明确，理由充分。
2. 要注意逻辑严密，语言精当。
3. 评的态度要公允中肯，述的内容要真实准确。

### 导练略读

评述的内容很广，无论是一本引人入胜的名著，一篇脍炙人口的文章，一首含蓄隽永的诗词，一部具有魅力的影视，一次意义深远的集体活动，还是日常生活中的见闻、同学的发言等，都可以作为评述的对象。因此，根据不同的分类标准，评述可分成不同的种类，一般来讲，根据"评"与"述"的结合方式，可分为先述后评、边述边评、先评后述。

1.先述后评。

先述后评，是先用复述或描述的方式把要评论的内容介绍出来，再集中进行全面或重点地评述。

先述后评有两种类型：即自述自评和他述我评。自述自评，是评述者本人对要评述的对象进行客观地复述或描述，然后把自己的见解和感受述说出来。他述我评，是评述者在听了别人的复述或描述后，表明自己的看法。无论哪一种，“述”都是“评”的基础，为“评”服务，“评”是“述”的目的和深入。进行先述后评时，首先都必须在“述”的过程中对其内容进行具体分析，周密思考，把自己感受最深的内容记下来，然后加以归纳，在“述”结束时，按主次轻重的顺序讲出来。

2.边评边述。

边评边述，一边复述或描述客观事物，一边进行评论。它是“述”与“评”水乳交融地交错进行，“述”与“评”的结合非常紧密。这里的“评”，可以全面地评，也可以评重点、评片断，但应以评重点、评片断为主。

3.先评后述。

先评后述，就是先阐明自己的见解和感受，再述说事实或理由，证明自己的观点是正确的一种评述方式。

先评后述，是一种以“评”为主线的评述。它的目的不在于让听者接受评述者对某一具体事物的看法，而在于申明自己的某种观点，让听者信服。这种评述的“评”，观点集中，一般只有一个中心观点，可以从不同方面对中心观点展开深入的论述。这种评述的“述”，不限于某一材料，可以广泛地选取能够支持和证明观点的材料，引述事实，不求周详具体，多用概述的方式介绍最主要的内容。

## 训练项目

### （一）先述后评训练

1.先述后评的方法。

先述后评，既可以全面评，也可以重点评，但一般情况下以全面评为主，因为这种评述，“述”的内容较多，而“评”的内容相对较少，观点集中而单一，在结构上“评”和“述”也较明显地分为两部分。

先述后评，是评述的最简单最基本方式。评述人物、事件、见闻、发言等，一般常用这种方法。

2.先述后评实例。

**电影《南京！南京！》中的一组镜头：日寇耻辱的战功之祭**

屏幕上，祭坛两侧成排地垒列着日本军人为效忠天皇而死的白色骨灰盒，鼓声阵阵，旗幡飘摇，由角川作为领舞者的舞步虽然按照节拍却沉重，还有些反常，特别是他那双瞳仁里所透现出的灵魂分裂的焦灼，象征性地呈现出血腥屠杀者中某一个个体在精神崩溃边缘上的苦苦挣扎。在这里，这个“祭”字，显然蕴含着一种通过审美的“陌生化”而呈现出的双重文化意味。它既是日军兽性张狂的庆典，又是历史赐予日寇的一次“终极审判式”的祭奠，特别是“角川之死”，无疑预演了日本军国主义因道义沦丧而必然覆亡的“最后一幕”，由此而将“南京暴行”钉在了人类历史的耻辱柱上。

这是对电影中一组镜头的先述后评。评述者先自述了这一组镜头中的内容，后针对镜头的内容作了相应的评价。“述”时重点突出了领舞者角川那虽按节拍却显沉重并有些反常的舞步，有些词语应用重音体现，如：“垒列”、“沉重”、“焦灼”、“挣扎”等。“评”紧扣“祭”，揭示了日本帝国主义因道义沦丧而导致灭亡的必然性，这里要用高昂的语调、强劲的语势、明快的节奏来表示强调，突出对日本帝国主义惨绝人寰罪行的憎恨之情。

**【练习题】**

1. 每人准备一个内容真实而有意义的故事，进行先述后评的训练。

2. 李丽是 2008 年感动中国的人物之一，请对其进行先述后评。

**【训练提示】**

1. 第 1 题评述故事要条理分明，在语言运用方面，评述要用词准确，通俗流畅，评要做到要言不烦，述要做到简练概括。

2. 第 2 题评述者可先简单介绍李丽的事迹，然后着重评价李丽崇高的精神境界，使听者得到启迪，受到感动和震撼。这一类的评述，应注意语言的感情色彩。赞扬人和事，应气满声高，语调昂扬，情感热烈，给人以奋发向上的力量；批评一些不良行为，应气足声重，语势强劲，具有震撼的力量。

### （二）边评边述训练

1. 边评边述的方法。

进行边评边述，首先，要求评述者熟悉“述”的内容，并有独到的见解、深切的感受，使“述”与“评”紧密地结合起来。其次，评述时要观点鲜明，重点突出，层次清晰。一般来讲，评点文章、评价人物、事件等，常常用边评边述的评述方法。

2. 边评边述实例。

#### 对“孔乙己”的评述

孔乙己是个十分不幸又十分可爱的人。他总是穿一件又脏又破的长衫，到咸亨酒店去喝酒。每当他到来的时候，总是有些人取笑他，他便涨红了脸用一些难懂的话和他们争辩，不时引起大家的哄笑。他读过书，却连半个秀才都没有捞到，日子越过越穷，弄得将要讨饭了。他又好喝懒做，没办法生活，免不了偶尔偷些东西，换酒喝。可是，他心地善良，他教小伙计识字，给孩子们茴香豆吃……孔乙己有很长一段时间没有到酒店喝酒。等他再次出现在酒店门口时，腿被人家打断了，只好用手走路。不久，他就死了。他是被封建制度摧残死的，是被封建文化毒害死的。

评述者应一边介绍孔乙己的生平，一边表达自己的看法，使“述”与“评”相互交错，水乳交融般地结合在一起。开头一句“孔乙己是个十分不幸又十分可爱的人”，表明了总的看法，中间“好喝懒做”、“心地善良”，是对孔乙己思想性格的具体评价，结尾一句又深刻地揭示了造成孔乙己悲剧结局的社会原因。把这些连起来，是评述者对孔乙己这个人物的正确而较全面的评价。把其余部分连起来，便是对孔乙己生平的介绍。

**【练习题】**

1. 仔细阅读《微笑着承受一切》，用边述边评的方法重点评述人物桑兰。

### 微笑着承受一切

桑兰是我国女子体操队中最优秀的跳马选手。她5岁开始练体操，四年后跨入省体操队的大门，12岁入选国家队，曾多次参加重大国际比赛，为国家赢得了荣誉。

1998年7月21日晚上，桑兰在美国纽约第四届世界友好运动会上参加女子跳马比赛。赛前试跳时，发生了意外情况，她头朝下从马箱上重重地摔了下来，顿时，胸部以下完全失去知觉。经医生诊断，她的第六根和第七根脊椎骨骨折。这真是天大的不幸！桑兰的美好人生刚刚开始，可她的后半生也许永远要在轮椅上度过。

得知自己的伤势后，17岁的桑兰表现得非常坚强。前来探望的队友们看到桑兰脖子上戴着固定套，躺在床上不能动弹，都忍不住失声痛哭。但桑兰没有掉一滴眼泪，反而急切地询问队友们的比赛情况。

每天上午和下午，医生都要给桑兰进行两小时的康复治疗，从手部一直推拿到胸部。桑兰总是一边忍着剧痛配合医生，一边轻轻哼着自由体操的乐曲。主治医生拉格纳森感动地说：“这个小姑娘用惊人的毅力和不屈的精神，给所有的瘫痪患者做出了榜样。”

日子一天一天过去了，桑兰可以自己刷牙，自己穿衣，自己吃饭了。但有谁知道，在这些简单得不能再简单的动作背后，桑兰是怎样累得气喘吁吁、大汗淋漓的！

1998年10月30日，桑兰出院了。面对无数关心她的人，桑兰带着动人的微笑，说：“我决不向伤痛屈服，我相信早晚有一天能站起来！”

桑兰这个坚强的小姑娘，她用无比的勇气承受着一切，她以一贯的微笑赢得了海内外人士的敬佩。

2. 从班内选一名同学作为评述对象，抓住其性格特征，用边述边评的方法进行评述。

**【训练提示】**

1. 第1题是一篇写人的记叙文。全文记叙了我国女子体操队跳马运动员桑兰在参加一次世界性的体育竞赛时意外地从马箱上摔下来，胸部以下完全失去知觉，但她仍微笑着承受常人无法承受的一切的事迹，赞扬了桑兰坚强不屈的精神和积极乐观的人生态度。评述时，应注意文中人物的语言、动作、心理、神态等。

2. 第 2 题评述时,不要说出被评述者的姓名,也不要用别人所周知的事实,更不能借评述挖苦人。

### (三)先评后述训练

1. 先评后述的方法。

先评后述是评述的最高级形式。进行先评后述要有比较充分的准备,要推敲好观点,选择好论据,安排好条理,可编好比较详尽的提纲。先评后述,有利于听众直接了解自己的观点,产生先声夺人的效果。但须注意的是,陈述事例要简练明确,表述时前后要连贯,切忌观点加事例的简单堆砌。

2. 先评后述实例。

#### 珍惜时间

理想的阶梯,属于珍惜时间的人。富兰克林有句名言:"你热爱生命吗?那么别浪费时间,因为时间是组成生命的材料。"许多文艺家、科学家都是同时间赛跑的能手。鲁迅先生以"时间就是生命"的格言律己,献身伟大的文学事业三十年,始终视时间如生命,笔耕不辍。巴尔扎克,每天用十六七个小时如痴如醉地拼劲奋笔疾书,即使累得手臂疼痛,双眼流泪,也不曾浪费一刻时间。一生留下为人们喜爱的巨著《人间喜剧》,共九十四部小说。爱迪生一生有一千多项发明,这几十万次浩繁试验的时间从何而来?就是从常常连续二十四甚至三十六小时的极度紧张工作中挤出来的。

这段话,先提出论点,再引述名人名言及三位著名人物珍惜时间的典型事例证明论点。观点鲜明,论据充分,层次清晰,叙事简练,说理有力。评述时,对第一句论点的提出,语调应铿锵有力;下面论据的阐述语调应平稳,每个事例之间要有停顿,以体现层次感。

**【练习题】**

1. 请就"社会公德"这一话题进行先评后述。

2. 请从下列题目中任选一题,进行先评后述训练。先在组内说,再在班上交流,别的同学对他(她)的发言再作评述。

(1)谈谈个人修养 (2)谈谈对环境保护的认识 (3)谈谈科技发展与社会生活

**【训练提示】**

1. 第 1 题可先提出论点,然后指出不同人在不同场合的不同表现,以此证明自己的观点。评述应观点鲜明,论据充分。在语言处理上,讲述观点时应坚定有力,讲述例子时应在事与事之间有所停顿,以体现评述的层次。

2. 第 2 题评述时应先确定中心论点,选择好论据,思路要清晰,论证要严谨。

# 第七单元　演讲训练

面对公众表情达意，语言表达明白晓畅、朴实生动，语言态势简洁得体、自然协调，并富有对象感、吸引力和鼓动性。

## 训导模块

### 导学精读

#### 一、什么是演讲

演讲又称演说、讲演，是指演讲者为达到一定目的，在特定的时空环境中，以有声语言为主、态势语言为辅，公开向听众传递信息、表述见解、阐明事理、抒发感情，从而达到感召听众并促使其行动的一种现实的信息交流活动。

显然，演讲是人的一种言语表现，但却不是随意性的谈话。日常的寒暄聊天、感慨谈论等就不是演讲。

#### 二、演讲的基本要素

演讲要素是构成演讲的重要组成部分，包括演讲的主体、客体和信息三部分，它们组成了一个不可分割的有机整体，缺少其中任何一部分，演讲便无法正常进行。

（一）演讲的主体

演讲的主体即演讲者。它是演讲的内容和形式的生发者和体现者，是演讲活动的中心和前提。演讲者是演讲成败的决定性因素。

（二）演讲的信息

演讲的信息即演讲的内容。这是演讲的主体与客体两者之间的纽带，决定着演讲的性质和意义。

要使演讲产生良好的效果，演讲者应该针对听众的实际需求，选择时代感较强的、自己比较熟悉的主题和内容，运用相应的态势语层层展开论述，以吸引听众，感染听众。

（三）演讲的客体

演讲的客体即听众。这是演讲者演讲的接受者和对象。听众的反映是检验演讲效果的客观标准。

演讲者要想征服听众，必须把握听众心理，满足听众的心理需要。而听众在接受演讲内容的过程中，有意或无意中流露出的情绪反应和态度评价，会自然地反馈给演讲者，使演讲者在必要时进行一些调整。因此，演讲者和听众如能互相协调适应，演讲就可望成功。

## 三、演讲的表达手段

演讲者要想发表自己的意见，陈述自己的观点和主张，从而达到影响、说服、感染他人的目的，就必须要运用与其内容相一致的传达手段。演讲的表达手段主要有：

### （一）有声语言

这是演讲活动最主要的物质表达手段，是信息传递的主要载体。它是由语言和声音两种要素构成的。它以流动的声音运载着思想和情感，直接诉诸听众的听觉器官，产生效应。我们对有声语言的要求是：吐字清楚、准确，声音清亮、圆润、甜美，语气、语调、声音与节奏要富于变化。

### （二）态势语言

态势语言就是演讲者的姿态、动作、手势和表情等，它是流动着的形体动作，辅助有声语言运载着思想和感情，诉诸听众的视觉器官，产生效应，它存在于一瞬间，转眼即逝。这就要求：态势语言要准确、鲜明、自然、协调和优美，要有一定的表现力。这样，才能在听众心里引起美感，使听众得到启示。然而，态势语言虽然加强着有声语言的感染力和表现力，弥补着有声语言的不足，但如果离开了有声语言，它就没有直接地、独立地表达思想情感的意义了。

### （三）主体形象

演讲者是以其自身出现在听众面前进行演讲的。这样，他就必然以整体形象，包括体形、容貌、衣冠、发型、神态、举止等直接诉诸听众的视觉器官。一般情况下，整个主体形象不仅直接影响着演讲者思想感情的传达，而且也直接影响着听众的心理情绪和美感享受。这就要求演讲者在符合演讲思想情感的前提下，注意装饰的朴素、自然、轻便、得体，注意举止、神态、风度的潇洒、大方、优雅，只有这样，才会给听众一个美的外部形象，并取得演讲的良好效果。

# 训 练 模 块

## 一、临场技巧训练

演讲是演讲者将语言与思想内容统一起来，产生听觉效果，又将姿态、动作、神情统一起来，产生视觉效果的协调综合的语言实践活动。同时，演讲也是演讲者品格修养、知识经验、思想情操、风度仪态的具体展现。

### 训练要点

1. 增强信心和勇气，克服怯场心理。

2. 有效驾驭现场气氛，掌握控场技巧。

3. 面对临场意外情况，培养应变能力。

### 导练略读

#### （一）如何克服怯场

我们可以通过以下心理调控方法，摆脱焦虑，解除这种被抑制状态。

1. 语言调节法即自我暗示法。

具体做法是通过一些有激励作用的内部语言，使积极意识潜入自我意识，直接对自己的思想、情绪产生作用。例如，在怯场心理的征兆刚出现时，可以通过简单、具体，带有肯定性的言语调节自己，比如“我一定能考好！”“我有信心！”提醒自己不必紧张，对自己要抱有信心。在暗示的同时，也可在头脑中联想过去成功的情境，以激励自己。

2. 转移注意法。

在遇到较难问题时，可以先采取主动的注意迁移，减少焦虑，回避这个难题。这种做法可以使优势兴奋中心得以转移。也可以休息片刻或者活动一下四肢、头部，来调节中枢神经系统，从而使抑制状态得到缓解。运动能缓解人的焦虑就是这个原理。

3. 呼吸调节法。

采用这种方法可以消除杂念和干扰。做深呼吸的目的是供给你充分的氧气，帮助你在演讲中更好地控制自己的声音。这里所讲的“呼吸”当然指的是腹呼吸而不是肺呼吸。歌唱家和演员们都知道腹呼吸在控制声音方面的重要性。具体做法是，脚撑地，两臂自然下垂，闭合双眼，把注意力集中在呼吸上，静听空气流入、流出时发出的微弱声音。然后，以吸气的方式连续从 1 数到 10，每次吸气时，注意绷紧身体，在头脑中反应出数字，在呼气时说“放松”，并在头脑中再现“放松”这个词，这样连续数下去。注意节奏放慢，让身体尽量松弛，直到感觉到镇静为止。同学们也可以在平时有意识地训练自己放松，这样，在出现怯场心理时，就更容易调控。其实很多心理辅导中都使用这一方法。

4. 充分准备。

对付怯场心理最有力的武器是诚心实意地告诉自己你对本次演讲准备得十分充分:你的选题不仅对自己而且对听众很有吸引力;你对该题目已深思熟虑,而且收集到了所有所需资料;你的演讲稿紧扣主题,安排有序;经过反复演练,你已能恰到好处地把握演讲时间;你对自己的仪表和临场表现有充分信心;你有能力很好地对付讲演过程中出现的各种意外情况。

5. 适应变化。

如果你原计划给二三十人作演讲,到场后发现听众有二三百人,你会怎么办?你准备了一份非常正式的演讲稿,走上演讲台你却发现大家都穿着牛仔服和 T 恤衫之类的衣服,你将如何想?你准备了长达两个小时的内容,可上场前主持人告诉你你只有十五分钟的演讲时间,你又该怎么办?诸如此类的情况在演讲中绝非偶然事情。

### (二)应付意外情况的技巧

1. 中途忘词怎么办?在演讲中,遇到突然卡壳的情况,不可中断演讲,也不可拿出稿子翻找下文。最好的办法,是随方就圆,想起哪里,就由那里接着讲下去。

2. 讲错怎么办?首先绝对没有必要声明"这句我讲错了"。如果这句话无关紧要,则可以置之不理,面不改色心不跳地讲下去。如果这句话有原则问题,则可以自圆其说地在错话后面问:"刚才这种说法对不对呢?"或者说"刚才这种明明是错误的思想,偏偏有个别人信奉为真理",等等。

3. 反应冷淡或者会场不安静怎么办?在演讲中,由于时间、环境,或内容、方法等原因,演讲引不起听众的兴趣,甚至会场躁动起来,怎么办?有经验的演讲者事先在准备演讲稿时,应准备一两个与主题、内容有关的幽默故事或笑话,以防万一,在必要时用来调节会场的气氛。其他方法也可用,比如压缩听众不感兴趣的内容,突然短暂地停讲,临时增加设问,等等。

## 训练项目

### (一)增强自信训练

充分的自信是演讲成功的秘诀。自信会使演讲者思维活跃,能够随机应变,临场发挥;会使演讲者对自己的情绪、感情等都能够恰当控制;也会使演讲者以冷静清醒的头脑对付演讲现场可能出现的各种复杂情况。

建立自信的过程就是与怯场、恐惧、自卑心理作斗争的过程。美国著名作家、演讲学家戴尔·卡耐基在总结他毕生从事于演讲教学生涯的体会时,就曾说过:"我一生几乎都在致力于协助人们去除恐惧、培养勇气和信心。"这说明紧张恐惧是一种普遍存在的现象。即使是职业演讲者,同样无法完全克服登台演讲的紧张恐惧。但是学会了控制,就能够使这种心理在最短时间内消失,并使这种不利情绪最小限度地影响自己。他们往往在刚登台时显得有些紧张，只要讲了几句话后，信心就会恢复，心情也随之放松下来。

● 训练方法一：心理暗示法

演讲者要对自己的演讲充满自信，要在精神上鼓励自己去争取成功。演讲者可以用如下语言反复暗示、激励自己："我非常熟悉这类演讲题材，我一定会成功"，"我准备得非常充分了"等等。演讲者不应在上台演讲前多想可能导致演讲失败的因素，如"我忘了演讲词怎么办"等，这种负面的自我暗示往往会产生失败的结局。

**【练习题】**

1. 请你每天背诵如下信条：

我要成功，我一定能够成功　　我有信心并懂得运用这种信心
我有积极进取的人生态度　　我愿意与他人共享自己的成就
我有强健的体魄　　我胸襟宽阔，能容人容物
我有大无畏的精神　　我有良好的自律性
我对未来的成就充满希望　　我有了解他人和世事的智慧
我享有良好的人际关系　　我要向生命发出雷电般的挑战

2. 请你向众人宣告：

你是否有出人头地的愿望？你是否想现在就改变自己，开拓新的人生？你发现自己天赋的才能了吗？请尽可能多地列出自己的优点。

3. 请你认真思考：

(1)"心态会毁灭你也会拯救你"，你怎样理解这句话？

(2)分别列出你在自信和自卑两种状态下的心态，然后把它们进行对比。

(3)请分析一下你现在所处的环境，是否有利于你形成最佳的身心状态，如果不利，请写出原因，并立即去改变它。

● 训练方法二：直面紧张心理

**【练习题】**

1. 登台练习。

将全班学生分成几组，要求每个人从教室侧门进来，从走步、登台、站定、扫视到开讲(可简单向大家问声好)，再走下讲台。

2. 给大家讲笑话。

可每组推选一名代表，绘声绘色地讲一个笑话。

**【训练提示】**

1. 第一个练习要注意登台时动作的控制，体会面对公众时心理状态以及对紧张心理的自我调适。尤其在"扫视"环节，要注意"正视别人"，不正视别人通常意味着：在你旁边我感到很自卑，我感到不如你，我怕你；躲避别人的眼神意味着：我有罪恶感，我做了或想到了什么我不希望你知道的事，我怕一接触你的眼神，你就会看穿我。而正视别人等于告诉他：我很诚实，而且光明正大。我相信我告诉你的话是真的，毫

不心虚。要让你的眼睛为你工作，就是要让你的眼神专注别人，这不但能给你信心，也能为你赢得别人的信任。

2. 第二个练习要以一种松弛的状态来讲笑话，这样在“抖包袱”的时候，才能出其不意，产生“笑”果。而这种松弛，就是一种面对公众讲话时的最佳心境。

### （二）控场能力训练

在演讲中，由于种种原因，现场气氛、秩序以及听众的情绪、注意力等随时都可能发生变化。为了使演讲顺利进行，演讲者要采取得力措施，有效驾驭现场气氛，使听众始终保持饱满的情绪，始终集中注意力，使演讲活动朝着有利的方向发展。这种对演讲现场进行有效控制的技能，就是控场能力。

有经验的演讲者在演讲中，能够始终高屋建瓴，把握主动权，牢牢控制现场气氛，使听众注意力高度集中，使演讲顺利进行。

● 训练方法一：锤炼开场白

“第一印象”往往能决定听众注意力集中的程度。因此，演讲者在注意自己的仪表、举止，以稳健、大方、镇定自若的姿态出场的同时，还要对自己演讲的开头进行特别的设计和锤炼，从而使听众对演讲者的演讲能力作出较高的判断，并随之给以高度的注意——这正是积极控场的表现，是演讲成功的秘诀之一。

**【练习材料】**

**材料一**

演讲稿《爱——教育成功的金钥匙》（黄兴发）的开头：

一个朋友曾问我：“你当了四年的班主任，感受最深的是什么？”

我不假思索地说：“爱，只有爱的付出，才有爱的收获。”

**材料二**

演讲稿《矮——我生命的支点》（王爱群）的开头：

8 年前，在长江中游北岸的一个叫“八房”的村子里，有个 17 岁的矮个男孩默默承受着“鸡立鹤群”的痛楚与焦灼。那时，他正迷恋上一种叫“哲学”的东西，在读到“人的外貌其实就是广告”的哲言后，男孩紧握双拳向命运呐喊：“把广告砸了，我要靠质量取胜！”

那个男孩就是我，一个身材不高心却比天高的矮男人。163 厘米，够惨的吧！即使再高 10 厘米，也还是跳不过时下前卫姑娘们设置的冷艳的“爱情栏杆”。在我的记忆中，我给人的第一印象总不妙，我说这话的依据是许多人在初次与我照面眼睛就不争气地向我“泄了密”。对此，我早已习惯。孔大圣人都曾有过“以貌取人，失之子羽”思维定式上的失误，这使我愈发不能苛求曾经误解过我的人了。多年来，我只想尽我所能憋足一口气，多做些“败絮其外，金玉其中”的事来，为那些仍在“为貌所困”的人们送上一袋“壮骨冲剂”，更为那些“重感觉而忽略思辨，重形式而疏于内容”的原始浅见早日远离我们的文明社会尽点绵薄之力。

**材料三**

演讲稿《留得亲情在人间》(李官权)的开头：

踏破生命第一线曙光的啼哭，襁褓亲昵的微笑和呢喃筑起了母子亲情，坚不可毁，韧不可断，正如生命的延续，代代相袭，生生不灭。人类社会的产生、发展和进化，无不荡漾着这种父母亲情；即使在今天，商品经济大潮汹涌澎湃的今天，这种亲情仍是滋润这个文明社会的血液，流淌在这片我们赖以生存的土地上。

**材料四**

演讲稿《说普通话　从我做起》(张洪欣)的开头：

首先让我讲一个典故。在《韩非子》一书"外储说左上"中说：齐桓公喜欢穿紫色衣服。紫色成了流行色，紫布脱销。齐桓公十分愁闷，就问宰相管仲该怎么办。管仲说："大王您想煞这个风不要紧，可以先自身脱下紫色服装来，然后对身后侍卫说：我非常讨厌紫颜色。如果这时再有穿紫颜色服装的进来，您一定要对他说：你先回去脱掉你的紫色衣裳，我非常讨厌紫色！"齐桓公说："好，我一定照这个办法去做。"这样做了之后，齐桓公的左右近臣当天就没有一个再穿紫色衣服的了。第二天，整个京城再没有一个穿紫色衣服的了。第三天，全国范围内也没有一个穿紫色衣服的了。

这个小故事讲出了一个上行下效的道理。上行下效，事事如此，推广普通话也是如此。

**【练习题】**

1. 对以上开场白进行单独演练，演讲者要对自己演讲所表达的思想感情等进行深切的体验，以使自己完全沉浸于演讲的情境之中。

2. 对全班同学进行公开试讲，演讲者要注意登台亮相时利用目光、呼语以及开场白的语言技巧吸引观众的注意力，引起他们听讲的兴趣。

**【训练提示】**

在演讲的开头，一个动作、一句有力的称谓、一个幽默的自嘲、一个引人入胜的故事、一个有趣的问题、一个设计好的悬念，好的开头可以马上将听众的注意力集中到你的演讲中来，激发出听的兴趣，或直接切换到你所希望的情绪中。

四篇演讲稿的开头各有特点：《爱——教育成功的金钥匙》用问答的形式点题，话题切入得非常直接而又自然；《矮——我生命的支点》开头自嘲身矮，语中带痛，还掺点酸，从演讲者亮相"矮"，到他自嘲"矮"，却让观众一开始就有一种听真话的亲近感和对其"先抑后扬"的期待感；《留得亲情在人间》用诗样的语言描述亲情，显得非常贴切，听来该像那首弥漫着母爱芳香的摇篮曲；《说普通话　从我做起》由讲一个故事开头，似乎和"推普"风马牛不相及的故事恰恰是吸引观众的悬念。

训练时，要力求做到亮相得体、脱离讲稿、动静结合、变换节奏，要能调动眼神、手势等积极因素，实现先声夺人、扣人心弦的控场效果。

● 训练方法二：临场反应

**【练习题】**

1. 接词练习。

将全班学生分为几个组，在规定时间内接不上者淘汰，以接上人数最多者为胜。可以进行以下几种接词方式：

（1）首字拈。即第一个人所说成语的首字必须是后面接话人所说成语的首起字。如第一个人说出“自以为是”，后面接续的人必须说出首字相同的成语，诸如“自食其力”、“自顾不暇”、“自力更生”等。

（2）末字拈。即第一个人所说成语末尾一字必须是后面接话人所说成语的首起字。如第一个人说出“前所未有”，后面的依次接，如“有始有终——终身大事——事倍功半……”。

（3）首字数序拈。即接话人从前一个人讲的第一字所表达的数字顺序接下去。如一步登天——二龙戏珠——三心二意——四世同堂——五湖四海等。

（4）首字成句拈。即先提出一句话，后面的人依此话序说出一个成语。如提句为“刻苦学习为四化”，后面的人可依次接如“刻不容缓——苦口婆心——学而不厌——习以为常——为富不仁——四通八达——化险为夷”等。

2. 故事接龙。

教师或参加练习的其中一个人讲个奇特的故事开头，如“在一个荒无人烟的孤岛上，我独自生存了下来，突然……”，下一位同学接着往下讲述，如此循环下去。时间由师生共同商定。

3. 巧编故事。

教师组织学生，发给每人两至三张同样大小的白纸条，让每位学生在每张纸条上只写一个不重复的反映自然界和社会中各种事物的实词，如“蓝天、飞机、铁塔、大海……”，将每位学生写的纸条收集起来，剔出重复的词语，然后将纸条像洗牌一样洗开后，按以下方式进行练习。

（1）由一位同学抽四至五张纸条，并按照抽条词语的先后顺序，自己快速口头编一个小故事。时间由师生共同商定。

（2）四至五位同学为一组同时上台，按照先后顺序，每人抽一张纸条。然后第一位同学以纸条上的词语为中心词编故事，后面的同学再以自己抽到纸条上的词语为中心词续编这个故事，直到该组同学都讲完为止。时间由师生共同商定。

**【训练提示】**

一个人的反应能力，是其智力和非智力等多种因素作用的结果。而以上三个训练都是针对提高思维的敏捷性、灵活性、独创性等智力因素而设计的。接词练习要讲究准确流畅，故事接龙要力求无缝链接，巧编故事要做到合乎情理。

## 二、有声语言训练

### 训练要点

1. 区分朗诵和演讲在语言表达上的不同。

2. 用恰当语言技巧帮助演讲的表达。

3. 处理好演讲稿中的叙事、议论和抒情部分。

### 导练略读

#### 演讲中运用有声语言的注意点

1. 语速：演讲的一般语速是每分钟200个左右的音节（字）。在这个基础上再根据不同的演讲风格酌情加速或减速。

（1）加速：①讲述的内容几乎是众所周知的事情；②叙述某种无法控制的感情，即表示激动的程度时；③叙事进入精彩高潮时。

（2）减速：①讲词所述为极严肃之事；②需唤起听众特别注意之时；③演讲者欲特别强调时；④有关数字或统计、人名或地名等的叙述；⑤引起疑问，需引导听众思考的时候。

整篇演讲的语速应该根据内容的变化而进行调整，否则就会显得呆板而无生气。

2. 停顿：停顿是口头的标点，也是演讲者情感神韵的传导。

除了一般朗读技巧中要求掌握的语法停顿、逻辑停顿、气息停顿之外，演讲中尤其要处理好感情停顿。如表达演讲者某种特别的心理或情绪所作的停顿，以突出这种情感；在接近句尾或段末处特意所作的回味性停顿，目的是留给听众一个思考、体味、揣摩的余地。如写交通安全的一篇演讲稿："每天的太阳是您的，晚霞是您的，健康是您的，安全也是您的。"（提示："是"前面一般要停顿）演讲时停顿的处理要做到：声断，气不断，情不断。

3. 重音：重音的表达有多种方式，如：一是加重音量，唇舌用力，把需要突出的字词说得重一些、响亮一些；二是拖长音节，就是把重音词语的字音，加上空拍，相对拖长；三是一字一顿，用时间停顿的方式突出重音；四是反转，即由快速转为慢速的同时，表达重音。

4. 拖腔：说话时将某一词语的声音拖长以渲染演讲者的情绪，强调所说词语的意义，加深语言的感染力。使用拖腔忌频，忌拖得太长。例如，很快说出"三千万美元"，口气显得平和一些，听起来就像这只是一笔小数目的钱。然后，再说一遍"三万美元"，速度慢一些，要充满浓厚的感觉，仿佛你对这笔庞大的金额感到印象极为深刻。这样听起来，就好像三万美元比三千万美元还多。

5. 喷口：这是京剧和曲艺中常使用的语言技巧，指说话时把一个音节的声母说得富有弹性，犹如喷口而出。没有掌握喷口技巧的，不要硬用，以免弄巧成拙。

6. 气音：唱歌时使用的一种语音技巧，发音时控制声门运用丹田之气发音，使声音带气流与耳语色彩,运用到演讲中可使语言音色丰富。掌握气音也是要有一个学习过程的,即使掌握了气音发音者,也要控制使用,不可滥用。

7. 颤音:与气音一样,也是一种控制声门的发声方法,但过程不同,气音是封闭声门上部,由下部透气出声,颤音是靠声门一开一缩频繁使用而成,给人一种颤抖的感觉。颤音的使用只在激动或十分悲哀的时候。

## 训练项目

### (一)朗诵和演讲的比较训练

**【训练材料】**

**材料一**

### 永远的第十一位教师

在一个偏远山区的小学校里,因办学条件差,一年内已经先后走了七八位教师,当村民和孩子们依依不舍的送走第十位教师后,人们寒心的说:"再不会有第十一位教师能留下来了。"后来村里找了个刚从大学毕业的女大学生来代一段时间的课。一个月后,女大学生被分配到城里工作。当女大学生收拾好行装,离开住所,准备离开的时候,她背后突然意外地传来孩子们朗朗的读书声:"离离原上草,一岁一枯荣。野火烧不尽,春风吹又生……"那声音在山谷中回荡,久久不决——那是她第一次教给孩子们的诗。她回过头来一看,一群纯真的孩子齐刷刷地跪在远处高高的山坡上——谁能受得起那天地为之动容的长跪呀!她顷刻间明白了,那是渴求知识的孩子们纯真而无奈的挽留呀!

女大学生的灵魂就在瞬间的洗礼中得到了升华,她毅然决定留了下来——这一留就是整整二十年。

二十年间,她送走了一批又一批的孩子们去上初中、上高中、念大学……后来这位女大学生积劳成疾,被送往北京医院治疗……

当乡亲们把她接回山村时,人们见到的只有被装在红色木匣内的她的骨灰……

后来,这个村里有了不成文的规定,不论谁来教书,永远都是第十一位教师……

**材料二**

### 肩负起山村的希望

同学们:

我是一个从大山沟里走出来即将成为教师的学生。父母给了我山的骨架与肌肉,而教师却给了我成长的乳汁和粮食。我的家乡是一个贫穷的山沟沟,陡峭如削的山崖,崎岖险恶的山路,曾令许多教师望而生畏,闻风而逃,甚至有的教师发誓:"我宁愿不要工作,也不到那个穷山沟去!"贫苦的村民又多么希望山外的教师来这片贫困的土地上看看,来安慰山里孩子们那饥饿的心灵。

盼星星，盼月亮，终于盼来了我生命中的第一个老师——一个稚气未脱的师范毕业生。她有一个很好听的名字，叫马琅环。乡亲们则习惯地叫她马兰，说她像一束淡雅的马兰花，给穷乡僻壤带来了知识的温馨，带来了富饶的希望。

琅环是天帝藏书的地方。是马老师给了我这张通往琅环的“通行证”，是马老师的悉心教育使我开始了新的生活。我在知识的海洋中拼命地吸取，我的羽翼渐渐地丰满了，终于在乡亲们的期盼中，在马老师的殷切关怀下，我振翅飞出了山沟沟，考上了一所师范学校。

乡亲们都说，山沟沟里飞出了金凤凰，可担心故乡没有蓊郁的梧桐树能把凤凰招回来。马老师没有说什么，却送给我一个笔记本，扉页上赫然写着“春蚕到死丝方尽，蜡炬成灰泪始干；蓬山此去无多路，青鸟殷勤为探看”四句话。我看罢，泪眼蒙蒙。我是山的女儿，当然会回到大山的怀抱。那里有我白发的乡亲，有渴求知识的孩子，有一位无私耕耘的山村女教师，还有我整个家乡贫穷的根呀！

临行的那天，朴实的乡亲们用最热烈的方式为我送行。噼里啪啦的鞭炮声响彻了山村每个角落，大爷大奶们拄着拐杖来为我送行，含泪抚摸着我的头：“娃呀，到了山外好好学，莫学坏；学好本领来教峰伢子、伟伢子他们，嗯？”我泪流满面，哽咽着使劲点了点头，在乡亲们依依不舍的目光中，我踏上了那条通往山外的路。

山外的世界真精彩，可我却从不敢耽误一分一秒的宝贵时间，天天勤学苦练，因为我知道我肩负的是一个山村的希望。

我永远不能忘记那个细雨霏霏的清明节，我百里迢迢地从学校赶到家中。临近毕业了，跟老师说好共同起草一份山村教育的论文。那天我多高兴呀，我又可以见到马老师了，又可以和她一起讨论问题了！

然而，当我踏进马老师的家门时，我惊呆了。眼前的情景令我心似刀绞般疼痛。马老师含笑的遗像正置于灵堂的中央。我发疯般地跪到灵堂前：“马老师，您这是怎么啦？我们不是说好共同起草那篇论文吗？不是说好了，等我回来咱们一块教山里的孩子吗？可您现在怎么不说话呀？”

乡亲们拉着我，断断续续地给我讲述着那个令人心碎的故事：那天是星期三，是学校装上电灯的第二天。这两天孩子放学后总想在学校多待会儿，只是为了多看几眼电灯泡发出的光。那天天黑了，马老师好不容易说服了学生们，让他们回家。可是，学生刚要动身，突然，倾盆大雨从天上浇下来。孩子们瘦弱的身躯在狂风中颤抖，孩子们惊慌极了。

马老师告诉学生：“同学们，你们都各自回到自己的座位上去，大雨一过，老师就送你们回家！”就在那一刻，雷声轰响，教室里的灯突然灭了。孩子们在黑暗中屏住呼吸，片刻一个女孩终于忍不住大哭起来：“老师，我要回家。这儿太黑了，我害怕！”其实，马老师又何尝不害怕呢？她毕竟是一个年轻的山村女教师呀，而且还面对着这么多的孩子！

可是，在孩子面前，她不能后退，她定了定神：“同学们，有老师在，你们别怕，老师这会儿就去给你们把电线修好！你们待在教室，谁也不许出去。等老师回来，嗯？”说完，她拿着手电筒，毅然地爬上了校门口那根电线杆上。

电，终于接上了。教室里传来孩子们的欢呼声。可是，就在那一刹那，“啪”的一道闪电，马老师永远倒在那根电线杆下，再也没有回到那间教室，再也没有回到孩子身边……

孩子们撕心裂肺般地喊着他们亲爱的马老师，山谷呜咽，却再也没有回音。

我泪流满面，紧紧地捧着马老师的遗像。老师，我多想告诉您，当年您送给我的“蓬山此去无多路，青鸟殷勤为探看”，不就是为了等我怀藏经卷回来吗？而今，我即将归来，可您却再也听不见我含泪的呼喊。老师，您忘了我们之间还有那么多的约定没有实现吗？老师您说话呀！

当我从马老师的沉沉悲痛中醒过来时，我的思想在超越旧俗，我的感情在升华纯净，于是，在毕业之际，择途之时，我不再犹豫，不再徘徊，有什么比一个民族的无能更令人心悸的呢？有什么比一个社会的落后更令人心痛的呢？有什么比一个国家的贫穷更令人悲哀的呢？没有，没有！挑起民族落后的担子，挑起国家贫困的担子，关键在于挑起贫困山区的教育事业！我有什么理由逃避贫困的山沟？没有，没有！“蓬山此去无多路，青鸟殷勤为探看”。渴望强盛的民族在等待，贫穷的村民在等待，清幽的马兰在等待，渴求知识的孩子也在等待！有等待就会有希望，我必须在等待的希冀中，让每一个等待都变成可人的现实，我必须像马老师那样，扎根山村，无私奉献。于是庆幸我选择了教育事业，我骄傲我能为祖国的基础教育像马老师一样生于幽谷的马兰花，把沁人心脾的芳香撒满山区，撒满人间！

**【练习题】**

1. 课堂放典型的朗诵和演讲的实例录音，体会两者的不同点。

2. 用不同的语言风格表达以上两篇文章，要读出朗诵和演讲的区别。

**【训练提示】**

以上文章，《永远的第十一位教师》是一篇赞美山村教师的叙事散文，《肩负起山村的希望》则是一篇呼唤山村教育的演讲稿。相同的题材，表达的形式却完全不同，前者是朗诵，后者是演讲。

第一，两者目的不同。朗诵诉诸的是情感，为真情而诵是其目的；而演讲更侧重于明理（尽管很多演讲长于煽情，但还是为明理服务的），为真理而讲是其目的。

第二，两者的角色意识不同。朗诵者是文学作品的转述者，他传递的是作家的思想情感；演讲者是将自我思想表露给公众，以唤起别人的认同。所以朗诵者是一种艺术形象，而演讲者则是直面观众的真实的自我。

第三，两者的效果不同。朗诵能让人如痴如醉，如梦如幻，有着无穷的感染力；而演讲让人豁然开朗、热血沸腾，有着很强的鼓动性。

正由于以上三点的本质区别，决定了朗诵和演讲在语言表达时的不同。朗诵的语言是“唱着去说”，朗诵者和观众通过文学形象进行“间接交流”，所以语言有吟唱感、距离感;而演讲则是演讲者将自己的思想通过语言和公众进行直接交流,所以语言有对象感和亲切感。

## (二)演讲语言的外部技巧训练

重音、停顿、语速、语调是演讲语言最基本的外部技巧,其方法和朗读技巧的表达是一致的,这里不再展开。但是,朗读和演讲毕竟是两种语言实践的形式,在训练时一定要加强它的对象感和交流感,重音表达应更加直接明确,避免有间离感;停顿时,要更加注重用眼神、呼吸以及内在的心理独白让"无声"胜"有声";因为演讲的语言是一种生活化的口语,所以它的基本语速总的来讲应比朗读快;而语调的高低、快慢、停连的变化也应该更加明显,这样才能使整个演讲抑扬顿挫、起伏跌宕、连贯畅通,让听众享受到一种语言的节奏美。

● 训练方法一:练重音

**【练习材料】**

**迟焕毅《山旮旯里的人生》片段**

工作在远离城市远离文化群体的山旮旯里,难免会在孤苦和寂寞中自问:人生是什么?平凡的工作,平凡的生活,平淡的人生。肯定没有哲思般的回答,只能在生活中隐约领悟,它是一部无法破译的书!它以其奇特的一面将一些人吹得熠熠生辉,而将另一些人吹得黯然失色。而我,愿做第一种人!那样,在远离城市喧嚣的乡村,人生不再是一杯烈酒,不再是无聊和苦涩,不再是每日的嬉笑碌碌无为,而是阿拉伯数字在贫困地区的跳跃和延伸,是烈日下的长途跋涉和追求,是偶尔从铅字中发现自己姓名的喜悦,是一种难以体会的成功和尝遍所有失败的痛苦。

**【练习题】**

将以上语言材料中的重音用"  ．．  "符号标出来,然后进行试讲,注意发挥演讲中重音的强调作用和情感的支撑作用。

**【训练提示】**

重音既能突出演讲中某些关键的词、句和段,从而凸显演讲者思想感情,让观众通过"重音"这个路标,通达演讲者的内心世界。

演讲者的成功经验表明,尤其是一些议论型的演讲句段,往往重音较多,以此来造成一种强烈的主观色彩。训练时,要注意多种重音表达的方法,避免生硬。

● 训练方法二:练停顿

**【练习材料】**

**邵开殊《帷幕徐徐拉开——班主任的就职演讲》片段**

当我站上这讲台,不,应当说是舞台,我似乎觉得两侧的紫色帷幕正缓缓拉开,最富有生气的戏剧就要开始了。最令我兴奋的是这戏剧拥有一群忠于自己角色的演员——你们，高一（二）班的全体成员！这戏剧也许是世间较长的了，因为要持续三年的时间，你们的整个高中阶段。

为此，我愿意做一名热情的报幕员，此时此刻向观众宣布：高一（二）班的戏剧开始了！

我想，我这个班主任首先应该是一名合格导演，我渴望导出充满时代气息的戏剧来：团结、紧张、严肃、活泼是它的主调；理解、友爱、开拓、创新应当是它的主要内容；爱着这个集体和被这个集体爱着是它的主要故事。作为导演我将要精心设计出生动的情节、典型的角色以及迷人的故事奉献给所有的演员——今天在座的每一位。最大限度地发挥出你们的才华。

**【训练提示】**

请以上句段中用“//”符号标出停顿，并进行试讲，要发挥停顿所有的蕴蓄情感的作用。

要综合运用自然停顿、逻辑停顿和情感停顿，使它们变为一种技巧性的停顿、艺术性的停顿，所以，声断而气不断，情就不会断。否则，就会使表达支离破碎，反而影响表达效果。

● 训练方法三：练语速

**【练习材料】**

### 迟焕毅《山旮旯里的人生》片段

我深知，是山村的穷困，将我们牢牢留住的，我们要夜以继日地咀嚼山村多年的贫困风味，我们要将它吃透，然后推向新的起点；是村民淳朴的民风将我们牢牢留住的，是他们的真诚需要和渴望，将我们牢牢留住的，是村民的喜悦和丰收将我们留住的，是村民不屈不挠的精神留住了我们。留下，就是山旮旯的人；工作，就是山旮旯的人生！白天没有城市的喧闹，夜晚没有轻歌曼舞、灯红酒绿。山旮旯里的人生，没有激情壮志之文，只是些平淡无味的文字组合；没有惊天动地之举，只是从繁琐细小的工作中理出一天的思路来；没有哀婉动听的故事，只是与村民们君子之交淡如水的交往；没有惊险的飞跃，只是年年岁岁、朝朝暮暮与山旮旯厮守在一起。山旮旯里的人生是好是坏，对我们并不重要，山旮旯里的人生，是我们与社会，社会与时代，我们与同龄人的折射！是一代又一代老中青的真实写照。

**【练习题】**

请在以上句段中将需要加速的语句下面划上“——→”符号，将需要放慢语速的语句下面划上“←——”表示慢速，然后进行试讲，注意利用语速的快慢缓急变化，让语言富有节奏感。

**【训练提示】**

语速的快慢主要是根据表达思想感情的需要。在表达一般内容时，语速可以适中，既不要太快，也不要太慢。当表达热烈、兴奋、激动、愤怒、紧急、呼唤的思想情感时，出言吐语就要快些，要滔滔汩汩、势如破竹；讲到庄重、怀念、悲伤、沉寂、失落、失望的思想感情时，语速可以放慢些，娓娓道来。

● 训练方法四：练语调

【练习材料】

**迟焕毅《山旮旯里的人生》片段**

我们是在一种冷静与思索的过程中走进山旮旯的，是在贫穷与落后、愚昧与无知的需要中走进山旮旯的，是在奉献与索取的选择下走进山旮旯的，是在前进与后退的选择里走进山旮旯的，是在忽视与淡漠中走进山旮旯的，是在后悔与幸福的交织下走进山旮旯的。

是我们把青春留给了穷困的乡村，是乡村的岁月培育了我们，是我们在山旮旯的剧场中义演，是我们获得了空前的成功，因为山旮旯里的人民送给我们一个大大的“！”。

【练习题】

试讲以上演讲语段，请注意语调的变化。

【训练提示】

语调就是语流抑扬顿挫的变化，是对重音、停顿、语速技巧的综合运用。语调各要素的变化范围要与演讲者自己的嗓音条件相谐调，要符合听众的心理、听众的承受力，要符合声音的审美要求。一般来说，用嗓应该留有余地，不应把整个嗓子用满，留有余地听起来才会丰满柔和，用满了就会感到声音是大喊出来的，不受听。

在演讲时先要设计好最高音是哪些，最强音是哪些，其他句子都不能与之相等或超过它。万不可不应高声时调子很高，不应重读时音量很大，等到了该高该重的时候却高不上去、重不下来了；或者即使高上去了、重下来的，但已经声嘶力竭、毫无美感了。对于音强，除了要掌握好轻重对比外，要特别注意一定要有足够的音量，即使有时为了表达需要而采用最轻音时，也要以全场听众都能听清为限。如果声音小如蚊蝇之鸣，听众连听都听不见，那就什么也谈不上了。再比如说停顿，如果停的时间过长，听众就会急躁，这就达不到“此时无声胜有声”的效果了。

（三）不同语体风格的表达训练

● 训练方法一：练叙述性语气

【练习材料】

**师魂爱心铸　浓情永深深**

熊碧荷

一个朋友曾经问我：“你为什么会选择教师这一职业？”我告诉他：“因为我有一个当老师的妈妈，她用爱铺路、用心施教，她对学生的爱心，对事业的执著感染了我，让我无怨无悔选择了教师这一神圣的职业，并立志像她那样为教育事业奉献自己全部的爱心。”

妈妈从教三十余年，并始终在同一所小学任教。三十年来，斗转星移，从学校到我家的路由窄变宽，学校由旧变新，学生也换了一届又一届，可妈妈对学生的爱却始终没有改变，在每个孩子的成长过程中，妈妈总是扮演着良师加慈母，用爱去贴近学生的心灵。

记得我九岁那年，妈妈教五年级，班上有位学生叫黄雄，他爸爸、妈妈是没有文化的农民，管理儿子的办法十分粗暴，除了打就是骂，黄雄学习成绩差不用说，还染上偷窃的恶习，经常逃学。一次，因偷了邻居的十元钱被他爸爸用铁链锁在家中，不让他出家门，不给他饭吃。一个十多岁的孩子哪能用如此方法进行教育呢？妈妈知道后，到他家对他父亲陈之以情、晓之以理，把他带到学校。哪知，放学后，黄雄怕再给他爸爸锁住，竟三天三夜不上学也不回家。找不到黄雄的踪影，大家都十分着急。后来，终于在一个桥洞中发现了他，小家伙蜷缩在桥洞里，又冷又饿，他看到大家后，正想跑，妈妈一把抓住了他，把他带回家，为他擦去眼泪，洗净脸和身子，换上一身干净的衣服，并为他炒上一大盘蛋炒饭。看着这香喷喷的蛋炒饭，当时的我馋得直流口水，心中还在嘀咕：“你这小子，凭什么享受这么高待遇，要知道这些用妈妈微薄工资买来的鸡蛋，平时我们可是很舍不得吃的呀。”就这样，黄雄就在我家住了下来。妈妈耐心地开导他，利用晚上帮他补课，在班上让他主动发言、承担班务。爱可以改变一切，久受歧视的黄雄感受到大家的关爱，学习成绩节节提高，待人也变得彬彬有礼，彻底改掉了偷窃的恶习。一年过去了，黄雄凭借优异的成绩考取一中，开始了崭新的生活。最让人难忘的是，六年后，黄雄冒着瓢泼大雨、怀揣北大法律系的录取通知书来到我家中，小心翼翼地拿出犹带着体温的通知书，深情地说：“老师，谢谢你，如果没有你，真不知我现在成了什么样子。”话还没说完，已经是泪流满面了，妈妈也抑制不住内心的喜悦，激动的泪水盈满了眼眶，他们紧紧相拥，看着这不是母子胜似母子的感人场面，我，不！是我们全家都被深深地打动了，我突然觉得妈妈是那样的伟大，她所从事的职业是那么的崇高。

妈妈是在用心灵启迪人，用品质感化人，用生命塑造人。她不仅爱她的莘莘学子，更把她的满腔热情倾注于她的同事。

由于工作需要，妈妈担任了学校的教导主任，妈妈的职位变了，肩上的担子也更重了。不仅承担毕业班的教学，还肩负起学校的教研工作。每逢有教研活动时，妈妈便特别忙、特别累，披星戴月地回家不用说，还经常带着老师到家中一起研究教学。一批批的青年教师在妈妈的帮助下，业务水平逐步提高了。那时，爸爸长期出差在外，一家老小的衣、食、住、行全落在妈妈一个人身上。由于超负荷的工作，她的身体每况愈下，常常感到头晕，体力不支。

记得一次教研活动，妈妈为了帮助青年教师刘英上好公开课“找春天”，她请来在电视台的同学到野外为找春天的孩子们拍录像，那天早晨，妈妈如往常一样5:30就起床了，可妈妈起床不到5分钟却因头昏又回床躺下了，爸爸看到这种情景，说什么也不让她再起来，并为她请了假，要她好好休息一天。可她怎么也放心不下工作，等爸爸上班后，还是起来和同事一起到了外景地，那时天并不热，可妈妈却直冒冷汗，同事看到她苍白的脸色，都劝她回家休息，可她却摆摆手说"不碍事"，最终还是没能撑住而晕倒了。经检查，妈妈患了甲亢，医生告诫她：必须马上住院治疗，不然发展到"甲心"就危及生命了。可想到快毕业的学生们，想到学校的工作，妈妈说什么也不肯住院治疗，她那股执著劲一上来，谁也拗不过她，也只好让她边服药边工作。看着辛劳、疲惫的妈妈，我只能是默默地为她分担家务。直到暑假，妈妈才到南平住院治疗。

"春蚕到死丝方尽，蜡烛成灰泪始干"，妈妈就这样，爱生如子，爱岗敬业，无怨无悔。她的生活虽没有彩衣飞舞、功章闪耀，却让我觉得她是天地间最美的精灵。

这就是我妈妈，一个为了事业可以忘记身体健康、可以牺牲自我的妈妈；一个在平凡的岗位上用爱浇灌未来、用心耕耘希望的妈妈；一个只知付出而不求索取、用深深浓情追求事业，用潺潺爱心铸就共和国师魂的妈妈。

每当我在夕阳的余晖里注视着妈妈瘦弱的身影，每当我看着妈妈手提着沉沉的小黑板，头发上、身上沾满粉笔灰的情景，心中的敬仰油然而生，我的老师妈妈啊！三十年的风霜雨雪，你把你的青春写在讲台，你把爱给了无数幼小、天真的童心，你给岁月留下的是无尽的欣慰，每当无数的问候、无尽的祝福从祖国各地飞奔而来，每当"满园的桃李"簇拥在你的身旁，你布满皱纹的脸上绽开的笑容是那么的灿烂、那么的甜美。您说，我又有什么理由不接过妈妈的教鞭？我又有什么理由不把我的青春奉献给教育——这一神圣的事业呢？

**【练习题】**

1. 用横线画出以上演讲稿中的叙述部分，并重点练习。

2. 对整篇演讲稿进行公开试讲，演讲者要特别注意叙述时与观众要形成交流感和对象感。

● 训练方法二：练抒情性语气

**【练习材料】**

### 为了我们的父亲

沈　萍

同学们，你们见过青年画家罗中立的油画《父亲》吗？如果见过，还记得这位动人的中国老年农民的形象吗？让我们再看一看这幅画，再看一看我们的父亲吧！这是一张忠厚善良、朴实慈祥的老年人的脸，在那一道道深深的皱纹中，仿佛隐藏了一生的艰辛，眼睛有些昏花，但却安详，没有悲哀和怨恨，有的却是无限的欣慰和期望。你看，他这双勤劳的大手，青筋罗布，骨节隆起，虽然粗糙的像干枯的树皮，但却很有力量。他把自己一生的精力和满腔心血都交付给了我们祖祖辈辈劳作生息的土地，交付给了正在成长发育的儿女子孙。他已经到了安度余生的晚年，却仍然头顶烈日，在田里耕作，用他仅有的精力，换来背后满场金谷，他勤苦一生，创造了生活的一切，编织着美好的未来。

面对这样一位父亲，怜悯、同情、崇敬、热爱，万般思绪，一下子在我心头翻滚起来。特别是父亲那双欣慰、期望的眼睛，深深地印在我的心上。他为什么在历尽人间忧患之后，却感到无限的欣慰呢？在为时不多的晚年，他还热烈期待着什么呢？

在去年夏天的一个中午，我去书店，那天天气非常热，我身上穿着清凉的夏装，走在林荫路上。这时，我忽然看见，马路上一位老人推着一车钢筋，正在艰难地行走着。重载使老人不得不把自己的腰深深弯下，太阳烤着老人紫红色的脊背。老人的脸上、背上淌着汗水，在他面前，路是上坡，老人咬紧牙，非常吃力地推着车。我赶忙跑过去，帮着老人把车子推上坡，老人抹了把汗水，喘息着向我道谢。当他看到我胸前佩戴的校徽时，眼睛一亮，露出了赞许期望的目光。他满脸笑容，欣慰地说："孩子，好好念吧！我也有一个孩子，和你一样上学。"看着满车的钢筋、老人弯曲的脊梁、满脸的汗水和欣慰的笑容，听着老人这亲切的嘱咐，我的眼泪一下子涌了出来。

此刻，他的孩子也许正在舒适的宿舍里午休，也许正在清凉的大学教室里学习，这是为什么呢？我想答案就在父亲那欣慰的笑容和期待的目光里。他的期望就是让我们接受高等教育，就是让我们用现代科学知识武装起来，走出一条与他完全不同的崭新的生活道路。这是老一辈的希望，不也正是祖国和人民的希望吗？

大家知道，在我们国家里，培养一个大学生需要五个农民一两年的劳动。可是，当我们戴上校徽的时候，当我们领取人民助学金的时候，有谁想到了我们的父亲，又有谁想到了工人、农民？想想吧！

同学们，发奋学习是人民对我们的期望，也是时代赋予我们的光荣使命，更是我们每个大学生的职责！

同学们，我们应该牢记父辈的欣慰笑容和期待的目光。当我们埋怨祖国贫穷和落后、羡慕舒适安逸的生活时，当我们为了个人的得失和苦恼迷失方向和道路时，父辈期望的目光将像皮鞭一样，狠狠地鞭挞我们的无知和糊涂、懒惰和轻浮、私欲的污染和灵魂的癌变，让我们在鞭挞中立志，在鞭挞中不懈地追求和勇敢地攀登吧！父亲欣慰的笑容和期望的目光，应该像光芒四射的明灯，永远照耀在我们的心头。在它的照耀下，我们不仅会看到前进的道路和方向，更能看到自己的使命与责任，在它的照耀下，我们更加清楚地看到自己像父亲那样做事业的战士和开拓者。

革命先烈李大钊说："无限的'过去'都以'现在'为归宿，无限的'未来'都以'现在'为渊源，'过去'、'未来'的中间全仗有现在。"这话说得多好啊！革命先烈和我们的父辈英勇奋斗，苦而无怨，为的是我们下一代。我们是承前启后的一代，我们是继往开来的一代。革命先烈和我们的父辈用筋骨和鲜血凝成的精神财富，要在我们这一代人身上化作永不枯竭的前进的力量。

好好学习吧，同学们！

为了祖国，

为了人民，

为了我们的父亲。

**【练习题】**

用横线画出以上演讲稿中的抒情部分，并重点练习。

**【训练提示】**

演讲者要把抒情性演讲语气与朗诵中的抒情区别开来，抒情时不能和观众有距离感，要紧扣住“自我”的角色意识，强化交流感，避免朗诵腔。

● 训练方法三：练议论性语气

**【练习材料】**

**北大校长许智宏 2008 年毕业典礼辞（节选）**

…………

2008 年，让我们永远记住四个字：多难兴邦。

温家宝总理在北川中学的黑板上写下了这四个字，我看到电视画面的时候，流泪了，“或多难以固其国，启其疆土；或无难以丧其国，失其守宇”。我已经六十五岁，经历了共和国全部的历史，也见证了很多重要的历史时刻，能够深刻地体会这四个字的含义。

今天的毕业典礼，我也希望北大 2008 届的毕业生们，都把这四个字记住。你们还很年轻，你们甚至很难体会到什么是磨难，但作为你们的校长，我有责任告诉你们，磨难是人生中最宝贵的财富，是一个国家奋发前行的动力，只有在磨难中坚强不屈，只有在磨难中团结一心，只有从磨难中不断反省总结，我们才能成功，才能实现国家的现代化，才能让中华文明永远绵延不绝。

…………

“任何困难都难不倒英雄的中国人民”。中华民族在数千年发展史上曾历经磨难，从不屈服，地震灾难更不可能把中国人民吓倒压垮。在巨大的灾难面前，中国人民表现出来的勇敢、坚强、团结和伟大的人文关怀生动地诠释了中华民族不屈不挠民族精神。这种精神是我们抵御各种危难的精神支柱，也是激励中华民族生生不息的强大动力。2003 年春“非典”肆虐中国期间，温总理给北大学生的回信中，有一段话，蕴涵了深刻的人生哲理，他说：“让我们记住这段非凡的经历吧！它使我们学到了比平时多得多的东西。让我们记住这个真理：一个民族在灾难中失去的，必将在民族的进步中获得补偿。”

多难兴邦，对于一个国家是如此，对于一所大学何尝不是如此。今年是北大建校 110 周年，回顾北大百十年的历史，何尝不是与中国的现代化进程一道，虽命运多舛，历尽艰辛，但却自强不息、奋斗不止的一段光辉历程。

京师大学堂成立之初，国势衰微、外敌入侵，八国联军侵华，大学堂曾一度被占领，被迫停办。民国初年，由于经费短缺，北大再次遭遇停办危机，老校长严复先生上下奔走，在艰苦的办学条件下仍坚持教学改革，确立了北大“保存一切高尚之学术、以崇国家之文化”的办学宗旨。五四前后，北大成为新文化运动的中心和五四运动的发祥地，而同时也不得不面对来自保守势力的责难和军阀政府的迫害，一度有上千名学生被捕入狱，蔡元培校长也曾被迫辞职。1927年至1929年，北大被取消和更改校名，停发经费和工资，广大师生在半饥饿状态下仍坚持斗争，誓死不屈。1937年，卢沟桥事变，日本帝国主义发动全面侵华战争，北大、清华、南开三校师生万里南迁，组建西南联大，在极其艰苦的条件下以“刚毅坚卓”的精神，坚持教学科研，培养了一大批优秀人才。三年困难时期，物质极度匮乏，一大批同学由于营养不良患病被迫休学，当时北大时常停电，但我们的老师还是坚守岗位，教书育人。“文革”期间，北大被迫停课四年，一大批教师惨遭迫害，饶毓泰、翦伯赞等许多优秀学者被迫害致死，几千名师生下放劳动。复课之后，在极端困难的条件下，我们的老师依然坚守对科学真理的执著追求，成功研制出我国第一台百万次集成电路电子计算机，建立了我国第一个卫星云图接收站，研制出具有世界先进水平的铷电子钟，取得了一系列重大的科技成果，等等。一百多年来，我们的北大历尽磨难，从未退缩，几代北大人把青春、才华甚至生命都奉献给了中华民族谋求现代化的伟大事业。

今天，我和同学们一同回顾这些波澜壮阔的岁月，就是希望，在同学们即将离开北大之际，再次唤起同学们心中的北大精神，“爱国、进步、民主、科学”的北大精神，与国家和民族同呼吸共命运的北大精神。

北大是一百多年来中国知识分子的精神家园。钱理群先生在《寻找北大》一书的序言中曾写道：“北大，是每一个北大人，所有的中国人的精神梦乡。”包括你我在内的全体北大人都承担着整个民族的精神理想，这担子实在太沉重了，但是同学们，你们别无选择，因为这是我们北大人与生俱来被赋予的精神气质，是北京大学一百多年来形成的精神气质，她不可逃避，也不能放弃。

多难兴邦，对于我们每一个人何尝不是如此。同学们毕业了，有的将继续深造，有的会走上工作岗位，有的远渡重洋，有的奔赴西部，投身灾区重建。不管你们将来从事什么样的职业，我相信你们一定会有所作为。但是，未来不可能是一帆风顺的，同学们会遇到各种困难和挫折。当年，老校长马寅初先生因他的人口理论遭受全国性的大批判，在巨大的压力和攻势面前，马老没有退缩，他说“我虽年近八十，明知寡不敌众，自当单身匹马，出来应战，直到战死为止”。他还说“我总希望北大的一万零四百学生在他们求学的时候和将来在实际工作中要知难而进，不要一遇困难随便低头”。同学们，天将降大任，必将苦其心志，北大人都应该学习马寅初老校长，拥有坚持真理、战胜困难的勇气，做生命中的强者。

同学们，你们毕业于2008，请记住这个年份，这一年，我们奥运了，这一年，母校110岁，这一年，我们都是四川人，这一年，你们毕业了。同学们，我们的祖国正在创造着近现代中国，乃至世界近代史上最伟大的经济奇迹和深刻的社会变革，我相信你们将很快成为国家发展和社会变革的直接参与者和领导者。一个月前，林毅夫老师在经济中心毕业典礼上,有一段震撼人心的话,他说,“只要民族没有复兴,我们的责任就没有完成,只要天下还有贫穷的人,就是我们自己在贫穷中,只要天下还有饥饿的人,就是我们自己在饥饿中,只要天下还有苦难的人,就是我们自己在苦难中,这是我们北大人的胸怀,也是我们北大人的庄严承诺!”这段话,也让我想起了老北大教授梁漱溟先生的名言,“吾曹不出,如苍生何”,这种舍我其谁的勇气和世情关怀将在你们的身上遗传下去! 未来,无论你们事业上取得多大的成功,生活上如何春风得意,请同学们不要忘记 2008,不要忘记废墟中握着笔的那只小手,不要忘记总理的泪水,不要忘记讲堂广场默哀的人群,更不要忘记我们北大人崇高的精神理想和庄严承诺。请同学们务必以国家为重、以苍生为重!

多难兴邦,我希望,每一个 2008 届的北大毕业生,记住这四个字。也让我们共同祝愿,我们伟大的祖国,我们伟大的母校,能够在风雨之后,迎来新的辉煌!

谢谢大家!

**【练习题】**

用横线画出以上演讲稿中的议论部分,并重点练习。

**【训练提示】**

演讲者要特别注意通过重音和语调的处理来增强议论性演讲语气所应有的思辨色彩和鼓动力量。

## 三、演讲中的态势语训练

心理学研究表明:人感觉印象的 77%来自眼睛,14%来自耳朵,视觉印象在头脑中保持时间超过其他器官。从这点同样可以说明:演讲中只运用作用于听众听觉器官的有声语言是不够的。所以,在演讲中除了要吐字清楚、声情并茂外,还要举止大方、态势潇洒。美国心理学家艾帕尔说:“人的感情表达由三个方面组成:55%的体态,38%的声调及 7%的语气词。”这说明了态势语表达的重要性。

演讲的态势语言能辅助有声语言完满地表达内容,充分地抒发感情,它具有丰富的表现力,还能对重要的词语、句子进行加重或强化处理,有补充、强调的功能。

关于态势语,我们在基础篇中已经有过专门的训练单元,这里主要阐述态势语在演讲中的运用。

### 训练要点

通过实战练习,使演讲中的态势语力求做到准确、得体、协调。

### 导练略读

演讲只让听众听是远远不够的,还要让听众能看到效果,如演讲目光、表情、手动作、身体姿势等等,只有充分调动身体语言,才能使演讲魅力倍增。如果视觉不能给观众以任何感染力,那演讲就注定失败了。

1. 整个身体进行演讲。演讲时身姿应挺胸抬头,身体重心平稳,双脚略微分开,既要挺拔，又不显得过于僵硬。面前有演讲桌时，双手交叉自然放在身体前面，切忌在胸前抱臂或把手背在后面，前者对听众有失敬意，后者给人以受训感觉。

另外，要注意的是像心神不定、慌里慌张、站着纹丝不动、装腔作势、仰面朝天、双手插兜、手撑演讲桌、身体靠着演讲桌等神情和动作都影响听众情绪。最后你要注意在演讲中的一些细小动作，诸如摇头、晃腿、摸脸、摆弄领带或笔等等，也会降低你的演讲效果。

2. 丰富表情。演讲应善于通过自己面部表情，把自己的内心情感，最灵敏、最鲜明、最恰当地表达出来；应善于通过自己面部表情，对观众施加心理影响，构筑起听众交流思想感情桥梁。

面部表情贵在自然，自然才显得动人真挚，造作的表情显得虚假。同时，还应该丰富、生动，随着演讲内容、演讲者情绪的发展而变化，既顺其自然，又能够与演讲内容合拍。同时应注意表情拘谨木讷会影响演讲的感染力和鼓动力，而神情慌张又难以传达出演讲内容和演讲者的情感，影响听众情绪，而故作姿态的感情表露会使听众感到虚假或滑稽，降低演讲信任感，影响演讲效果。

演讲者要直面听众，听众最先看到的是演讲者的脸，继而通过演讲表情确认演讲内容是否真实。故作镇静，毫无表情不行。独自嬉笑又容易引起听众反感。整个演讲过程应面带轻松、自然、柔和的微笑，因为这种微笑会紧紧抓住听众心。俗话说“眼睛是心灵的窗口”，内心世界各种活动都能通过眼睛表现出来，因此，表情的中心是眼睛，将你和观众的视线连接在一起。这是将你和观众连接在一起的秘诀。像眼睛盯着演讲桌，看着天棚角或不停地看提示稿，这些只能将你和观众隔离开。而且如果不看听众，你就不知道他们对演讲做何反应。

视线要撒向所有观众。特别要注意照顾那些坐得比较远的观众。总看着在场的领导或主办方的话，就会失去其听众，因为谁也不愿意听忽视自己的人演讲。还应该注意眼睛转动方式。对于听众说，只转动眼睛容易引起听众反感。当想看什么地方时，最好头随眼睛一同转动，这样显得自然协调。视线该停的地方就要停下。当你的演讲出现类似像“高山”等词时，可以自然向上看，但到了一定程度、一定角度时就要停下，否则就显得过于夸张。演讲词和视线要统一。比如演讲出现 A、B 两人对话场面，当扮作 A 说话时，略微向右看，扮作 B 说话时再略微向左看，这样做会产生戏剧效果，抓住听众。

3. 恰当地使用手势和肩膀。一个人的手势，就好比牙刷，应该是专属于个人使用的东西。并且，诚如人们特点各异一般，只要他们顺其自然，每个人手势应该都各不相同。不应该把两个特点各异的人训练成手势完全相同的人。没有任何姿势的成文法则，因为一切决定于演讲者的气质，决定于演讲者准备的情形，还有热诚、个性、演讲主题、听众及会场情况。但有些建议仍是有意义的，比如：

不重复使用一种手势，否则会使人产生枯燥单调感觉；不使用肘部做短而急的动作；由肩部发出的动作在讲台上看要好看得多；手势不宜结束得太快，要适时。当你在练习时，假如有必要的话，应强迫自己做出手势，当你在观众面前演讲时，只做出那些自然发出的手势。手和手指的动作，说到“这么大一条鱼”时，双手适当地比量一下；说到“有两个理由”时，竖起两个手指头；说“身形高大的男人”时，右手自然向上，比画出大致的高度就可以了。肩的动作，大家都知道缩着肩膀表示恐怖、害怕的意思，耷拉着肩膀表示疲劳、无精打采的意思，肩膀高耸表示傲慢的意思。因此，在你的演讲中，可酌情配合各种不同动作。

最后还有两点需要注意：其一是手势和演讲内容在时间上必须保持一致，话说完，动作必须结束；其二是无论多好的手势，也不能太多，以免让听众感到眼花缭乱。另外，动作不能做得过于夸张，特别是在告别仪式等比较严肃场合，程度适当就可以了。

## 训练项目

### （一）仿练演讲手势

**【练习材料】**

**材料一**

演讲稿《为自己喝彩》（郭琴）片段：

有人说想唱就唱是一种张狂，有人说欣赏自我是一种幼稚，还有人说放飞梦想是一种荒诞，难道事实真是如此？（手心向下，胳膊微屈，手掌稍向前伸，表示不赞成这些言论）也许，理想和现实相去甚远，我们才无法让自己释怀；也许，平淡的生活总在交替轮回，我们的斗志已日益磨碎；也许，屡屡的挫折与失败，使我们早已丧失了激情。（右手轻轻抚胸，平静地陈述和说明）可是，不想流于平庸，却又在消极中沉没；不想人云亦云，却又走不出禁闭的心牢；不想随波逐流，却又蜷缩在窠臼里叹息，这样活着，不累吗？（右手掌前伸，上下略晃动两次，表示疑惑并希望得到听众认可）我想，与其这样自暴自弃、一度沉沦，还不如相信自己，为自己喝彩！（拳头紧握，高举，向前摆动一下，展示自己的鲜明立场和坚定态度）为自己喝彩，就是要……

**材料二**

竞选班长时的演讲（鲍升涛）片段：

为什么？为什么我们非要戴上“差班”的帽子而不思进取？（两手掌往下摆，掌心朝上，稍微用力，表示不满）有人说热动2班一没人才，二不团结。很多人默认了。但是我要说，这是逃避，是窝囊，是自甘人后！（臂微屈，手掌向下压，表示强烈反对）……

同学们，我的目标就是要建立一个和谐美满、积极进取的班级。我相信大家也都希望生活在这样一个大家庭里。只要我们每个人献出自己的一份光和热，就没有我们热动2班做不了的事，也没有我们热动2班过不了的坎！（握紧拳头，挥动两到三次，显示挑战、精诚团结、勇往直前的意味）

**材料三**

演讲稿《十八岁》(陈佳怡)的结尾:

这是一个知识大爆炸的时代。(食指直指,其余手指内屈,表示涉及"知识"这个话题,提醒听众注意)一个人,如果没有知识,就如同鸟无翅膀、花朵无养料、战士手中没有枪一样,纵有凌云之志,也必定一事无成。因此,我们必须从现在开始,紧紧地抓住时间骏马的缰绳,以百分之一百二十的热情去进取,去拼搏,去开拓。(手掌伸开,抬至胸前,然后向前上方用力挥动,表示号召)我们的十八岁,应该是进取的十八岁,拼搏的十八岁,开拓的十八岁!(拳头向下用力挥动,表示果断)

十八岁的朋友们,最后,还是让我们用奥斯特洛夫斯基的一句话来共勉吧:"人的生活有两种方式,一种是腐朽,一种是燃烧,我不愿意腐朽,我愿意燃烧起来!"(两手掌由胸前向上、向外张开,表明自己的选择)

**【练习题】**

1. 仔细体会文中括号中设计的态势语对演讲的表达作用。

2. 请教师在课上对照括号中的说明进行示范,然后请同学进行模仿练习。

**【训练提示】**

1. 郭琴《为自己喝彩》意图很明显,针对青年人普遍存在的失望、消极心态,她认为,肯定自己,正视自己,为自己喝彩才是健康的姿态。手势的运用强化了她所表达的观点,质疑是为了警醒,否定是为了提倡,使演讲主题鲜明,颇得演讲要义。

2. 鲍升涛的竞选演讲,从内容上看,说到了同学们的心坎上,震撼力是不言而喻的。而从他使用的手势来看,快速、有力,情感宣泄淋漓尽致。当同学们的听觉与视觉都被调动起来了,其感染力、号召力是可想而知的。

3. 陈佳怡演讲《十八岁》,手势与全身协调,与情感协调,与口语协调,手势简约明快,雅观自然,有声语与手势语皆美。既体现了语言的表现力和感染力,又展示了手势的形象性和观赏性。

### (二)设计演讲手势

**【练习材料】**

1. 尊敬的老师们,亲爱的同学们,当你漫步在平坦的水泥大道时,你可曾想到脚下那一颗颗默默无闻的碎石;当你登上高楼大厦,俯瞰周围的景致时,你可曾想到那一块块深深埋进地下的基石;当你步入校园,看到桃李芬芳,满园春色时,你可曾想到那不畏艰辛、默默无闻的育花人呢?是啊,教师,就是那一颗颗默默无闻的碎石,就是那块块埋入地下的基石,就是那辛勤劳作的育花人。

2. 同学们,蓝天和白云一样,希望白鸽自由飞翔。老师和父母一样,希望我们健康成长。花开的日子我们走进校园这个快乐的地方,在平安校园愉快歌唱;花开的日子我们遨游在校园这个知识的海洋,和老师一起编织梦想。

同学们,我们是师范生!我们长大了,我们的翅膀丰满了,鼓动着风,我们就要飞了。但是，喝水别忘挖井人！别忘了我们的学校！

3. 现代伟大的人民教育家陶行知先生一生以"爱满天下"为座右铭，他说："你的教鞭下有瓦特，你的冷眼里有牛顿，你的讥笑中有爱迪生。"正是为了祖国未来无数的瓦特、牛顿、爱迪生，我将满腔的爱尽情赋予了我的学生。论财产我两袖清风，一无所有，早在我选择教师职业的同时，我就选择了清贫；但我却富有，我拥有无数学生对我爱的回报，每年元旦、春节那纷纷扬扬的明信片就是最好的证明。这笔无价之宝，又哪里是金钱所能买到的呢？

"甘为春蚕吐丝尽，愿化红烛照人寰。"我誓将青春献给祖国的花朵，用粉笔谱写平凡的人生。

4. 自古以来，从夏禹治水到今天三峡工程的建设，从女娲补天到营造绿色长城，这一切无不体现了中国人民保护大自然、改造大自然的雄心大略。朋友们，我们也应该踊跃加入"环保"的行列，积极行动起来，为让那一片蓝天永远保持蔚蓝，让大自然的森林永远郁郁葱葱，让碧波荡漾的河水永远明净……努力吧！

朋友们，让我们都永远记住：人类，仅有一个地球！

**【练习题】**

请在你认为有必要运用手势的词句下画上横线，并为它设计合适的手势。

**【训练提示】**

手势在演讲中始终是一种点缀，起到的是"锦上添花"的表达效果。所以，手势不在乎多，而在于简练、在于有表现力。一个优秀的演讲者，既要注意培养和加强这种非语词的表现力，又要适当控制这种表现力，总的原则是干脆利索、大方美观、自然协调和因人制宜。

### （三）态势语的综合练习

**【练习材料】**

#### 我们都是被上帝咬过的苹果

柳宛辰

朋友们：

三年前的一个夜晚，我失去了这个世界上最亲最爱的人——我的母亲。当她在我的怀里闭上双眼的时候，我整个人都崩溃了。从那时起，我对生活充满了恐惧，觉得自己是世界上最不幸的人。后来，我离开了家乡和亲人，只身来到了宁波，开始了孤独的人生之旅。熟悉我的同事都知道我很脆弱，又多愁善感，写出来的文章更像是在泪水里泡出来的一样。那是因为，当时的我只能看到失望与孤独，看不到生活的希望和快乐。

我26岁生日的那个晚上，一位大连的好友在电话里向我讲了一个被上帝咬过的苹果的故事，那是我收到最好的生日礼物。它教我重新开始了自己的人生，教我怎样看淡从前的痛苦经历，更教会了我如何在逆境中挑战自己的命运。

在这里，我愿意跟在座的各位共同分享这个动人的故事：有一个小男孩，从小双目失明，他深为自己的缺陷而感到烦恼、沮丧，认定这是老天爷在处罚他，觉得自己是这个世界上最不幸的人了。后来，一位老人告诉他："世上每个人都是被上帝咬过一口的苹果，我们的人生都是有缺陷的。有的人可能缺陷比较大，那是因为上帝特别喜爱它的芬芳，所以那一口咬得比较大而已。"男孩听了很受鼓舞，从此把失明看作是上帝的特殊偏爱，因为自己这只苹果比别的苹果更为芬芳，所以上帝特地咬了一大口！于是，他开始向命运挑战，开始了勤奋和拼搏的历程。若干年后，他成为一个著名的盲人推拿师，为许多人解除了病痛，他的事迹也被写进了小学课本。

有人说，每个人都是上帝精心设计的一个作品，早已被上帝安排好了一切。也有人说，上帝是个吝啬鬼，决不肯把所有的好处都给一个人：给了你美貌，就不肯给你智慧；给了你金钱，就不肯给你健康；如果你是个天才，就一定要搭配些苦难……世界文化史上著名的三大怪杰：约翰·弥尔顿是个盲人，但却写出了精美绝伦的诗歌，世代流传；天才小提琴演奏家帕格尼尼是个哑巴，却谱出了美妙浪漫的音乐，被誉为19世纪"小提琴之王"和浪漫主义音乐的创始人；贝多芬，双耳失聪，却创作出世上最美妙的钢琴曲，成了让无数人敬仰的音乐大师。如果用"被上帝咬过的苹果"这个理念来解释，他们全都是由于上帝的特别偏爱，而被狠狠地咬了一大口啊！

把人生缺陷和苦难看成是"被上帝咬过一口的苹果"，这个理念太奇特了，尽管它有点自我安慰的阿Q精神。可是，人生不如意事十之八九，这个世界上谁不需要找点理由自我安慰呢？而且这个理由又是那么的幽默可爱。被上帝咬过的苹果的故事完全可以从某种意义上理解为，是情商决定了小男孩的命运。小男孩把那个被上帝咬过的苹果的故事作为自己生活的动力，扫去了隐藏在心中的阴霾，给了自己顽强生活下去的勇气与信心。那份难能可贵的乐观精神，使他实现了自我超越，让自己成为命运的主人。而正是那种看似自我安慰的"阿Q精神"，激励了这位生活的弱者，使他昂扬地向强者的领地迈进，一步一步走向了成功，最终改变了自己的命运。

我之所以喜欢这个"苹果"的故事，因为它一直在我失望、灰心的时候给我信心与勇气。每当受伤、难过的时候，我会擦干眼泪，告诉自己——"没有什么可以阻止我，一定要坚强地走过去，一切都会好起来的。要知道，雨后的天空最为美丽，泪后的人生最为灿烂。"失意的时候，我仍会笑着对每个经过身边的人道一声"您好"，仍会微笑着去迎接生命中的每一天。

认真品读过《情商决定命运》这本书后，今天站在这高高的演讲台上，我不得不承认自己以前是个"低情商者"，是情商决定了我以前的悲观命运，而现在我要大声地说，我要让情商来改变我以后的命运。透过"苹果"的故事，让我更加深刻地理解了情商对于人生命运的重要意义，让我学会了重新看待自己的人生，把握自己的命运，使我对生活充满了渴望与信心。现在，作为万达集团宁波商业管理公司宣传通讯员的我，深知自己的责任与义务，那就是要紧握手中这支笔，去及时报道项目的工程进度，展现公司的新貌，积极做好万达集团三大战役之一的“宁波战役”的战地记者工作，给辛苦奋战在最前线的同事打气、助威。

朋友们，如果让我重新选择的话，我希望上帝咬我的那一口更大一些，因为那是上帝特别喜爱我这个苹果的芬芳，那么我的人生也将更加美好、更加精彩！

**【练习题】**

在试讲以上演讲稿时，请综合运用身体姿态、表情、眼神和手势语等态势语言，做到设计简练准确，表达得体协调。

**【训练提示】**

1. 一开始不要怕有雕琢痕迹，可注意模仿一些有表现力的常见手势，并注意摸索自己的“招式”、“套路”，不要多久，雕饰痕迹就会渐渐淡化、消失。

2. 态势语要渐渐形成自己的风格，不要总是那几个动作，要敢于突破既定模式和习惯。有时一个头部的摆动，身子一个有力的晃动，腿脚换一下站位等等，都可以是富有个性的感情流露。

3. 态势语要自然得体，适时适度，不能有表演感，更不能像舞蹈动作，比如“兰花指”、“剑指”之类。

4. 要注意有声语言与态势语言的协调，体态与手势的协调。

## 四、即兴演讲训练

即兴演讲，指演讲者被眼前的事物、场面、情景所触发，临时兴之所至，当场发表的演讲。

即兴演讲的特点是：毫无准备，演讲者必须快速展开思维，并以最快的速度找出恰当的语言来反映自己的思维。这就需要演讲者具备敏捷的思维能力和敏锐的语言感应能力。即兴演讲是锻炼思维和口语表达能力的最有效的演讲形式。

### 训练要点

1. 培养优良的思维品质，强化敏捷性训练。

2. 练习掌握构思诀窍，提高演讲的条理性。

### 导练略读

#### （一）即兴演讲的方法

1. 学会快速组合。即兴演讲时因为现场没有充裕的时间去准备，所以必须尽快地选定主题，然后将平时积累的相关材料围绕主题，进行快速组合，甚至边讲边思考。

2. 学会抓触点。所谓触点，就是可以由此生发开去的事或物。即兴演讲需要因事起兴，找到了触点就找到了起兴的由头，就可以有话可说。先从由头慢慢地边思考边说下去，就容易打开思路。

3.做到言简意赅。这点关键在于能够紧紧抓住主题,围绕主题选材,组织结构,争取做到言有尽而意无穷,令人回味无穷。

### (二)即兴演讲的环节

1.吸引人的开场白。演讲的开场白,是向听众抛出的第一条彩带,听众往往从开头判断演讲者的优劣。

2.充实的主体内容。即兴演讲的篇幅短小,而在短小的篇幅内要讲出充实的主体内容,实属不易。从方法上说,要抓住三点:

一是要注重交代演讲与听众之间的利害关系。

二是运用生动形象的事例。

三是要有感而发,情真意切。

3.有力度的结尾。即兴演讲的结尾可以是下一个结论,或者是由主题引发出的呼唤、号召。典型的结尾往往有启发式和号召式两种。

### (三)即兴演讲的常用诀窍

1.借引媒介,引出话题;

2.展开联想,搜集材料;

3.布点连线,理脉成文;

4.紧扣主题,有感而发;

5.适当引申,注意升华;

6.大错不犯,小错不怕;

7.点题结尾,见好就收。

### (四)即兴演讲的禁忌

1.抱怨自己的命运,或夸耀个人的成就;

2.喜欢扮演心理分析家,对任何人的言行都要评头论足;

3.自我膨胀,夸夸其谈;

4.拒绝尝试新事物,不肯听取别人意见;

5.言谈冷淡,缺乏真诚热情;

6.过分取悦或阿谀奉承别人;

7.毫无主见,人云亦云;

8.视自己为焦点人物,一副“舍我其谁”的狂妄姿态;

9.言谈时态度暧昧,模棱两可;

10.言词逞强,喜欢咬文嚼字;

11.经常打断别人话题,影响他人说话兴趣;

12.过度谦虚,恭维别人。

## 训练项目

### (一)散点连缀表达训练

在即兴演讲前紧张的选材构思时,人的头脑中会出现很多散乱的思维点,演讲时要捕捉住这些思维点,从这些点的关系中确定一个中心,并用它连缀这些点,与主题无关的全部舍去,当表达网络形成后,就可以开始讲话了。

**【练习题】**

1. 触发训练:请以下列几个物件作为触发想象起点,生发开去,感悟某种事理,说一段话。

举例:蘸水钢笔、一副老花眼镜、一根正在燃烧的蜡烛。

连缀表述如下:

"这极平常的三样东西,使我想起一位乡村教师。他至少五十开外;架着老花眼镜在一丝不苟地批改作业。乡村供电不正常,突然灯灭了。他摸索着找到火柴点亮了蜡烛。在昏黄摇曳的烛光下,他批改到一位大有长进的孩子的作业,欣慰地笑了。啊。烛光是知识之光,照亮了孩子的心田;烛光是生命之光,是人民教师心血点燃。人民会永远记住教师的功绩!"

训练方法:试用下面的触媒性连缀物件说一段话。

(1)将"闹钟"、"扑克牌"、"香烟"、"一瓶酒"连缀起来。

(2)将"一封拆开的信"、"一支钢笔"、"一瓶安眠药"、"一本打开的日记"连缀起来。

(3)将"警察"、"鲜花"、"风车"连缀起来。

(4)将"春节"、"数学"、"护照"连缀起来。

2. 下面是一组即兴演讲题,每次训练选择其中一题,用散点连缀法准备,限时3分钟。先用一张小纸以词组、短语形式写下当时浮现脑际的小论点、事例、佳句、名言等,然后围绕表达中心有所取舍地排定表达顺序,再作片刻思考即说。

讲题:①我所发现的"美"

②逆境出人才

③给中国足球"定位"

④失败者,挺起你的胸膛

**【训练提示】**

1. 连接"思维点"如同是长成树的枝丫,而展开"思维点"就好似给树添枝加叶。所以讲的时候要注重展开"思维点",否则三言两语就说完了,显得单薄。

2. 展开"思维点"要抓住横向的拓展与纵向的深化两个角度。

3. 连接"思维点"不能生硬,两根接在一起的木头,只有经过"打磨",才圆滑自然,这个"打磨"的功夫,在说话中则是要注意自圆其说,加以铺垫。

### (二)模式构思训练

其实每个人说话都有自己的“套路”。即兴演讲时,按照套路“出牌”,能让演讲增加条理性和逻辑性,使自己的内部语言按照符合人们认知规律的逻辑方式表达出来。

构思框架种类很多,有以下三种比较常用:

其一是美国公共演讲专家理查德所归纳的“结构精选模式”。理查德认为,即兴演讲应当记住四句话,这四句话是表述过程中四个步骤的提示信号。

它们是:

——喂,请注意!(开头就激起听众的兴趣)

——为什么要费口舌?(进而强调指出听演讲的重要性)

——举例子。(形象化地将一个个论点印入听众脑海里)

——怎么办?(具体地讲清大家该做些什么或怎么做)

这四句话,作为即兴讲述的原型启发,在讲前作为构思提示,在讲的过程中作为思路主线,可防信马由缰式的信口开河,在即兴演讲中对较好地表达题旨很有帮助。

其二是词语联想式,即词语的宽度+词语深度+事例+结论。

宽度指事物的解释,包括种类、结构、颜色、功能等等,占15%;深度指事物的原理、发展历程、前景等,也可以是象征意义,引申意义,等等,占15%;事例指结合自身的或是他人的相关事例来讲述,以便佐证要表述的内容,占60%;结论指用一句话来表述所要讲述的一个观点,占10%。事例是重点,因为只有事例才具有说服力,整个讲话内容才不会显得空洞,即兴演讲才有生气。

其三是黄金三段式,即昨天、今天、明天或祝贺、感谢、希望。这在即席讲话中比较常见。

**【练习题】**

1.请运用第一种模式的四个步骤,快速选题构思,作即兴演讲训练。准备时间3分钟,讲3分钟。

即兴演讲选题:

(1)地球生态环境已亮“红灯”

(2)控制人口是当务之急

(3)望子成龙的家长,请放下手中的大棒

(4)这里的社会治安要齐抓共管

(5)植树节,请您栽活一棵树

(6)谣言止于智者

2.请以下列词语为题,说一段话。

(1)贺年卡　　(2)蜡烛

(3)一　　(4)利剑

3.请运用第三种模式的三段式,快速进行选题构思,模拟新生开学典礼或学期表彰典礼进行即兴发言。

【训练提示】

1.以“危言耸听”作为即兴演讲的开头并非故作惊人之笔，应以准确的事实为依据，旨在先声夺人，引人入胜。

2.“四步模式”其内在结构就是提出问题、分析问题、解决问题逻辑链。

3.“黄金三段式”不要机械地使用昨天、今天、明天或祝贺、感谢、希望这样的词汇来作为段落的标志，而要注意富有变化，将其隐含在段意之中。

### (三)扩句成篇训练

演讲时先开门见山用直言肯定句式提出自己的见解或主张，这个“直言肯定句式”就是全篇演讲的中心，然后构思同表达同步进行。讲的时候以此为表达依据。围绕它，从破题、展开到深入、归纳，这一句话如同一根红线贯穿始终。这是“立片言之居要”的即兴演讲技法。

其构思路线如下：

正面说(正面提出某种观点主张)——反面议(如果不这样就如何)——为什么(列举提出某观点的几个理由)——怎么做(从哪几方面做才能实现)——找证明(运用事例对观点作实证)——驳异议(反驳与之相反的见解)——作归纳(回应论点，强调“片言”)——作预示(描述坚持某种主张的前景)。

【训练题】

请围绕下列论点，按照以上的构思路线，作“扩句成段”或“扩句成篇”的即兴演讲练习。

1.社会是没有围墙的大学

2.偏见比无知离真理更远

3.女人不是“弱者”的代名词

4.“文山会海”是官僚主义的温床

5.口才是现代社会人人必备之才

【训练提示】

1.“扩句成篇”的关键是展开，注意内容的扩充与组合。可以运用上面提供的“三字诀”对“片言”扩充、展开。

2.“三字诀”是展开论题的提示，但讲时不必面面俱到，一般除第一点“正面说”和第七点“作归纳”外，其他可侧重一两个方面说清楚、说透彻即可。

3.“扩句成篇”是以一句话为发端、围绕这句话用一组句群所作的表述，因此这一组句群要紧扣“居要”之“片言”，据此确定“意核”。“意核”确定后作联想，作全方位意核分解，这样才能做到言之有物、句句话的意思都“粘”在“意核”上。

### (四)借题发挥训练

所谓“借题发挥”指“借”现场之“题”(如观众心态、议论焦点、会场布置和气氛，别人的插话甚至本人的突发奇想等)，来个“拦档起步、神侃成篇”。这样临场的借题发挥，可以切境、切旨，也显得朴实而自然，是高妙“口才”的流露，发挥得好会取得强烈的现场效果。

**【练习题】**

试借现场之“题”(事情、物件、人的姓名、环境特点等)，作即兴演讲练习。

1. 面对十来岁的孩子抽烟这件事，请借事发挥，以“向小烟民们进一言”作即兴演讲。

2. 在上海市“钻石表杯”业余书评授奖会上，《书讯报》主编将“钻石”、“表”与“读书”联系在一起，来了一段即兴演讲。既有贴切的象征和准确的推理，又揭示了读书求知、读书成才的道理，也切合会议宗旨。

如果要借“钻石”这个物予以发挥，谈读书，你该怎么说呢？

3. 一位叫李怀争的高三学生，在学生会干部竞选时发表讲话：“……我的名字叫李怀争。我不安心无声无息的生活，不安心死水一潭，‘怀’着‘争’的热情，想创造一个丰富多彩、无限美好的生活……”你能借你的名字，设想在一次竞选中作一段即兴讲话吗？请设计后作独白练习。

4. 设想你为了一件忍无可忍的事发了一通脾气。有人批评你说，虽然“理”在你这一方，但不应该发脾气。于是，你在这个特定的语境中，借境发挥，以“人不能没有一点脾气”作即兴讲话。请设计后作独白式即兴演讲练习。

**【训练提示】**

1. 我们平时作演讲往往拘泥于一纸讲稿，其实大可不必。只要有助于遣情表意，都可以借题发挥、“挂”上就说。只要“挂”得准，“挂”得巧，表情达意就有了依傍，而且就那么一“挂”，脑子里也许就会迸出不少雅言趣语，把一篇演讲说得溢彩流光。

2. 常言道：“巧妇难为无米之炊。”平时博闻强记、勤于笔录，有了自己的“材料库”，临场才能旁征博引，有话可说。

3. 要注意培养“即兴意识”。在任何场合，如果需要作即兴发言，这时最好抢先说，不宜一味地谦虚避让。有勇气抢先发言，话题比较容易展开。如果避让到最后才说，该讲的别人都讲过了，讲起来反而困难。

## 附录二

### 即兴演讲题库

1. 昂起头来真美

无论是贫穷还是富有，无论是貌若天仙，还是相貌平平，只要你昂起头来，快乐会使你变得可爱——人人都喜欢的那种可爱。请以“昂起头来真美”为题作即兴演讲。

2. 为生命画一片树叶

人生可以没有很多东西，却唯独不能没有希望，希望是人类生活的一项重要的价值。有希望之处，生命就生生不息！请以"为生命画一片树叶"为题作即兴演讲。

3. 成功并不像你想象的那么难

人世中的许多事，只要想做，都能做到，该克服的困难，也都能克服，用不着什么钢铁般的意志，更用不着什么技巧或谋略。只要一个人还在朴实而饶有兴趣地生活着，他终究会发现，造物主对世事的安排，都是水到渠成的。请以"成功并不像你想象的那么难"为题作即兴演讲。

4. 乐观者与悲观者

乐观者与悲观者之间，其差别是很有趣的。乐观者看到的是油炸圈饼，悲观者看到的是一个窟窿。请以"乐观者与悲观者"为题作即兴演讲。

5. 诚信

我们身边几乎充斥了各种不诚信的企业和个人，各种极其富有想象力的欺骗。我们在迫切地呼唤诚信的时候，作为大学生，该如何培养诚信的美德。请以"诚信"为题作即兴演讲。

6. 也谈内心和谐

都说犹太人是世界上是最聪明的人，他们说：卖豆子的人最快乐，因为他们永远不担心豆子卖不出去。豆子卖不出去磨成豆浆可以卖，豆浆卖不了就制成豆腐，豆腐卖不了就制成豆腐干，再卖不了就腌豆腐乳；或者用豆子发豆芽，豆芽长大成豆苗……看卖豆子人豁达，乐观，遇事总是以积极的心态对待，这样才能达到真正的内心和谐！请以"也谈内心和谐"为题作即兴演讲。

7. 没有比人更高的山

山高人为峰。当我们经过奋勇攀登，站在高山之巅时，一座新的山峰拔地而起，一个新的高度应运而生。这个高度等于山峰原本的海拔，加上人类的身高，这座新的山峰注定要比曾经的山峰更加巍峨！山峰化作人脚下的根基。人的高度决定了山峰新的高度，这一刻，人比山更高！山峰是基石，是成功必需的客观条件，个人的努力才是决定结果的根本因素。没有辛苦付出，人类永远不可能战胜艰难险阻；只要勤奋努力，我们一定能征服任何一座高山，战胜任何一次挑战。大步向前，万里关山只等闲。请以"没有比人更高的山"为题作即兴演讲。

8. 知识真的能够改变命运吗

有人说：富家不用买良田，书中自有千钟粟；安居不用架高楼，书中自有黄金屋；娶妻莫恨无良媒，书中自有颜如玉；出门莫恨无人随，书中车马多如簇。培根说"知识就是力量"，这个论断传到崇尚书本里淘金的中国，就变成了"知识改变命运"。对否，错否？请以"知识真的能够改变命运吗"为题作即兴演讲。

9. 谁在主宰地球的命运

一位义工朋友说：请勿随意丢弃废旧电池，一个 5 号电池可将 5 平方米土地重金属污染达 50 年！还有一位义工朋友说：善占 51%，恶就输了。我们不知道一生要碰到什么样的事情，这是命；但我们可以决定用什么态度去面对，这是运。请以"谁在主宰地球的命运"为题作即兴演讲。

10. 从头再来

这是一首歌——昨天所有的荣誉，已变成遥远的回忆；勤勤苦苦已度过半生，今夜重又走入风雨；我不能随波浮沉，为了我至爱的亲人；再苦再难也要坚强，只为那些期待眼神；心若在梦就在，天地之间还有真爱；看成败人生豪迈，只不过是从头再来。请以"从头再来"为题作即兴演讲。

11. 人生处处是考场

人生处处是考场，从你成为社会学意义上的“人”的那一天，这些考试就已开始。命运之神会给你几张空白的试卷，他告诉你：“做好它，充实你生命的每一页；做完它，直到你生命的终点，直到考试的结束。”请以“人生处处是考场”为题作即兴演讲。

12. 我成长，我快乐

“少年不识愁滋味，爱上层楼，爱上层楼，为赋新词强说愁”，成长是一个拼搏的过程，成长是一个领悟的过程，成长是一个竞争的过程，成长是一个痛苦的过程。请以“我成长，我快乐”为题作即兴演讲。

13. 亲情

人来到这个世界，就注定了会有亲情。亲情对于每个人，都是一个剪不断的缘。亲人之间，很多的感人故事，亲人之间，很多的难舍难分……浓浓的亲情，我们一生的牵挂！请以“亲情”为题作即兴演讲。

14. 老师，辛苦了

对于我们每一个人来说，老师是一个亲切的称谓，更是一段抹不去的记忆。从顽皮孩提到青涩少年再到风华青年的生命历程中，老师，永远都是最值得我们尊重和感恩的人。请以“老师，辛苦了”为题作即兴演讲。

15. 宿舍文明

宿舍是我们的家，它需要安全、舒适、安静、卫生，同时宿舍也是我们相互学习和分享的地方，它需要相互尊重、理解、信任、包容。请以“宿舍文明”为题作即兴演讲。

16. 热爱我的班集体

班集体是大学生活中的基础组织，集体会给你提供发展的平台，给你指引成长的方向，给你带来温暖，给你带来自豪。同时集体也需要我去构建，去完善，去发展，去呵护。请以“热爱我的班集体”为题作即兴演讲。

17. 开口请说普通话

普通话是我们交流的主要语言，养成说普通话的习惯，会让我们的沟通变得更加容易，也让我们的沟通能力得以提高。大学校园是最好的练习说普通话的地方，如果你不在大学里和同学练习说普通话，那你想在哪里练习呢，在家里和亲人一起练习吗？请以“开口请说普通话”为题作即兴演讲。

18. 协作

“一个和尚挑水喝，两个和尚抬水喝，三个和尚没水喝。一只蚂蚁来搬米，搬来搬去搬不起，两只蚂蚁来搬米，身体晃来又晃去，三只蚂蚁来搬米，轻轻抬着进洞里。”上面这两种说法有截然不同的结果。请以“协作”为题作即兴演讲。

19. 爱心行动，不只是捐款

爱心需要无私，需要有耐心，需要付出，捐款只是付出爱心的一种形式。爱心也不是只针对灾害中的人，需要我们以真诚和善良面对身边的人和事。请以“爱心行动，不只是捐款”为题作即兴演讲。

20. 青春，似水年华

张爱玲女士曾经说过这样一句话：“对于三十岁以后的人来说，十年八年不过是指缝间的事；而对于年轻人而言，三年五年就可以是一生一世。”有些人，你以为可以再见面，有些事，你以为可以再继续，然后，也许在你转身的一瞬间都化成幻影。有些人，就不可以再见面，有些事，就不可以再继续。当太阳落下，月亮爬上云端的时候，一切就都变了，一不小心就再也回不去了。请以“青春，似水年华”为题作即兴演讲。

# 第八单元　论辩训练

在正反两种观点之间展开的言语交锋中，你能在较短的时间里，用清晰、简洁、明确、生动的语言进行立论和反驳。

## 训导模块

### 导学精读

#### 一、什么是论辩

论是立论、证明，即确立自己观点的正确性；辩是辩解、辩驳，即指出对方观点的谬误性。论辩就是双方在某一问题上因意见不同而引起的为自己辩护、反驳别人的一种语言交锋。

《墨子·小取》对"辩"的作用做了十分精辟的阐述："夫辩者，将以明是非之分，审治乱之纪，明同异之处，察名实之理，处利害，决嫌疑。"

#### 二、论辩的特征

论辩的特征主要表现在以下四个方面：

（一）观点的对立性

论辩各方的观点是截然对立的或至少是有鲜明分歧的，如法庭论辩中的罪与非罪、重罪与轻罪之争，无不显示这种鲜明的对立性，没有对立便没有论辩。论辩中，论辩者既要千方百计地证明并要对方承认自己观点的正确性，又要针锋相对地批驳对方的观点，并使对方放弃这种观点，这就决定了各方立场的鲜明对立性，这样才有论辩的需要。

（二）论理的严密性

论辩既然是持不同观点的各方的唇枪舌剑，那么，一方面必须使自己的观点正确、鲜明，论据充分有力，阐述合乎逻辑，战术灵活适当，使己方坚如磐石，令对方无懈可击；另一方面又要善于从对方的阐述中寻找纰漏，抓住破绽，打开辩驳的突破口。这些都决定了论辩比一般阐述具有更强的严密性。否则，说理不周，破绽百出，就将使己方陷入窘境，遭到失败。

### （三）表达的临场性

不论何种论辩，论辩各方都同处于一个论辩现场。虽然各方辩前都可能各有准备，但任何准备都不可能完全估计到变幻莫测的辩场风云，都难以事先完全把握对方的论点和论据，都难以事先洞悉对方的战略和战术。如果任何一方不注意洞察、应对论辩临场的风云变幻，一味地照背事先准备的辩词，就绝不可能适时地把握辩机，取得胜利。因而要取得论辩的胜利，必须具有一定的临场应变能力。

### （四）思维的机敏性

由于论辩在许多时候是打无准备之仗，既需明察对方的策略，又要应付对方的“明枪暗箭”，而这一切往往来不及深思熟虑，都得临场进行发挥，所以就需要更强的机敏性。因此，要求论辩者不但应具有深厚的知识底蕴，而且更应具备敏捷的思维反应能力。

## 三、论辩的类型

### （一）自由论辩

人们在社会生活中看到或听到了某些事情对此产生看法，并发表议论，有人附和，有人反对，由此产生的辩论就是自由论辩。这种论辩，没有固定的地点，没有固定的人数，也没有一定的规则，总之，是人们在社会生活中由于观点的对立，自发产生的而不是有意识组织的。它不能产生结果，分出胜负，更多的则是不了了之。

### （二）专题论辩

专题论辩是论辩最基本最有意义的形式。首先，是有组织有准备的活动，都是由主持者按预定的程序组织辩论；其次，是有明确的目的性；最后，要统一到正确的看法上来。具体来说有如下四种：

1. 法庭辩论。
2. 社交辩论。
3. 决策辩论。
4. 赛场辩论。

这是一种人为组织的论辩形式，是有组织、按一定规则进行的，围绕同一题目，由论辩双方陈述自己的见解，抨击对方的观点的一种团体演讲比赛形式。这种辩论，由于双方当面交锋，短兵相接，因此，最能锻炼人的思维能力、应变能力和口头表达能力，也容易对观众产生较强的感染力和吸引力。

## 四、论辩的基本原则

### （一）正确对待论辩的胜负

论辩结果的胜负与辩题的对错无关，因为辩论的话题本身往往没有一个绝对正确的结果，所谓决定辩论胜负的不是双方谁掌握了或者坚持了真理，而是看谁能够在理论上自圆其说，能够表现出高超的辩论技巧、风趣幽默的语言、令人尊重的个人魅力。

### （二）尊重辩论对手的人格

如果当辩论的结果明显不利于自己的时候，要采用种种诡辩的手法进行辩论。但是，如果掌握不好分寸，往往演变成双方的谩骂和攻击，甚至对对方进行人格的蔑视乃至否定。如果你不尊重对方的人格，自然也往往会受到对方对你人格的攻击。要想使自己的人格得到尊重，必须首先尊重他人的人格。

### （三）诡辩不等于胡搅蛮缠

由于辩论双方是为自己所“信奉”的真理在辩，往往明知道自己的观点不对，也不愿意认输，在辩论中进行某种诡辩是很正常的，但诡辩不等于胡搅蛮缠。所谓的胡搅蛮缠就是：当对方把问题阐述得清清楚楚时，自己却不看对方的文章，不去分析对方的观点，继续把自己所“理解”的观点强加到对方的身上，对别人进行无目标的攻击。

# 训练模块

## 一、论辩技巧训练

### 训练要点

扣住论辩中进攻和防守两个环节，训练辩护和反驳的能力。

### 导练略读

#### （一）论辩中的“进攻”法则

● 第一招：先发制人

1. 开宗明义法。论辩发言一开始，就开门见山地提出正面论点，再引入下文正面分析与反驳敌论。这种方法的好处是旗帜鲜明、干脆利索，既利于言者胸中有数，集中下论，统率材料；也便于听众分清阵线，对照思考。

例如：论题为“真理是否越辩越明”的一段论辩。

为政论政，在商言商，论辩会自然要涉及辩。今天我方的立场是真理越辩越明。真理是人们对客观事物及其规律的正确认识，所谓辩则是以一定的逻辑基础为规则，通过摆事实、讲道理的方式与不同的观点交流、交锋，而明即清楚明晰。真理越辩越明就是说真理在与其他思想的论辩中更加清晰明白。

2. 单刀直入法。论辩时先亮出敌论，竖起靶子，然后再引入分析与反驳。这种方法以攻为主，主动出击，目标明确。

例如论题为“网络使人更亲近/疏远”的一段论辩。

从前人们是天涯海角各一方，而今人们却可以有网千里能相会；从前即使是小国寡民，人们也是老死不相往来，而今人们却可以千里姻缘一网牵。主席、评委，大家好！网络是由电子邮件组成的通讯脉络，它的出现使人与人除了正面交谈以外，还多了一种通讯渠道。它的出现让人们的关系产生了量与质的改变，更亲近。从宏观而言，它指的是全球人类减少隔阂，增加了解；从微观而言，它指的是人与人之间从无到有从浅至深的一种情感转变。因此，今天对方必须论证网络的出现让人与人之间增加了隔阂，建立起了种种藩篱，并使得好朋友反目成仇，如此对方的立场方能成立呀。而我方将从两个层面来论证立场。

3. 边破边立法。在论辩开始时，先将敌论与自己的正面论点同时亮出，再引入分析与反驳。这种方法的好处是两相对照、泾渭分明，既有利于针锋相对地展开攻势，边破边立；也便于听众在鲜明的对照中甄别是非，分清真理与谬误。

例如论题为“美是客观存在/主观感受”的一段论辩。

到底是客观存在的美决定了人对美的感受呢，还是人的主观感受创造了美？今天我们双方论辩员在此论辩，就是要解决这千古难解的美学难题。如果说美是主观存在的话，那就是说，今天美的存在与否完全由个人主观意念而决定着，但我方今天就是要告诉大家，美的存在有它一定的规律，就因为这不变的规律，因此美的存在不以个人主观的意念而改变，这就是我方的观点——美是客观存在的。

4. 例证铺路法。论辩时先列举正面或反面的事例，再引出论点。这种方法的好处是由实而虚，由具体到抽象，符合人们认识事物由感性上升到理性的规律，显得自然、生动、易懂。

例如论题为“知难行易/知易行难”的一段论辩。

洪荒久远的 50 万年前，在我们脚下的这片土地上生活着我们的祖先北京猿人。沧海桑田，斗转星移，告别了茹毛饮血的过去，他们学会了钻木取火，火的运用是跨时代的大发现。然而直到一百多年前，科学家才揭开了机械能转化为热能的规律，从而科学地说明了钻木取火的真正奥秘。这就无可辩驳地证明了我方立场：知难行易。

5. 设问设答法。在论辩中运用层层设问设答的方法，步步深入地引出自己的观点。这种方法的好处是富于启发性和条理性，步步为营，层层深入，条理清晰，论点鲜明。

例如论题为“温饱是不是谈道德的必要条件”的一段论辩：

历史上，伯夷、叔齐耻食周粟，宁肯饿死。在那时，温饱是否就不是谈道德的必要条件？当然不是。伯夷、叔齐可算是仁人志士了，仁人志士的道德能不能示范推广，姑且不论，我问大家，仁人志士一生奋斗，为的是什么？为的是救天下。让我再问大家，天下人要生存，最基本、最起码的需要是什么？就是温饱。让我再来问大家，要是仁人志士一生奋斗，结果是天下人的温饱都没有保证，他们还会不会这样做？不会。他们这样做还有没有意思？没有意思。所以我们说，温饱是谈道德的必要条件。

● 第二招：攻其要害

1. 攻击对方论证中的错误。作为论辩的一方，在论证己方观点时，要注意立论是否正确、论据是否精当、论证是否周全，还要注意发现对方论证时的破绽，及时予以揭露。

例如在论题为“温饱是不是谈道德的必要条件”的论辩中：

正方：据最近的资料表明，二战中英国人民的温饱程度是有史以来没有过的，营养价值在当时食物平均分配制度下是最好的。因此你不能通过这个问题来否认它是在温饱程度上讲道德的。

反方：《丘吉尔传》告诉我们，那时候好多穷人是怎么去填饱自己肚子的呢？是去排队买鸟食，还买不到啊！

“事实胜于雄辩”，在这里，反方揭露了对方论点与事实相违背，从而导致论据不真实。

2. 攻击对方逻辑上的错误。具体来讲，主要抓四个方面：一是抓对方概念是否准确，是否“偷换概念”和“转移论题”；二是抓对方判断上是否出现不准确、不完整的地方，各种判断之间的关系是否准确；三是抓对方演绎、归纳、类比推理中是否出现“以偏概全”和“机械类比”等错误；四是抓对方是否遵守了同一律、排中律、矛盾律和充足理由律等基本规律，是否出现“模棱两可”、“自相矛盾”等错误。

例如在论题为“治贫（愚）比治愚（贫）更重要”的论辩中：

正方：对方辩友以迫切性来衡量重要性，那我倒要告诉您，我现在肚子饿得很，十万火急地需要食物来充饥更重要。

反方：对方辩友，我认为“有饭不吃”和“无饭可吃”是两码事……

正方以“有饭不吃”来论证贫困不足以畏惧和治愚的相对重要性，反方立即提出对方“有饭不吃”与辩题中所言的“无饭可吃”相悖，从而有效地扼制了对方偷换概念的倾向。

3. 攻击对方语言表达上的错误。论辩前，虽然论辩双方都做了大量的准备工作，但在激烈的论辩中，总免不了会出现因为思考不周全而急于用语言表述的情况。无论是哪一方出现“急不择语”的情况，论辩的另一方一定要抓住对方语言上的失误，进行猛烈的攻击。抓对方的失误时，有一个重要的原则就是己方不要犯同样的错误。

例如在论题为“温饱是不是谈道德的必要条件”的论辩中：

正方一口气向反方提出了三个问题，可是，他在讲话中错误地称李光耀为新加坡的“总统”，反方立即站起来指出了这一常识性错误，他的迅速反应赢得了评委和观众的赞许。

## （二）论辩中的“防守”法则

●第一招：反客为主

1. 以牙还牙法。借助对方的形式去攻击对方，就是平常所说的“以其人之道，还治其人之身”。这种做法使对手无言以对、有口难言。

例如在论题为“知难行易/知易行难”的论辩中：

当反方以“知法容易守法难”的实例论证“知易行难”时，正方马上转而化之，从“知法不易”的角度强化己方观点：“对啊！那些人正是因为上了刑场死到临头才知道法律的威力、法律的尊严，可谓‘知难’哪，对方辩友！”给对方以有力的回击。

2. 移花接木法。剔除对方论据中存在缺陷的部分，换上对我方有利的观点或材料，往往可以收到“四两拨千斤”的奇效。

例如在论题为“知难行易/知易行难”的论辩中：

反方：古人说“蜀道难，难于上青天”，是说蜀道难走，“走”就是“行”嘛！要是行不难，孙行者为什么不叫孙知者？

正方：孙大圣的小名是叫孙行者，可对方辩友知不知道，他的法名叫孙悟空，“悟”是不是“知”？

反方的例证看似有板有眼，实际上有些牵强附会，以“孙行者为什么不叫孙知者”为驳论，虽然是一种近乎强词夺理的主动，但毕竟在气势上占了上风。正方敏锐地发现了对方论据的片面性，果断地从“孙悟空”这一面着手，以“悟”就是“知”反诘对方，使对方提出关于“孙行者”的引证成为抱薪救火、惹火烧身。

3. 暗度陈仓法。表面上认同对方观点，顺应对方的逻辑进行推导，并在推导中根据我方需要，设置某些符合情理的障碍，使对方观点在所增设的条件下不能成立，或得出与对方观点截然相反的结论。

例如在论题“愚公应该移山还是应该搬家”的论辩中：

反方：我们要请教对方辩友，愚公搬家解决了困难，保护了资源，节省了人力、财力，这究竟有什么不应该？

正方：愚公搬家不失为一解决问题的好办法，可愚公所处的地方连门都难出去，家又怎么搬？……可见，搬家姑且可以考虑，也得在移完山之后再搬呀！

从上面的辩词来看，反方就事论事，理据充分，根基扎实，正方先顺势肯定“搬家不失为一种解决问题的好办法”，继而从“愚公所处的地方连门都难出去”这一条件，自然而然地导出“家又怎么搬”的诘问，最后水到渠成，得出“先移山，后搬家”的结论。如此一系列理论环环相扣，节节贯穿，以势不可挡的攻击力把对方的就事论事打得落花流水，真可谓精彩绝伦！

4. 正本清源法。该法就是指出对方论据与论题的关联不紧或者背道而驰，从根本上矫正对方论据的立足点，把它拉入我方“势力范围”，使其恰好为我方观点服务。

例如在论题为“跳槽是否有利于人才发挥作用”的论辩中：

正方：张勇，全国乒乓球锦标赛的冠军，就是从江苏跳槽到陕西，对方辩友还说他没有为陕西人民作出贡献，真叫人心寒啊！

反方：请问到体工队可能是跳槽去的吗？这恰恰是我们这里提倡的合理流动啊！对方辩友戴着跳槽眼镜看问题，当然天下乌鸦一般黑，所有的流动都是跳槽了。

正方举张勇为例，他从江苏到陕西后，获得了更好的发展空间，这是事实。反方马上指出对方具体例证引用失误：张勇到体工队，不可能是通过“跳槽”这种不规范的人才流动方式去的，而恰恰是在“公平、平等、竞争、择优”的原则下“合理流动”去的，可信度高、说服力强、震撼力大，收到了较为明显的反客为主的效果。

5. 釜底抽薪法。刁钻的选择性提问，是许多辩手惯用的进攻招式之一。通常，这种提问是有预谋的，它能置人于“两难”境地，无论对方作哪种选择都于已不利。对付这种提问的一个具体技法是，从对方的选择性提问中，抽出一个预设选项进行强有力的反诘，从根本上挫败对方的锐气，这种技法就是釜底抽薪。

例如在论题为“思想道德应该适应（超越）市场经济”的论辩中：

反方：我问雷锋精神到底是无私奉献精神还是等价交换精神？

正方：对方辩友这里错误地理解了等价交换，等价交换就是说，所有的交换都要等价，但并不是说所有的事情都是在交换，雷锋还没有想到交换，当然雷锋精神谈不上等价了。

反方：那我还要请问对方辩友，我们的思想道德它的核心是为人民服务的精神，还是求利的精神？

正方：为人民服务难道不是市场经济的要求吗？

第一回合中，反方有“请君入瓮”之意，有备而来。显然，如果以定式思维被动答问，就难以处理反方预设的“两难”：选择前者，则刚好证明了反方“思想道德应该超越市场经济”的观点；选择后者，则有悖事实，谬之千里。但是，正方辩手却跳出了反方“非此即彼”的框框设定，反过来单刀直入，从两个预设选项抽出“等价交换”，以倒树寻根之势彻彻底底地推翻了它作为预设选项的正确性，语气从容，语锋犀利，其应变之灵活、技法之高明，令人叹服！

●第二招：以攻为守

当对方反驳自己时，主动出击，反攻对方的要害，迫使对方转攻为守、自顾不暇，无力来攻击你。运用此法，要快和准。快才能使对方猝不及防，首尾难顾；准才能击中要害，使对方无力进攻，防守无术。

例如在论题为“人性本善（恶）”的论辩中：

正方：我倒想请问对方同学，如果人性本恶，是谁第一个教导人性要本善的？这第一个为什么会自我觉醒？

反方：我方三辩早就解释过了，我想第四次请问对方辩友，善花是如何结出恶果来的？

正方：我再说一遍，善花为什么结出恶果，有善端，但是因为后天的环境跟教育的影响，使他做出恶行。对方辩友应该听清楚了吧？我想再请问对方辩友，今天泰丽莎修女的行为，世界上盛行好的行为，为什么她会做出善行呢？

反方：如果恶都是由外部环境造成的，那外部环境中的恶又是从何而来的呢？

正方：对方辩友，请你们不要回避问题，台湾的正严法师救济安徽的大水，按你们的推论不就是泯灭人性吗？

反方：但是对方要注意到，8月28日《联合早报》也告诉我们这两天新加坡游客要当心，因为台湾出现了千面迷魂这种大盗。

正方：我们就很担心人性本恶如果成立的话，那样不过是顺性而为，有什么需要惩罚的呢？

反方：对方终于模糊了，我倒想请问，你们开来开去善花如何开出来恶果，第五次了呵！

这段辩词，双方你来我往，既紧扣要旨，又步步进逼，可谓精彩纷呈。特别是反方，五次发问，穷追不舍，通过毫不退却的进攻，扭转弱势局面，从而维护己方的观点。

### （三）论辩中的“应变”技巧

●技巧之一：及时补错

在论辩中，有时会出现“失言”。一旦出现，应“失言不失态”，要尽量克服手足无措的紧张感，并迅速化解，否则就可能会被对方抓住，作为攻击的把柄，使自己陷入被动。失言后补救的方法有三种：

1. 移植法，即把错误移到别人头上。如，“这不是我的看法，而是别人的看法，我正准备驳斥这个观点”。

2. 补说法，即进步引申、补充自己不恰当的话，使之变为正确。如，“请等一等，我的话还没有说完呢，刚才的话还应做如下补充……”

3. 将错就错，即在讲错话之后，自己意识到了，或对方已指出来了，这时干脆将错就错，巧妙地改变错话的含义，将其转化为正确的东西来论证。

●技巧之二：缓兵之计

在论辩中，当对方提出一些事先没有准备而在仓促之间又难以回答的问题时，可用缓进慢动的缓兵之计，不露声色地争取时机。一旦时机成熟，就可后发制人，战胜论敌。

1. 以慢待机。用慢动作、慢语调等避开针尖对麦芒式的直接交锋，消解对方咄咄逼人的进攻气势，并寻找反击时机。

2. 争取时间。通过一些适当的言行，为自己争取如何发言的思考时间，如整理衣帽、寻找某个东西，又如假装没听清楚问题，请对方再叙述一遍等。

3. 故意反诘。对方提问过后，自己可以故意反问对方，如“这个问题还要我回答吗?”“不知您要求我从哪个方面来回答这个问题?”等。

(四)再教几招论辩法

1. 巧析岔题。论辩中,一旦发现对方把话题岔开,应冷静地分析其用心。一般说来,岔题的出现,或是由于一时不慎,或是由于忽然联想起另一件事,或是故意转换话题方向。如果是第一种情况,对方说不了多久就会发觉而显露窘态;如果是第二种情况,对方一省悟,就会很快回到原来的话题上来;如果是第三种情况,对方会继续朝着岔开的方向说下去,毫无“回心转意”的迹象。你可据此推断出是哪一类型的岔题,从而立即采取相应的对策,避免对方的伎俩得逞。

2. 诱其亮底。论辩中,可把话题说到一半就故意停住,然后让对方接下去说。如:“这么说,你的意思是……”“如此说来,这个论点是……”“照你的说法,它的意思是……”当你用这些半截子话去诱导对方时,对方十有八九会不假思索地把这句或这段话按他的意思讲完。这时你就轻而易举地又多了张底牌。

3. 利用矛盾。特别是在论辩赛中,由于论辩双方各由三至四位队员组成,各队员之间在论辩过程中常常会出现矛盾,即使是同一队队员,在自由论辩中,由于出语很快,也有可能出现矛盾。一旦出现这样的情况,就应当马上抓住,竭力扩大对方的矛盾,使之自顾不暇,无力进攻己方。如在论题为“道德是不是谈道德的必要条件”的论辩中,正方三辩认为法律不是道德,二辩则认为法律是基本的道德。这两种见解显然是相互矛盾的,反方乘机扩大对方两位辩手之间的观点裂痕,迫使对方陷入窘境。

4.“引蛇出洞”。在论辩中,常常会出现胶着状态:对方死死守住其立论,不管己方如何反驳,只用几句话来应付时,如果仍采用正面进攻的方法,必然收效甚微。在这种情况下,要尽快调整进攻手段,采取迂回的方法,从看来并不重要的问题入手,诱使对方离开阵地,从而打击对方。如在论辩“艾滋病是社会问题,还是医学问题”时,反方死守着“艾滋病是由 HIV 病毒引起的,只能是医学问题”的见解,不为所动。于是,正方出其不意,突然发问:“请问对方,今年世界艾滋病日的口号是什么?”反方四位辩友面面相觑,茫然不知,反方一辩硬着头皮回答:“更要加强预防。”正方立即抓住战机展开攻势:“错了。今年的口号是‘时不我待,行动起来’,对方辩友连这个基本问题都不知道,怪不得谈起艾滋病问题来还是不紧不慢的。”这就等于在对方的阵地上打开了一个缺口,从而瓦解了对方的坚固的阵线。这种出其不意的追问和攻击,对对手心理的冲击是很大的。

5. 巧用幽默。赛场论辩在棋逢对手时,常难立刻决出谁胜谁负,而最终的评判是听众和评委。压倒对手、征服听众和评委常用幽默之法,自然、恰当、行云流水般的幽默用语通常能起到意想不到的效果。一般来说,论辩中的幽默用语通常可从地名、人名、歌名、典故、社会历史、人文景观、时事政治、风土人情、谐音双关等中信手拈来。如在论题为“人性本善(恶)”的论辩中,赛前,正方为拉一部分观众,在试音时提出给大家唱一首香港歌星张学友的《吻别》,反方在论辩时便幽了一默:我们多次问对方,善花里如何结出恶果,对方说要浇水,要施肥呀。那我就不懂了,大家都承蒙这个阳光雨露的话,为何有那么多的罪行横遍这个世界呢?难道这个水、那个肥还情有独钟吗?为何要跟恶的人做一个潇洒的"吻别"呢?此语一出,全场雷动,现场效果相当好。

6.李代桃僵。当我们碰到一些在逻辑上或理论上都比较难辩的辩题时,不得不采用"李代桃僵"的方法,引入新的概念来化解困难。如辩题"艾滋病是医学问题,还是社会问题"是很难辩的,因为艾滋病既是医学问题,又是社会问题,从常识上看,是很难把这两个问题截然分开的。因此,如果是辩题正方,就可引入"社会影响"这一新概念,从而肯定艾滋病有一定的"社会影响",但不是"社会问题",并严格地确定"社会影响"的含义,这样,对方就很难攻进来。如果是辩题反方,就可引入"医学途径"这一概念,强调要用"社会系统工程"的方法去解决艾滋病,而在这一工程中,"医学途径"则是必要的部分之一。这样,己方周旋的余地就大了,对方得花很大力气纠缠提出的新概念,其攻击力就大大地弱化了。

## 训练项目

### (一)体验精彩辩论

**【训练材料】**

### 电影《人世间》中法庭辩论片段

公诉人:(以下简称"公")阁下,现在站在法律和争议面前的是罪恶的化身。被告,是一个有名的妓女。妓女从来就是使社会腐败和堕落的痈疽!

律师:(以下简称"律")我提出反对!阁下。

法官:(以下简称"法")允许申诉。

律:阁下,在本案审理过程中,这位年轻的公诉人一再辱骂我的当事人是妓女,肆意污蔑她的人品。我的当事人出身良家,她父亲是高尚的人,只是为了环境所迫,她才不得已从事这种职业,否则,她不会沾上洗刷不掉的污点。

公:阁下……

法:等一等,请继续讲。

律:谢谢!阁下。正义和法律要求我们,在确认被告有罪之前,首先要看被告是在何种背景又在何种情绪下犯罪的。

公:执法不应该受背景的影响,执法也不受被告情绪的影响,法律只凭获得的证据定罪。

律:阁下,这位年轻的公诉人似乎想说明,单凭获得的证据,就能支配法律和正义。我认为不对!我不认为法律和正义是这么简单和无能。我仅仅要求,在开庭审理的过程中,不要说我的当事人是妓女。

公:阁下,做贼的就是贼,做妓女的就是妓女!现在被告毕竟是做过妓女的下贱女人！

律：(压抑内心的激愤)阁下，年轻公诉人所作的陈诉，说明他的经历很浅，也许他从未见识过什么叫下贱女人，当然，他更不能用道德标准去衡量她们。其实，任何阅历丰富的人都知道，我的当事人就是这样的人。请允许我向年轻的公诉人提个问题。如果她把唱歌看做是一种犯罪，把这样一个纯洁的女人叫做妓女，那是不是可以允许我说，我们赖以生存的这个社会本身，就是一个娼妓遍地的世界？给这种唱歌跳舞戴上艺术桂冠的是上流社会，并且以此为骄傲，那么，为什么这种美好的艺术一旦从高楼大厦移到民间，就变成了罪恶了呢？

公：因为艺伎的歌舞都被出卖了。在高楼大厦里是给阔人解闷取乐，博得一片喝彩声；而这种歌舞在民间，不过是直接用来换取金钱罢了。

(根据同名电影录音整理)

**【训练题】**

请分角色表情朗读电影《人世间》中的片断。

**【训练提示】**

在这段辩论中，理交织着情。它已经超出了一般法庭辩论逻辑、法理层面的辩驳，更是一场情感的碰撞。所以，训练中一定要强调让练习者入情入境地角色扮演，这样才能更好地展现出该辩论情理交融的魅力。

### (二)自我争论训练

古希腊的普罗塔哥拉在训练口才时，要求学生对任何问题都从正面、反面这两个完全对立的角度去准备，故意自相矛盾。训练方法就是自己设题，自己为一方，另一方为假想的对手，在列出两个截然相反的命题以后，互不偏袒地为双方搜集依据，设计不同的论证、反驳手段，然后进行自我争论，力求战胜假想的对手。自我争论可分为初辩、复辩、再辩三个阶段进行，以使论题不断深化，辩才得到训练。

**【练习题】**

请从不同角度作自我争论练习。

1. 现在“就业难”是一个普遍的社会问题。大学生是“先择业”还是“先就业”？就这个问题，进行自我辩论。

2. 东汉时有一少年名叫陈蕃，独居一室，而庭院龌龊不堪，其父之友薛勤见状说：“孺子何不洒扫以待宾？”陈蕃说：“大丈夫出世当扫除天下，安事一屋？”薛勤当即针锋相对：“一屋不扫，何以扫天下？”——请将这个争论继续下去。

3. 选题作自我争论练习。

不要做“事后诸葛亮”——我为“事后诸葛亮”辩护

纪律促进个性发展——纪律限制个性发展

“学海无涯苦作舟”——学海无涯“乐”作舟

### （三）反驳技巧训练

论辩是立论与反驳的结合，但主要还是“破字当头”，是在反驳的过程中确立自己的观点，所以特别要注意研究反驳的技巧。反驳的方法和技巧很多，归纳起来有直接反驳和间接反驳两种。

直接反驳是直截了当的反驳，例如用事实说话并作分析就非常有力。直接反驳属论辩中的“正面进攻”战术，它以真实判断直接确定对方观点的虚假而取胜，常能置对方不攻自破的境地。

间接反驳可分为独立证明和归谬反驳两种。

独立证明是通过证明与反驳的论题相矛盾、相反对的论题的真实性，从而达到反驳论题的目的。归谬反驳是先假设对方观点是对的，然后从中推出明显荒谬的结论，从而达到推翻对方观点的目的。归谬反驳有放大谬误的作用，常使论敌处于无地自容的窘境。

反驳中常用方法与技巧，除了上面提到的还有以下六种：

1. 明确概念：当对方在论辩中偷换概念时，要及时明确被偷换概念的内涵。

2. 运用喻证或类比论证：用相类的喻例，将“本象”与“类象”或“喻象”在人们不言而喻的联想中巧妙地联结起来，产生雄辩力。

3. 指出对方论点前提的虚假或论据的虚假。

4. 运用对比，通过正反论证进行反驳。

5. 指出对方在类比推理中的机械类比。机械类比是根据两个对象表现的相似进行推理，如果提出二者本质差异，则可驳倒对方的结论。

6. 指出对方推理中以偏概全的错误。

**【训练题】**

1. 指出下列反驳运用了什么方法：

(1)“一个国家向外扩张，是由于人口过多。”

驳：“美国面积小于中国，人口不及中国人五分之一，但美国军事基地几乎遍及全世界。海外驻军 100 多万。中国人口 12 亿，但无一兵一卒在外国领土上，更没有在任何国家建立军事基地。”

运用的反驳方法是______

(2)汉武帝刘彻很相信《相书》上的话。《相书》上说，一个人的“人中”（鼻子下面的一道沟）如果 1 寸长，这人能活 100 岁。汉武帝问侍臣是否是这样。在场的东方朔心有讥讽之意，笑着说：“我想彭祖的脸一定很长。因为据说彭祖活到 800 岁才死，那么人的‘人中’该有 8 寸长，那么他的鼻子该有多长呢？他的脸该有 1 丈多长了。”几句话引得汉武帝哈哈大笑。

东方朔运用的反驳方法是______

2. 指出下面的错误说法可以用什么方法反驳、如何反驳。

(1)有个乘客在车上打破了窗玻璃,乘务员找到他,说:“你损坏了人民的财产,请你赔偿!”

乘客说:“我是人民中的一员,人民财产有我一份,用不着赔,我的那份不要了!”

(2)阿Q偷了人家的萝卜,主人发现了,问他为什么偷他家的萝卜?

阿Q说:“这萝卜不是你的,你能叫得它答应你?”

(3)有人为了证明上帝的存在,就说:“宇宙和钟表都是由许多部件组成的。钟表有一个创造者,那么,宇宙也有一个创造者,那就是上帝。”

3. 以下每题请在3分钟内作出有说服力的反驳:

(1)“你的爸爸当海员,死在海里;你的爷爷当海员,也死在海里。我看你就不要再当海员了。”

(2)“我男人好歹是个科长,你男人是什么东西?扫垃圾的!扫垃圾的老婆,你不害臊,我倒替你害臊!”

(3)“我是厂长,我也是能人,能人不是完人,我用公款吃喝旅游是不太好,不过只算是我这能人的一个小小的缺点而已。我当厂长,还掉几亿外债又盈利几千万。一个人救活一个厂,养活了几百人,吃点喝点用点有什么不对?现在是社会主义的初级阶段,初级阶段不可能尽善尽美,这些事在所难免。”

(4)20世纪30年代,香港发生一件引起广泛关注的商业索赔案件:香港茂隆皮箱行生产的皮箱货真价实,生意特别好。英国皮具商威尔斯出于嫉妒企图敲诈,于是向茂隆皮箱行订购3 000只皮箱,讲定一个月后取货,逾期如不按质按量交货,赔偿货款总额的50%。后来茂隆皮箱行如期交了货,但是威尔斯说,他订购的是皮箱,茂隆皮箱行交的皮箱里面有木板,不能算是皮箱,既然茂隆皮箱行违约,应给予威尔斯货款的总额50%的赔偿。茂隆皮箱行不服,于是对簿公堂。此案在审理过程中,茂隆皮箱行所请的律师作了精彩的辩护,最后茂隆皮箱行赢得了胜利。威尔斯因诬告,当庭判决罚款50 000元。

——你如果是律师,将如何反驳英国皮具商威尔斯?

**【训练提示】**

1. 限时反驳是论辩的静态训练,进入动态的论辩实践时,心理因素十分重要。必须有战胜对手的勇气,畏缩是限时反驳的大敌。同时要沉着果断,这样思路才开阔。平时论辩时,要有瞬即性限时反应的心理要求,这样才能提高论辩水平。

2. 俗话说,“打蛇打七寸”。反驳时不要总是面面俱到,更不要模棱两可,要抓住本质,击中要害,例如有时可以“以其人之道,还治其人之身”,有时可层层递进时,由浅入深,由表及里,积小胜为大胜,一步一步使对方进入失败的境地。

### (四)互相“抬杠”训练

“抬杠”是指两个人为了一个问题作短兵相接的争论。

“抬杠”也可以作为口才训练的一种形式。双方两军对垒,各不相让,言语表达刻不容缓，这样你来我往的争论，思维处于高度亢奋的反射状态，说话的时候理直气壮、步步逼近，瞬息之间要抓住对方的薄弱环节予以回驳，应对方式与角度也不断地做出调整。这些特点，使我们有理由将平时小范围的争论引入口语训练当中，来提高论辩能力。

**【训练题】**

试请一人作仲裁，由他出示辩题，进行一对一或组对组的"抬杠"练习，组对组的"抬杠"可以请一人作为"主攻手"，另一人作"副攻"，其他人作参谋，参谋随时提供必要的论据材料，或提出应注意的问题。必要时"参谋"也可上阵"参战"。

请以下列论题作"抬杠"练习。

1. 正方：酒香不怕巷子深
   反方：酒香也怕巷子深
2. 正方：不要这山望着那山高
   反方：应当"这山望着那山高"
3. 正方：好汉不吃眼前亏
   反方：好汉爱吃眼前亏
4. 正方：有志者，事竟成
   反方：有志未必事竟成
5. 正方：文人不言利
   反方：文人应当言利

**【训练提示】**

1. 每次各方发言时间要做出一定的限制，整个"抬杠"时间也要有个限定，到时即停。

2. 仲裁要作阶段性小结，对于偏离论题和论而不辩的情况，及时指出，及时调节。"抬杠"的胜败可以不以客观的事理正误为标准，而以是否使对方进退维谷、无言以对论定。

3. "抬杠"要控制情绪，不要以势压人或强加于人，更不要急不择语伤害对手，也不要违背情理，诡辩狡辩。辩不过对方要勇于认输。"抬杠"以不损害友情为前提。

### （五）"一"对"众"论辩训练

该训练目的是培养处于孤立无援状态时，处变不惊，快速反应、应付裕如的论辩能力。三国时，诸葛亮曾以晓畅的滔滔雄辩驳倒张昭等人的轮番刁难，人们将其概括为"舌战群儒"。

在这一训练中，作为唯一的"主辩"，要注意三个环节：

1. 对论题的辨析要透彻，要明白地表达对论题的看法；
2. 将立论中的每个理由说清楚、说稳实；
3. 面对多人反驳，要明确指出对方论点、论据的虚伪性。

从战术上讲，要灵活多变，处变不惊，反应迅捷，这样才能使自己立于不败之地。

具体地说：

1. 可以正面直接反驳对方的论点；

2. 可以侧面反驳对方的论据或逻辑推理中的毛病；

3. 可以用包围战术，驳对方一个隐含的分论点；

4. 可以迂回，先作转移推论，然后直击要害之处；

5. 要不断加固自己的"堤防"，谨防众多对手的乘虚而入的"进攻"和"突然袭击"。

**【训练题】**

训练方法：

主辩独坐一方，面对众人。开始时主辩用3分钟明确地亮出对论题的见解，然后进行答辩。起初各方可讲2分钟，10分钟后提出"舌战"的难度，"一对一"地辩下去，"众人"一方可论辩的人轮番上阵，各方每次限说1分钟，最后双方各作3分钟小结。可以请一位水平较高的人作仲裁。

请与朋友作"力排众议"的论辩练习。

训练参考题：

1. 正方：名师出高徒
   反方：名师未必出高徒

2. 正方：男女要平等
   反方：男女不可能平等

3. 正方：不要"自以为是"
   反方："自以为是"很重要

4. 正方：虚心使人进步
   反方：虚心使人落后

5. 女儿在外有谈恋爱的迹象。母亲考虑女儿尚在高中读书，不应该恋爱，就拆了某男同学的一封来信。见信中并未写恋爱的内容，母亲就把信交给了女儿。女儿对此很不满，同母亲发生激烈的争论。

正方：做父母的看看儿女的信，并没有什么过错。

反方：这是违反宪法，侵犯人权。

**【训练提示】**

1. 进行此训练，可以给主辩一点"优惠"，允许事先作一定时间的论辩准备。

2. 有的问题一时辩不清，可以不求辩"倒"只求辩"明"。主持人在限时"舌战"过程中和终结阶段，注重条分缕析地指出双方的共同点、接近点和分歧点，并及时做出评价。

## 二、辩论赛场实战训练

### 导练略读

#### 如何安排辩论赛程序

1. 关于比赛人员。

(1)一辩为主辩,要阐述己方观点。三辩为结辩,进行总结陈述。二辩为自由辩手。

(2)参赛选手进入聊天室时使用比赛名称,举例如下:正一张三、反二李四等,以此类推。

(3)评委及工作人员也使用比赛名称,举例如下:辩论赛主席王五、评委马六、工作人员(正方)赵七、工作人员(反方)冯八等。

2.关于赛场规则。

(1)辩论主要以语音形式进行,语音由参赛队员、辩论会主席、工作人员、评委专用,请观众打开语音功能后选择静音,以免影响比赛的正常秩序。

(2)比赛中同时结合使用文字,主持人使用文字为大红色,双方辩手发言使用统一颜色,正方使用草蓝色,反方使用橄榄绿色,评委使用玫红色,工作人员使用红紫色。

(3)观众使用聊天室默认的深蓝色字体,在比赛期间使用悄悄话方式彼此交流。在观众提问阶段中,您可以向辩论赛主席打 999,以便要麦克风取得发言权,再向队员就辩论赛有关辩题提问。

(4)最后辩论结果由评委综合考虑后拿出意见,通过专用评分页面打分,由系统经过计算反馈给辩论赛主席。

(5)全场辩论时间将控制在两个小时以内,具体各阶段时间由评委会和比赛主席决定。

3.关于辩论赛程序。

(1)辩方陈词立论阶段:先由正反双方主辩陈述本方主要观点(必须提前准备好,现场进行复制、粘贴以节省时间,字数不限),陈述必须采用文字和语音两种方式同时进行(即:先在聊天室复制、粘贴自己提前写好的陈述词,此阶段不计算时间,粘贴完文字后,开始朗读自己的陈述,此时开始计算时间,以便使没有语音的观众也可以了解辩论赛的基本内容和双方观点。如果只使用一种方式,视为作废)。然后正方二辩、反方二辩、正方三辩、反方三辩分别以简洁语言陈述阐明本方观点,也必须采用文字和语音两种方式同时进行(计时方法与一辩陈词相同);此阶段各方累计语音发言时间为 4 分钟(建议时间分配为一辩 2 分钟,二辩、三辩各 1 分钟),不给每个辩手单独计时,如果团队时间用完,工作人员将终止该方发言。

(2)自由辩论阶段:此阶段,完全使用语音功能,不使用文字功能。两方之间交替进行提问,首先由反方三辩发言,应答方想回答这个问题的会员,请使用公开方式向辩论会主席打 111(正方)或 222(反方)要麦克风,主席将把麦克风递给第一个要的人。在一方发言和提问完毕时,请明确说出“完毕”两字,以便主席掌握递麦克风的时机。每方的自由辩论时间为 20 分钟,在对方发言结束,明确说出“完毕”两字后,直到本方回答并提问结束,也明确说出“完毕”两字前,都计算为本方所消耗的自由辩论时间。当一方的自由辩论时间用完后,只能看着对方利用富余的时间提问或阐述观点,不得再进行任何发言。如果违规工作人员或者主席将会提出警告,多次违规将被终止发言，并且适当扣除个人表现分数和团队整体分数。

(3)最后陈述阶段：由双方三辩进行最后陈述，总结己方观点，反驳对方主观点，但不得进行诘问；建议将提前准备好的总结陈词部分内容使用文字首先发表于聊天室（粘贴、复制文字时不计算时间）；此阶段，每方发言时间为 1 分 30 秒（字数不限）。

(4)由评委代表对双方观点及辩论过程进行简单点评。

**【练习题】**

从下列辩题中选择一组，按照以上辩论赛的程序组织班级或者年级辩论赛。

1. 正方——现代社会更需要通才
   反方——现代社会更需要专才
2. 正方——善心是真善
   反方——善行是真善
3. 正方——美丽是福不是祸
   反方——美丽是祸不是福
4. 正方——诚信主要靠自律
   反方——诚信主要靠他律
5. 正方——知足常乐
   反方——不知足常乐
6. 正方——顺境有利于成长
   反方——逆境有利于成长
7. 正方——代沟的主要责任在父母
   反方——代沟的主要责任在子女
8. 正方——当今时代，应当提倡“干一行，爱一行”
   反方——当今时代，应当提倡“爱一行，干一行”
9. 正方——经济发展应该以教育发展为前提
   反方——教育发展应该以经济发展为前提
10. 正方——现代社会，女人更需要关怀
    反方——现代社会，男人更需要关怀

**【训练提示】**

辩论赛的结果并不重要，重要的是在辩论过程中显现的智慧碰撞的火花，重要的是提高自己的辩才和口才。所以，教学辩论赛的组织，教师要全程指导，要把点评和激辩结合起来，不要一味追求过程的流畅，教师甚至可以打断比赛进程，做“切片”式点评。

# 第九单元　主持训练

你应了解主持人语言特点，并能够运用灵活、生动、得体的语言主持节目、会议等活动。

## 训导模块

### 导学精读

#### 一、主持人是“谁”

每一名主持人都要回答这样一个问题：“我(们)是谁?”答案应该为：“是我非我。”

“是我”就是主持人以真实身份进入节目。真实的姓名，真实的形象(正常的化妆应视为真实)，真实的心理，总之，一个真实的公民。当然，这种真实应该是有所选择、有所提炼的，那种带有明显缺陷的部分要舍去。这里有每一位主持人真实的个性存在，这种个性是主持人的生命力，也是节目的特征。

“非我”就是主持人肩负着的和代表着的社会责任。主持人在节目中的言谈举止，不是单纯宣泄自己的情感，而是代表着电视台，而作为党和政府一个宣传机关的电视台则意味着社会责任，主持人及其在节目中的所有作为都体现着这一责任。

正如哲学原理告诉我们的那样：共性寓于个性之中。每一位主持人的共性不是一下子就能看到的，我们看到的是一个个鲜明的个性，但是我们能体验到他们的共性所在。

当然，缺乏社会责任感的主持人也会使人明显地感到他身上的缺陷所在。

#### 二、主持人的作用

“主持人”在英语里写作“host”，即“主人”之意。其作用是串连节目，招呼观众和听众，掌握节目进行的具体步骤，挑起节目的气氛，推动节目的节奏，主持人像一次次朋友们聚会中的主人，活动的组织者和召集者。从狭义来讲，主持人即负责节目或活动的编排、组织、解说以及对节目或活动实施过程加以积极协调和有效推进的人。

事实上，主持人的作用远不止这些，主持人应该是一个节目的样式，一个节目商标式人物，一个节目的灵魂。

## 三、主持的种类

节目主持形式多样，按不同分类标准可有如下几种：

1. 按主持的场合和内容来分有社会活动主持、文艺活动主持与广播电视主持类。

社会活动如会议、比赛、演讲、论辩、竞赛、评比、典礼等。在这种场合主持人要了解活动的主旨，安排好活动的程序，控制好活动的进程。要镇定从容，严肃认真，简洁明快，表达透彻，把握时间，主持人一般使用第三人称表达。

文艺活动如文艺演出和各种舞会、晚会、联欢会等。这种场合的主持人要能了解节目，熟悉场境，左右逢源，随机应变，幽默风趣，创造出一种轻松欢快的气氛。一般仍使用第三人称表达。

广播电视包括各种综合性、专题性、专业性的有声板块节目。这种场合的主持要能把握时势，抓住焦点，反映热点，要动之以情，晓之以理，言谈亲切，娓娓动人。主持人一般运用第一人称。

2. 根据主持者在活动中所担负的职责，有报幕式主持和角色式主持。

报幕式主持如主持报告会。主持的职责是把会议事项和报告人等介绍给与会者，宣布会议的开始与结束，其作用虽贯穿始终，但只在起始和终了这两个时候表现。

角色式主持是主持担负着活动的角色，在活动的开始、中间、结尾都有“戏”，并且其戏不能从整个活动中剥离抽出，否则便会“拆碎七宝楼台”，如一般文艺晚会的主持。至于在一些广播节目里，主持即节目，主持者即“演员”，除主持者的主持外，不再有别的声音，则属于特殊的角色式主持了。

3. 按照主持的口语表达方式，有报道性主持、议论性主持和夹叙夹议性主持。

报道性主持以叙述为主要表达方式，相当于记叙文。如主持会议的大会发言，一般只介绍发言人的姓名和发言题目等简单情况。

议论性主持以评议说理为主体，相当于议论文。如主持演讲和竞赛，主持者总是随时说说“我”的现场感受。议论性主持一般以褒扬为主。

夹叙夹议性主持是既叙且议，叙中有议，议中有叙，两者紧密结合，群众活动、文艺活动往往采用。

4. 按主持人的数量划分，有一人主持、双人主持与多人主持三种。

一人主持一般适合于节目简短、形式单一的集会、演讲、论辩与广播电视节目或者较严肃的场合，它整体性强，风格单一，缺少变化。

双人主持一般是男女交叉，也可都是男性或女性。这种形式适用于文艺演出、竞赛活动等场合。由于是两人配合，其表达风格、形象气质、言语特征都有变化，具有艺术气氛，能取得很好的效果。

多人主持指三个或三个以上的主持人共同主持节目。这种形式气势盛大，热烈欢快，主要适用于大型、欢乐、随和的场合，如大型文艺晚会、大型联欢会、大型游艺会等。它们场面大，参与人数多，信息传播广。

由此看来，主持的对象、内容不同，职责不同，要求不同，便有不同的主持。电视和广播主持人要求十分专业——因为它们本身就是一种职业，外表形象、嗓音、气质、专业背景、普通话水平等等，专业性较强。

会议主持人不同于专业性强的电视和广播主持人。它有多种形式，如人民代表大会、企业董事会议、班会、小组会议等。各种类型的会议具有相应的主持要求和风格。

## 四、主持人应具备的语言特点

1. 亲切的口语化。

主持人所从事的是有声语言的传播活动，加之电视“近距离”、“亲切感”的传播特点，要求主持人必须使用通俗易懂的口语化语言进行主持。口语表达的特点是对象更为确定、具体，常常近在眼前。

在主持人节目里，无论如何缜密地组织材料，用多么精彩的书面语写成的稿子，最终还需转化为易说、易听、易懂的口语进行播出，用使谈话对象仿佛就在眼前的“说”的方式来播出，而不是念稿子。这里的“说”，不同于生活中不加选择的大白话，应是比生活中的语言更有条理、更合逻辑、更有深度、更为完美的艺术性表达，它比生活中的语言更精练、更贴切、更恰当、更准确，比生活中的语言更流畅、更生动、更形象、更完整。口语化的主持语言源于生活但高于生活，在播出中朴实亲切，自然流畅，生动上口，通俗易懂。这种说起来顺口、听起来悦耳的语言，能大大缩短与观众之间的距离。

2. 显著的对象感。

所有主持人的讲述比播音员的播音更令观众有一种“对我说”的强烈参与感。在主持人节目中，观众会明显地感到主持人使用“我”、“您”、“观众朋友”等词语的频率很高，不断地提请、呼唤，仿佛要把观众“拉进”节目，与主持人一起对话交流，这就是对象感。对象感是主持人工作时需要的一种重要心态。当主持人坐在演播室里，面对话筒和镜头时，这种交流的对象越明确越好，对象感越强，越能形成接近于现实生活的交谈效果。主持人与观众形成恬适、平和的心灵沟通。这正是语言对象感强烈所产生的力量。

3. 浓郁的交流味。

主持人竭力要达到的是台上台下的双向交流，而绝不仅仅是“我说你听”的低级传播效果，所以，每一个节目主持人都会努力调动自己和观众，以期形成最接近于生活的那种“面对面”交流。因而，节目主持人大多采用谈话的方式来主持节目，并且语言方式也更为灵活多变，有问有答，有来有往，多方设计，精心铺垫。

4. 鲜明的个性风格。

主持人是以个人身份出面主持节目的，其语言往往也带有强烈的个人风格。香港凤凰卫视的曹景行、中央人民广播电台的陈铎和中央电视台的宋世雄等著名节目主持人，观众只闻其声便知其名。不仅仅在声音特征上一听即可分辨，其各自的语言表述也是各有特点的。他们的语言犹如一面旗帜，不仅仅体现着与听众的交流，并且体现着一个人的性格。一个人能够说出的话另一个人未必也能说得出，这就形成了语言表述中的多种风格。或柔声细语，或粗声大气，或简洁明快，或雄辩滔滔，或直言快语，或幽默风趣……每种风格都代表着一种个性，这种个性特征正是区别于他人的根本标志。

## 五、如何主持不同类型的节目

### （一）如何主持大型文艺节目

大型文艺节目通常是在节日或者有重要意义的日子里举行。这种晚会通常是由歌舞、相声、小品、戏剧等组成，在这种晚会里，内容五花八门，形式多种多样，虽然表现松散，但是整个晚会有着一个固定统一的主题，而这个主题则是一条将所有的节目串连起来的主线，是将这些节目精巧严密地组织起来的一个框架，所以整个晚会始终都是形散神不散。在这种情况下，一个主持要做的就是用优美的串联词将这些节目有机地联系起来。在这种情况下，一个主持人应该做的就是如何在一条主线下，将所有的节目自然地组合。作为主持人应该做到以下三点：

（1）首先要亮好主持相。作为主持人，可以说是整场晚会的形象代言人，整场晚会最先亮相的便是主持人，观众感受晚会的第一个来源便是主持人，因而观众常常最先从主持人方面去判断整场晚会的质量，所以做好一个主持人，首先应当有着好的形体语言，用主持人的因素去影响观众。

（2）熟悉节目内容，写好串联词。在这种晚会中，主持人就好像一个引路人领着观众们去欣赏每一个节目，串联词既是衔接每个节目也是对观众引入各个节目的解说词。所以好的解说词应当能以一种很灵活的方式精要地涵盖每个节目的内容和特点，既是对节目精练的概括，又能引起观众的兴趣。要写出成功的串联词，首先就是要熟悉每个节目，在充分地了解之后才能真正做到这点。

（3）掌握艺术线索，把好过渡关。晚会不是一个个节目的简单组合，而是在一个统一的线索和艺术连接之后，去告诉观众要表达的主题，因而对主持人来说，他就要弄清楚整个的过渡是如何展开的，那样才能帮助晚会引导观众去理解晚会的安排。

### （二）如何主持联欢晚会

自娱自乐的联欢晚会并不像大型的文艺晚会一样有着精密的筹划和明确的意义，通常有很强的时效性，有的时候是临时性的安排。这种晚会因而无需做过多的准备，主持人可集编导和主持于一身，包打全场。这种联欢会最大的特点便是招之即来，来之能演，演之能乐。观众和演员合二为一，成为一体。因而主持人需要鼓励所有在场的人都来参与，人尽其艺，各尽所能，推起一个个高潮，让每一名参与者在欢声中上、笑声中演、掌声中下。整个联欢晚会的宗旨是愉悦身心，活跃气氛，加深友谊。因而主持人在自娱自乐的文艺晚会中便成为全场的核心人物，其主持能力的强弱便成为晚会成败的关键。

1. 联欢会主持人的开场白，应该是精妙的语言艺术小品：或即情即景，借题发挥；或从几句诗文、典故出发，来一段诗朗诵；或来一段幽默的令人开怀大笑的“单口相声”；还可以说一段热情的赞许、顺耳的褒奖的话，提个有趣的问题，猜个有关的谜语等等。这样，就能从一开始把大家带入一种欢乐的气氛中。

2. 要摒弃固定不变的报幕模式，如“下一个节目是……”“现在请看……”这一类缺少文采的串场词。而应该将节目的内容、特色，节目之间的内在联系以及对表演者的夸赞等同生动的艺术语言联缀起来。

3. 为了保证整个联欢会的顺利进行，主持人要学会调动一切积极因素。首先应当安排两三个稍微像样的节目，即发挥活跃分子的骨干作用。对于这些活跃分子，他们应当是主持人手中的王牌，一般安排在联欢会的开始、关键时刻以及低潮时。积极发挥骨干分子的作用能很好地推进联欢会的进程，虽然他们对联欢会能否顺利进行不起关键的作用，但推波助澜少不了他们。

4. 寻找随大流者的“闪光点”，调动沉默者的潜在因素。在联欢会上活跃分子毕竟是少数，大部分则是随大流者，而这些人往往是联欢会成败的不可忽略的因素。这些人由于太多的顾虑，可能由于不自信怕出丑，或者是因为不爱抛头露面，所以总是在上与不上之间徘徊。针对这种情况主持人就应当用幽默和机智，激将使之登台。

5. 欢迎来宾与众同乐。在联欢会的开始，主持人要代表全体与会者热情地接待他们，并向大家一一介绍，其次要热情友好地邀请他们参与联欢活动，如果对领导熟悉，无拘无束，那就可以掌声欢迎他们表演节目，这样更容易将晚会推向高潮。

6. 联欢会的结束阶段，可以安排几个精彩的节目，或者因势利导地安排一个多人登场的歌舞节目，然后使台上台下融为一体，将联欢会推向高潮。在这时，主持人可以用洪亮而热情的语调，将精心设计的终场词朗诵出来，大家会为这次难忘的联欢会报以热烈的掌声的。

做到上面几点的基础便是主持人首先要熟悉参与者，心中有数。同时，主持人还应当精心设计节目的衔接，作为联欢会，它同样有着开场、发展、高潮和结尾。在安排节目时就应当考虑怎样才能让整个联欢会欢声不断，高潮迭起，有始有终。可在文艺节目中适当地穿插娱乐性的游戏，在高潮的时候安排集体节目等。节目的衔接并无固定的模式，总之以玩得痛快、玩得开心为原则。根本宗旨在于：密切关系，交流感情，增进友谊。

总之，联欢会的主持人应当用自己的观察、自己的机智幽默让整个现场气氛保持热烈、欢快，从而成为连接台上和台下的关键纽带。

### (三)如何主持演讲会

演讲会是有组织的在会场上进行,此时主持人担负的责任通常是介绍。

在主持之前,主持人应当进行周密的准备,了解演讲者的基本情况,如姓名、性别、年龄、政治面貌、文化程度、性格特长等,了解每个演讲者演讲的题目、内容。

演讲会主持人的主持词包括开场白、串联词和结束语。

在准备主持词的时候,应当将自己的词娴熟于心,不过,在听演讲的过程中,同时可以根据会场效应进行修改润色以达到更好的效果。串联词很大程度上决定了演讲会的气氛,所以好的串联词相当重要。好的串联词要很好地衔接各个演讲者的演讲,既要风趣幽默,又不失庄重,既要语言精彩,又不能喧宾夺主。在前期准备过程中,还要考虑场上发生意外情况后的对策,提前想好解决的方法。

在演讲过程中,主持人要发挥一个组织管理者的作用。首先,要让听众安静下来,同时调整好座位,这样既有利于听众集中精力听,同时也有利于调动演讲者的积极性。其次,主持人应当适当维持会场秩序,如果演讲者是国内、外贵宾或者专家,则有必要向听众宣布会场纪律,要求大家支持。

演讲会正式开始,主持人首先要介绍演讲者的基本情况,介绍演讲活动的基本情况,如比赛的性质、演讲者如何产生、演讲的进展情况,以及举办演讲会的目的和意义,还有演讲的主旨、内容、演讲者的出场先后顺序等。同时还要根据现场的具体情况介绍到场的领导和来宾以及评委。

演讲结束时,主持人应当对整体的演讲进行最后的评论小结,同时别忘了请评委作评论,最后则应当向到场的领导、评委、演讲者和观众致谢。

### (四)如何主持讨论会

1. 周密的准备。主持人对讨论内容要心中有底,要熟悉有关情况,并作预测思考。

2. 用“开场白”打开局面。这段话要能稳定大家的注意力,导入议题,宣明会旨,形成轻松活泼的会议基调。“开场白”中可以先提出自己的初步想法,作为议论的依据;也可提出几种看法供大家讨论。

3. 冷静疏导。适时对议题作分解,启发大家从不同的角度发表意见。会议主持人必须冷静,不可感情用事,遇有争论,一般暂时以中立姿态出现为宜。

4. 积极推进。及时提炼出关键处或相异处进行讨论,将议论引向深入。

5. 调节情绪。热情启发,遇有激烈的争论或冲突,以风趣的劝说缓解。

6. 调控议题。偏题、离题时,及时用过渡语将讨论导入正题。

7. 引向终结。审时度势地作会议阶段性小结,最后对议题的讨论作归纳总结,达成共识。

# 训练模块

## 主持语言的技巧训练

### 训练要点

你应通过区分播音、主持，掌握播和说的技能；通过练习活动开场、串联和终场技巧，增强使自身语言具备表明主旨、营造气氛、承上启下、沟通情感的能力。

### 导练略读

#### （一）播音重在播，主持重在说

有人把电视语言划分为四个层次，即播读、播讲、演播和主持。单纯地朗读写好的稿件，准确地传达稿件的主题思想及感情色彩，归之为播读，像一般性新闻稿的播出都采用播读这个方式；对于那些在表达上更讲究口语化、个性化，更讲究情感交流的稿子，如故事、小说等内容的播出，一般采用播讲的方式；演播则往往需要演播者根据故事梗概，即兴加入一些符合故事情节的描绘、应答，使之更为绘声绘色、更接近规定情景，比如大家熟知的评书即采用这种方式；主持是语言“表达的最高境界”，它是要把“最高级的东西最通俗地表达出来”，用准确、鲜明、生动、精辟的语言表现深刻的思想内容。它也是最见难度的表达方式。

在节目主持过程中，节目主持人就要注意把握“说”的要点，注意在播前对节目整体把握，了解节目框架、步骤，充分理解和消化稿件内容，在深层理解的基础上加深记忆，并能转换成艺术化的口语，圆满地表达出来。只有那些既不动脑又不动手的节目主持人才会拿起稿子见字发声，无论是“播”还是“念”，都会造成因播出者过度依赖稿件而无法抬眼正视观众的不佳的屏幕效果，这势必影响主持人与观众的交流，并且任何写在稿件上的语言都不会像生活中的口头语言一样鲜活、生动，靠念稿子是主持不好节目的。

节目主持人还要注意主持中话要说得准确，说得恰当。节目主持的语言需要像生活中一样生动、自然，但要比生活用语更精练，口语表达速度快，润色少，不讲究句式完整和语法严密，但这种“纯天然”的大白话并不是节目主持“生活化”的目标。节目主持用语是经过精心设计、巧妙加工又不露痕迹的，因此，在节目主持中用词要贴切，叙述要准确，语法无毛病，口误要控制在最低程度。做到以上几点之后，还应考虑讲话的环境、场合、对象、身份等因素，把话说得恰当、妥帖，说得优美动听。节目主持的语言源于生活，在播出中却要做到高于生活，耐人咀嚼，给人以美感。要尽量清除生活用语的零碎、杂乱，不可陈词滥调、啰嗦絮叨，尽量显示口语的清新、活泼、灵活和自然。

### (二)主持语言应注意的问题

一是要注意照顾到各个方面。一般说来,受主持的往往是一个群体,其间有各个方面各个层次的人物。主持是主持全体参加者,因此务必照顾全体,面面俱到,不忘记不落下参与活动的任何一个部分或层次的人。

二是语言不要书面化,要多用说和唠。主持用语,不但要口语化,而且要生活化,要像"拉家常"一样温和亲切,活泼生动。即使有稿子,也不宜念稿,要用生活化的语言讲出来。高、强、硬,更是主持口才的大忌。要取交心的态度和交流感情的方式,点滴入心。

三是要有程式而不程式化。就一类活动而言,如典礼、舞会、集会等,有一定的程式,主持随之也有程式。但是主持不应该程式化。就是说,主持每一次活动,都应注意研究这次活动的参与者和内容等等,因人因事而异来组织语言。如主持青年人的活动,语言应当活泼明快,充满朝气,哲理性强,寓意深刻,主持老年人活动就不能这样。主持文艺活动,应当热烈欢快,而主持政治性活动,就要庄重质朴些。

四是要少而精。除了一部分角色式主持之外,主持常见的社会活动和文艺活动,话都不能说得过多。话说得过多,动不动长篇大论,势必喧宾夺主,且必使听众感到厌烦。成功而出色的主持总是用最简洁精粹的语言造就的。主持者开腔即破题,一语中的,收尾则干净利索,戛然而止。如有人主持庆功表彰会,这样结束:"听完发言,我想到了一件事,有人问球王贝利哪个球踢得最好?回答是'下一个'。有人问名导演谢晋哪部戏排得最好?回答是'下一部'。有人问一位名演员哪个角色演得最好?回答是'下一个'。看来我们在庆功、表彰中也应牢记'下一个'、'下一部'。散会。"

### (三)串联节目的六种方法

串联就是一种动态的过渡。它衔接前后节目,调动观众感官,控制现场气氛,给观众创造一种观看节目的心境。节目不同,介绍过渡的方法也各有千秋。

1.诗化抒情式。我们的民族是一个诗的民族,语言的意象美、形式美、音乐美使得众多的串联词呈现出诗化的韵味。"每一颗星星都是你温柔的眼睛,每一座高山都是你挺立的身影,每一片云朵都牵动着游子的心灵,每一缕春风都飘逸而清新。请听男声独唱《祖国,慈祥的母亲》。"这样的串联就是一首抒情诗,与演唱辉映,表达了共同的主题。

2.节目嵌入式。将节目名称自然嵌入在串联语言里,含而不露,一语双关。"三月的南方早已是春暖花开,春的脚步正匆匆走过北方的大地。春天是播种的季节,也是生长的季节,在春天里不仅可以找到生命,而且可以找到理想和希望。让我们一起去拥抱春天!"嵌在串联语中的"拥抱春天"既是下面演唱的歌名的暗示,又表达出主持人的深情期望,自然贴切。

3.承上启下式。串联语既是对上一个节目简要小结,又是对下一个节目作观赏提示，使观众的思绪和注意力在“画外音”氛围中作蒙太奇式的切出、切入。“美妙的歌声令人陶醉，而诙谐的小品更令人欢笑。欣赏了刚才的歌曲，下面再让我们换换口味，看一个小品《车站上》。”这是不同格调、不同气氛节目之间的过渡语，相反相成，使观众的心理张弛有度。“刚才，委婉悠扬的琴声把我们带到了秀丽如画的江南水乡，现在，再让我们到‘天苍苍，野茫茫，风吹草低见牛羊’的大草原上领略草原风光，看小牧民们翩翩起舞。”这是空间联想式的过渡，为观众创设了新的情境。

4. 悬念启发式。“有一种艺术，不用唱歌，不用说话，不用弹琴，甚至没有道具，却能给人展示一个生动完整的故事。不信，请看——”这个串联借节目的表演形式（哑剧），巧设悬念，像给观众一个谜语，平添了几分雅趣。“生活是一个五味瓶，有甜有苦也有酸。一个农家女孩，因家庭贫困，不得不中途辍学，来到城里，为一个富裕之家的正上学的孩子当保姆。她将遇到什么样的难题呢？小品《同在蓝天下》将给我们带来深刻的思考。”这是启迪节目情节内容的悬念，可以使观众了解一点剧情或背景，激起探求结果的欲望。

5. 介绍演员式。“现在上场的是巩俐小姐，看，巩俐小姐是新潮的装束，领先一步；微微的笑容，含而不露；举手投足，是年轻的风度！”这是 1992 年上海国际电视艺术节开幕式上，主持人叶慧贤对巩俐的介绍，他就这位明星的衣着、神采，即兴渲染，洋溢着热情，烘托了演员。“朋友们，看过《大决战》、《毛泽东和他的儿子》、《你好！太平洋》这几部影片的观众，可能会对演员把领袖人物说话学得活灵活现而感到惊奇。然而，很多人可能并不知道，在这几部影片中为毛泽东、周恩来、邓小平等演员配音的竟是同一人。他，就是空军政治部话剧团演员周贵元！”这是北京电视台 1992 年元旦晚会上主持人的介绍，采用了烘托、蓄势、铺垫的手法，将周贵元推到观众面前，使观众未看节目就对演员充满了敬意和期待。

6. 起兴式。“街头，栽满了鲜花，她象征祖国的兴盛；商店，摆满了花束，她象征市场的繁荣；校园里，盛开着桃花、梨花，她象征青少年在园丁哺育下茁壮成长。请看舞蹈《花儿与少年》。”这个串词托物（借“花”）起兴，引出节目。“有的人，是心灵的黑暗；有的人，是眼睛的黑暗。这是一个眼睛失明的歌者，却用心灵唱出了属于自己的一片天空。”这个串词对比起兴，引出演唱者。

如果一台晚会是一盒精美的礼品，那么串联词便是包装礼品的彩绸，如果一台演出是丰盛的宴餐，那么串联词便是其中的调味品。出色的串联词必能为整台节目点睛增辉，为主持人点缀魅力和风采。

## 训练项目

### （一）体验播音和主持的不同语言风格

**【练习材料】**

**材料一**

（新闻稿）海内外华人联推“明星带你看世博”活动：

中新网6月29日电据日本新华侨报网报道，6月23日，上海世博园迎来了一批特殊的客人。海内外华人“明星带你看世博”大型公益活动，在上海世博会健康大使李宁的领队下，带领着数十名农民工子弟参观了上海世博园内的美国馆、沙特阿拉伯馆、日本馆等人气颇高的一些外国参展馆。

由上海世博局、中国贸促会、文化部等单位共同举办的海内外华人“明星带你看世博”大型公益活动是由姚明、成龙、朗朗、濮存昕、蒋雯丽等百位海内外华人明星，共同展开一次在中国大陆推广世博会的公益活动。据介绍，前后还将有一万名灾区和贫困地区儿童与明星和公益合作伙伴一起在世博会期间前往上海，观看并参与世博会的各种活动。

爱称为“紫蚕岛”的日本馆，是上海世博会最有人气的外国参展馆之一，馆外覆盖超轻的发电膜，采用特殊环境技术，是一幢“像生命体那样会呼吸、对环境友好的建筑”。馆内通过实景再现和影像技术，展现2020年的未来城市生活，介绍中日两国的文化渊源、与自然共生的日本人生活、充满活力和时尚的日本当代城市、为解决水资源和地球环境问题而开发的先进技术，以及守护自然的市民活动。

在海外华人“明星带你看世博”组委会成员——日本TL控股公司的公关帮助下，上海世博会健康大使李宁带领着47名农民工子弟等优先参观了日本馆。日本馆花田副馆长亲自在门前迎接。在日本馆，李宁和孩子们一起兴致勃勃地观看了机器人秀等展示高新技术和环保节能理念的精彩节目，并不时向身边的孩子们讲解。

这次海内外华人“明星带你看世博”公益活动，还得到了日本“遣唐使船”亲善大使、著名演员渡边谦等明星的响应和合作，他们也愿意参与这个活动，帮助中国一部分贫困家庭的孩子参与上海世博会，与世界的城市共同生活。

**材料二**

电台音乐节目主持词：

听众朋友们，你们好，谢谢您点击收听某某制作主持的广播节目，没有想过，有一天，我会通过这样一种方式回到广播。我常常对朋友说，是广播改变了我，是那些主持人打开了我的心灵，是那飘荡在空中的点播拉进了我与这个社会的距离。是的，距离！心与心，人与人，这世上每一样事物之间的距离。是啊，距离也就是我们今天，也就是我们《E路有你》第一期节目的主题，节目的第一首歌《距离》来自林俊杰。

林俊杰《距离》4′13″

“在距离三公里的位置，我在这里，想象心中的你的呼吸。同样的熄着灯的窗子，你在那里，听不到我呼吸着分离。”歌声所唱的让我不禁想起了张小娴书中的一句非常经典的话：“世上最遥远的距离，不是生与死的距离，不是天各一方，而是我就站在你面前，你却不知道我爱你。”

距离，在爱与恨之间，在分与合之间，有多少人可以精确地测量出？没有，一定没有。然而，爱人之间又应该保持怎么样的距离呢？说不清楚，也无法说清楚。但有一点可以肯定，在我们熟悉的爱情里，零距离是永远不可能的。

陈慧琳《零距离》4′00″

不知道为什么，其实两个人在没有表明爱意之前，那段时间是最美丽的，原因无外乎彼此间的那段距离，可是，这个距离并不能保持长久。不是他，便是她总是匆忙地拉进这段其实非常美好的距离。当然，张小娴话中讲到的那段距离，我总觉得，那何尝也不是一种非常美丽的距离呢？不是说，爱一个人只要她幸福嘛？所以，当面前这个人过着快乐的日子的时候，就算不知道你爱她，又有什么遗憾呢？至少，你们之间其实已经拥有一段段无比奇妙的负距离！

你现在收听的是由某某为你制作主持的《E路有你》，欢迎继续收听。

刘若英《好久好久》4′54″

刚才大家听到的是奶茶带来的《好久好久》，很喜欢她的歌，当然，这首也是我比较喜欢的一首对唱作品。也希望你们也会喜欢。

回想自己和广播的距离，真的不知道究竟有多远？不过套用那首歌！已经是好久好久以前的事情了。那时，在电台打工，每一次通过由警卫把守的通道，自己有一种说不出的自豪。那一刻我距离广播是那么的近。可是，因为自己很快迎来了繁忙的本职工作，我毅然放弃了电台的打杂。一晃六年过去了，当我最近因为找工作再次来到位于虹桥路的广播大厦，当我再次走在空荡荡的低楼大厅的时候，我似乎已经感觉到了一丝陌生。是呀，时间是距离的天敌，时间可以改变距离，时间有时就是距离的代名词。

很久没有听姜育恒的歌了，这次我们听他的歌是因为在他的歌里有时间和距离的关系。姜育恒带来的《我是个需要很多爱的人》。

姜育恒《我是个需要很多爱的人》5′04″

“当时间变成距离，相信我，还为你默默伫立！”这是姜育恒在一开始就唱到的！是呀，每个需要爱的人，都曾说过类似的海誓山盟，可惜，又有多少成为现实？当时间真的变成距离的时候，我相信有些人会默默的伫立！可惜，他会知道吗？有人说，只要相爱就能感应到！是呀，能感应到？其实那些都是电影里的，其实，那些都是自欺欺人……嗨，我就不在这里打击那些人的积极性了！

好了！今天的时间也差不多了，我们一直在说距离，不知道你我之间是否已经因为这个节目而拉进了一些距离呢？

最后，感谢你们在电脑前静静地收听，当然还要感谢绯红的牵线搭桥，谢谢最后将这期节目传送给大家的人，还不知道是谁呢！所以，那些人肯定很美，因为我们有距离！

片尾：网络是社会的另一面，它不同于现实，却又超于现实！音乐是人性的另一面，它不属于灵魂，却又源于灵魂！我喜欢网络，我喜欢穿行于网络间；我更喜欢音乐，我常沉浸于音乐的海洋。如果E路上有音乐，那一刻的美好无与伦比，当然E路上也需要你的相伴。谢谢收听，好了，今天的节目就到这里，再见。

【练习题】

对以上两篇播音和主持材料进行仿说练习。

【训练提示】

这个练习关键是把握“播”和“说”不同的语言风格。总的一条就是：播音讲究的是客观、平稳，层次感、逻辑性强，主持讲究的是情感突出，个性鲜明，富有亲和力。请仔细阅读“导练略读”中的前两篇文章，在明白了播音和主持的不同之后，再通过仿说这两篇材料，体验播音员和主持人的角色，从而把握“播”和“说”的语体风格。

### (二)不同方式的开场白训练

【练习材料】

材料一

下面是一场慈善文艺晚会中主持人的开场白：

男：各位领导、各位来宾、

女：亲爱的观众朋友们：

合：晚上好！

男：慈心天地宽，善举美人间。

女：为庆祝市慈善会成立四周年和慈爱孤儿工程募捐活动的开展，感谢社会各界对我市慈善事业的关心和支持，表彰、讴歌一批在历次活动中涌现出的感人事迹。

男：由市慈善会、民政局、文化局、总工会和市残疾人联合会联合主办了“同顶一片蓝天”慈善文艺晚会。

女：歌声、笑声、颂扬声，声声传情；

男：爱心、真心、慈善心，心心相印。

女：在这铺满鲜花的五月，

男：在这万物争艳的春天，

女：我们让慈善的心灵纵情绽放，

男：我们让蓝天下最动人的歌唱更加嘹亮。

合：“同顶一片蓝天”慈善文艺晚会现在开始。

材料二

在一次世界语语法研讨会上，主持人这样开场：

说来有趣，刚才在会议室门口遇见两个叽叽喳喳的女大学生，一个问：“世界语，什么是世界语？”另一个答：“就是一种语言，我想大概像英语、法语一样！”再问：“是啊，准是一种语言，是哪个国家的？”再答：“我也不知道！”看来，我们这个关于世界语研究组织的任务还很繁重啊！既要使人们了解世界语，还要使一部分人接受世界语。在座各位都是世界语研究的权威人士，这就靠你们拿出自己的真知灼见，大显身手了！

材料三

在纪念抗战胜利50周年的一次文艺晚会上，主持人这样开场：

亲爱的观众朋友们，您是否还记得50年前的那段悲惨的历史？那时，日本帝国主义的铁蹄踏进我泱泱国土，山河被破坏，村庄被烧光，兄弟被掠杀，姐妹被蹂躏。多少人家破人亡，多少人妻离子散。今天，回顾这一悲壮的历史，重翻这痛心的一页，您的心情如何呢？

材料四

在一次春节联欢晚会上，我国台湾影视歌三栖明星凌峰出任节目主持人，他以这样的方式介绍自己：

在下凌峰，台湾节目主持人，我和文章（台湾影星）不一样，虽然我们都得过"金钟奖"和"最佳男影星"称号。但是我是以长得难看而出名的（掌声）。两年多来，我们去大江南北走了一趟——拍摄《八千里路云和月》，所到之处呢，观众给予我们很多的支持，尤其男观众对我的印象特别好，因为他们认为本人的长相像中国（笑声、掌声）。中国五千年的沧桑和苦难全都写在我的脸上（笑声、掌声）。一般说来，女观众对我的印象不太良好：有的女观众对我的长相已经到忍无可忍的地步（笑声、掌声），她们认为我是人比黄花瘦，脸比煤球黑（笑声）。但是我要特别声明一下，这不是本人的过错，这是父母在生我的时候没取得我的同意就生成这个样子了……

材料五

某夏令营在进行篝火晚会，主持人一上场便说：

踏遍青山人未老，风景这边独好！朋友们，这里真是一个好所在啊！今晚繁星满天，篝火通红。这画一般的景色，激起我们诗一般的情怀……

**【练习题】**

1. 比较一下以上五篇材料作为节目开场白，各有什么特点？

2. 对以上材料进行仿说练习。

**【练习提示】**

以上是五种比较典型的节目开场方式：材料一是开门见山法，点明主旨，直接切入；材料二是曲径通幽法，娓娓道来，逐显真谛；材料三是情感烘托法，以情入境，引起共鸣；材料四是幽默调侃法，信手拈来，轻松幽默；材料五是情境导入法，借景抒情，情景交融。训练时，请根据开场方式的不同特点，来运用恰当的语言技巧，达到其表达效果。

## 三、串联技巧训练

**【练习材料】**

材料一

### 中秋赏月诗词吟诵会节目单

1. 一组赞美家乡山水的诗词吟诵

2. 葫芦丝独奏:《凤尾竹下》

3. 一组描写园林塔寺的诗词吟诵

4. 琵琶独奏:《春江花月夜》

5. 一组赞美濠河的诗词吟诵

6. 笛子独奏:《牧民新歌》

7. 一组描写南通人文风情的诗词吟诵

8. 二胡独奏:《水绘吟》

9. 民乐合奏:《花好月圆》

**材料二**

### 庆祝"六一儿童节"校园联欢会节目单

1. 舞蹈:《盛世欢歌》

2. 朗诵:《六月的鲜花》

3. 英语小合唱:《雨中的旋律》

4. 独唱:《我是裕固小羊倌》

5. 舞蹈:《茉莉花》

6. 独唱:《阿童木之歌》

7. 舞蹈:《少年军校》

8. 舞蹈:《新书包》

9. 葫芦丝:《阿佤人民唱新歌》

10. 歌曲:《我是草原小骑手》

11. 舞蹈:《蛙趣》

12. 独唱:《童年》

13. 舞蹈:《大红绸子舞起来》

**【练习题】**

请仔细阅读"导练略读"中的"串联节目的六种方法",并运用这六种方法,给以上两个活动的节目配上恰当的串联词。

**【练习参考】**

以下提供两个范本供参考和练习用。

### 中秋赏月诗词吟诵会主持人串词

男:尊敬的各位来宾、

女:亲爱的朋友们:

合:晚上好!

男:文峰钟鸣、濠河荡漾,

女:五山巍巍、江潮激荡。

男：举头望，月色清幽月正圆；
女：放声颂，情满江海情正浓。
男：楼台、月光、紫琅，
女：诗词、歌赋、飞扬，
男：沉醉、兴奋、高亢，
合：南通人赞家乡。
女：中秋赏月诗词吟诵会现在开始！
男：“苏东胜境挂春屏，波远天高负盛名。”
女：五山的壮丽峥嵘
连同他荟萃的历史和文化
是江海儿女心中矗立的丰碑。
男：下面就让我们一起聆听
从文人墨客笔端流淌出的
对五山由衷的赞叹——
请欣赏一组赞美五山的诗词。

男：灵秀的凤尾竹映衬着傣家女的多情和梦想，
绵延的五山也展示着南通人的胆魄和智慧，
就让我们在这动听的傣族乐曲中
透过依稀的月色
一起展望家乡的明天。
请听葫芦丝独奏：《凤尾竹下》。

女：园林塔寺是一座城市历史文化的积淀。
天宁寺、文峰塔、梅林春晓……
从这些幽深宏丽、古色古香的建筑群落中
我们分明看到了
一个古朴迷人的南通、
一个底蕴丰厚的南通
向我们走来——
请欣赏一组描写园林塔寺的诗词。

男：春江、花月、夜，
清风、古曲、人。
传统的丝竹中，蕴藏着一个无限美妙的境界。
请欣赏琵琶独奏：《春江花月夜》。

男：飘飘杨柳弹拨我们追求的乐章，
弯弯桥拱连接我们事业的梦想。
青青濠河水啊，
你是我们心中的理想与热望！
请欣赏一组赞美濠河的诗词。

女：草原牧民的悠悠笛音撞击着我们的心房，
时代奔涌的阵阵涛声也将在江海大地久久回响。
我们播种着历史的梦想，
我们收获着明天的希望。
让这心中的歌谣
在今天更加嘹亮。
请欣赏笛子独奏：《牧民新歌》。

男：为什么我的眼里常含着泪水？
因为我对这土地爱得深沉。
为什么我对这土地这般挚爱？
因为生我、养我、育我、爱我的
就是家乡南通。
请欣赏一组描写南通人文风情的诗词。

女：再多的话语都会被茫茫的风尘湮没，
再多的记忆都会被沧桑的岁月遗忘。
但在南通如皋的水绘园中，一对才子佳人
冒辟疆和董小婉故事，却被不断地传说，永久地珍藏。
请欣赏二胡独奏：《水绘吟》。
（紧接民乐合奏《花好月圆》在乐曲声中主持人上场）
男：南通，我们脚下的一方神圣的热土；
女：南通，我们呼喊的一个响亮的名称；
男：南通，我们涌动的一腔沸腾的热血；
女：南通，我们追寻的一个光荣的梦想。
合：祝家乡南通繁荣昌盛！
祝南通家乡花好月圆！
女：中秋赏月诗词吟诵会到此结束。

## 庆祝“六一儿童节”少儿文艺汇演主持词

（A.老师甲 B.老师乙 C.男学生 D.女学生）

开始语：

A：六月，有童年的沃土；

B：六月，有童年的太阳。

C：六月，是童年的摇篮；

D：六月，是童年的梦乡。

CD：六月，是我们的节日，全世界的儿童都在为它欢唱。

A：六一的鲜花绚丽多彩，

B：六一的阳光灿烂夺目。

C：在这充满欢乐和喜庆的节日里，我们沐浴着党和政府的阳光雨露。

D：新世纪的少年在这里集会，用歌声向祖国表达我们的谢意。

合：庆“六一”少儿文艺汇演现在开始。

A：今天，各位领导带着节日的问候，带着对我们的殷切期望来看望我们啦！让我们用最热烈的掌声欢迎他们的到来。

B：先让我们来认识一下光临晚会的各位领导、来宾。他们是……

让我们对他们的到来表示热烈的欢迎和衷心的感谢！

C：今天大家欢聚在一起，张开小嘴巴，让我们大声唱起来；

D：吹起小喇叭，让我们快乐跳起来。

CD：让我们一起来度过——我们的快乐童年！

节目一：舞蹈《盛世欢歌》

节目二：朗诵《六月的鲜花》

C：六月是火热的奔放的，

D：六月的我们是健康的向上的。

C：让我们昂起灿烂的笑脸，

D：让我们扬起理想的风帆，

CD：迎接更美好的未来！

C：请听实验小学的同学们为我们带来的朗诵：《六月的鲜花》。

节目三：英语小合唱《雨中的旋律》

A：广阔的海洋连起了整个世界，世界是那么的美好。

B：世界是个大家庭，英语是走向世界的工具。

C：Happy children's day！儿童节快乐！

D：我们天天学英语，人人说英语，同学们还会表演英语节目呢。

C：请看校文艺队的英语小合唱《雨中的旋律》。

节目四：独唱《我是裕固小羊倌》。

C:红穗穗 金杆杆,甩起我的小羊鞭,迎着朝霞去放牧,赶着羊群进草原。

D:绿草肥 雪水甜,草原辽阔不见边,羊儿乐得蹦蹦跳,马儿扬蹄跑得欢。

C:请欣赏歌曲《我是裕固小羊倌》。

节目五:舞蹈《茉莉花》

节目六:独唱《阿童木之歌》

A:我们的童年是伴着歌声渡过的。

B:是啊,《闪闪的红星》、《让我们荡起双桨》、《小松树》,一首首悦耳的少儿歌曲伴随着一代又一代的孩子渐渐长大

A:你还记得我们小时候就看过的动画片《铁臂阿童木》吗?

B:当然记得了,那可是个热爱科学、热爱和平、无私无畏的好少年啊!

A:好,就让我们一起来欣赏侯微同学为我们带来的歌曲《阿童木之歌》。

节目七:舞蹈《少年军校》

A:世界上最大的少年儿童组织当数中国的少年先锋队。近10年来,少先队组织在全国的少先队员中开展"三热爱"活动,一种辅助作风纪律培养和体能训练的教育载体——少年军校出现并迅速发展起来。

C:少年军校把军事知识的教育与培养我们少年儿童的自理能力、吃苦精神和团队合作意识有机地结合起来,为素质教育提供了广阔的空间。

A:如今,全国已经建立了8 000多所少年军校,每年接纳数百万少年儿童进行军事训练。

C:看,少年军校的小军人们英姿飒爽地朝我们走来了,请欣赏舞蹈《少年军校》。

节目八:舞蹈《新书包》

B:希望工程是由中国青少年发展基金会于1989年10月发起并组织实施的一项社会公益事业。它的目标是:改善办学条件,消除失学现象,配合政府完成普及九年制义务教育任务。

D:是希望工程让这花儿一样稚嫩的儿童能幸福地绽放在校园里,接受教育的芬芳雨露。

B:看,一群高原上的贫苦孩子收到了希望工程送给她们的新书包,她们高兴地蹦啊跳啊,用快乐的舞蹈表达她们对希望工程的感激之情。

D:请欣赏舞蹈《新书包》。

节目九:葫芦丝《阿佤人民唱新歌》

A:"村村寨寨,哎!打起鼓,敲起锣,阿佤人民唱新歌——"这首歌也许小朋友们不会唱,回去问问你们的父母亲,他们一定都会唱!

C:你想了解歌里唱的佤族人民吗?那么就请跟随着外国语学校带给我们的悠扬的葫芦丝一起走进佤寨吧!

节目十:歌曲《我是草原小骑手》

D:花儿吐着金蕊,蝴蝶飞来枝头闹,苗苗跳起舞,点点头呀,弯弯腰!

C:红红的花儿,青青的草,绿绿的柳枝,和我们一起在阳光下欢笑。

D:我们是草原上的小骑手,马儿驮着我们快乐地奔跑。

C:请欣赏董雪和李超凡同学为我们带来的歌曲《我是草原小骑手》。

节目十一:舞蹈《蛙趣》

D:六月,这热闹的节日里,小鸟在歌唱,蝴蝶在飞舞,小昆虫们在演奏,就连活泼可爱的小青蛙也来凑热闹了,瞧,它们来了。

节目十二:独唱《童年》

C:这梦幻般的世界,都来自六月的孕育,六月的培养,六月的成长。

D:六月,我童年的摇篮,我童年的梦乡,养育我的沃土,照耀我的太阳。

A:孩子们正享受着美好的童年,大人们曾经拥有过纯真的童年。

B:那么就让我们也随着《童年》这首歌,和孩子们一起追忆我们快乐的童年吧!

节目十三:舞蹈《大红绸子舞起来》

(直接上)

结束语:

A:尊敬的领导们、

B:敬爱的老师们、亲爱的同学们:

A:展望未来的一切,我们更加珍惜美好的六月。

B:拥抱这美好的六月,明天我们再创六月的辉煌!

C:我们是新世纪的雏鹰,

D:我们和时代的脉搏一起跳动,

C:我们与祖国同呼吸、共命运。

D:在这五彩斑斓的六月里,我们将用行动,向祖国妈妈

CD:交上一份出色的答卷!

A:“六一”文艺汇演到此结束。

B:亲爱的大朋友、小朋友们,

ABCD:再见!

### (三)结束语技巧训练

**【练习材料】**

**材料一**

会议主持结尾:

今天的会就开到这,希望会上的决定能变为会后的行动。各位在工作中要身先士卒,吃苦在前,享受在后。但愿下一次在这里开的是一个庆功会、表彰会。好,散会!

材料二

论辩主持的结尾：

我一开始就说了，这几位论辩手，一定会使大家一饱耳福。事实证明了我的话，真是名不虚传！让我们为他们精彩的辩论鼓掌！

材料三

文艺晚会主持结尾：

朋友们，教师是伟大而崇高的。他们是蜡烛，燃烧自己照亮别人；他们是小草，默默生存点缀人生；他们是渡船，迎着风险送走人们。在这晚会就要结束的时候，让我们深情地对他们道一声：辛苦了，人类灵魂的工程师。

【练习题】

认真阅读以上材料，体会各种不同活动的结束语特点，然后可以请同学进行仿说练习。

【练习提示】

结束语必须简短精要，千万不可啰嗦冗长，拖泥带水，更不可草草收场。第一个会议主持，一句“下一个在这里开的是一个庆功会、表彰会”就已经把领导的期待隐含在许诺里，具有鼓动性；第二个论辩主持一个“名不虚传”，既有对自己前言的照应，又有观后真实的评价；最后一个晚会主持，结尾用抒情的语言歌颂教师，用“辛苦了，人类灵魂的工程师”道出了所有人的心声。

【综合练习】

1. 试以下列材料作为话题，主持一次小型座谈会。

新浪网与国内17家媒体共同推出的大型公众调查：20世纪文化偶像评选活动于2003年6月20日正式落下帷幕。根据新浪网友和多家报纸读者的热心投票，综合统计了十大文化偶像排名，他们是：鲁迅、金庸、钱钟书、巴金、老舍、钱学森、张国荣、雷锋、梅兰芳、王菲。

要求：由1人主持，2～3人参加座谈。主持人必须有开场语、串联语、结束语。也可参与讨论。座谈的内容是怎样看待这种排名。每场座谈3～5分钟。轮换进行。

2. 下面是一次活动的方案，请撰写节目主持词。

### 师范生素质发展公开汇报方案

汇报题目为“孩子的春天——师范生素质发展毕业公开汇报”，汇报内容紧扣定向教育、文化传承、职业养成，分为“飞来的花瓣”、“成长的摇篮”、“孩子的春天”、“长大后我就成了你”四个篇章。具体节目设计如下：

| 序号 | 篇章 | 节目 | 备注 |
| --- | --- | --- | --- |
| 01 | 飞来的花瓣 | 合唱:《飞来的花瓣》 | 歌颂教师职业 |
| 02 | | 领导致词 | |
| 03 | | 诗表演诵:《青春树》 | 展现教育使命传承 |
| 04 | 成长的摇篮 | 基本职业技能现场展示 | 展示学生职业基本功。项目包括:黑板报、长卷画现场制作,即兴演讲、百首古诗和英文经典背诵抽测。请领导现场抽测并点评 |
| 05 | | 配音表演:《哆来咪》 | 展示学生英语基本功和艺术素质(英语对话、舞蹈、配乐、钢琴现场伴奏) |
| 06 | | 新民乐表演:《茉莉花》 | 反映多彩校园生活和艺术情趣(器乐、人声、造型相结合) |
| 07 | | 讲述表演:《成长的摇篮》 | 叙述学生师德历练的生动故事(配乐、造型) |
| 08 | 孩子的春天 | 模拟中队会出旗仪式 | 展示小学班队管理实践和能力 |
| 09 | | 儿童舞蹈表演 | 与小学生同台表演,体现师范生与儿童的交流 |
| 10 | | “音舞诗画”表演:《孩子的春天》 | 选取小语教材中春天主题的课文,以“音舞诗画”形式呈现,体现学生对教学工作的探讨、思考 |
| 11 | 长大后我就成了你 | 歌舞表演:《长大后我就成了你》 | 展现成师理想 |
| 12 | | 大合唱:《南通师范高等专科学校校歌》 | 全场大合唱,寓意百年师范精神的传承 |
| 13 | | 领导讲话 | |

各篇章间播放反映师范生培养进程和成长过程的视频片段,每段时间 2 分钟左右。

# 实践篇

## 动人：教师语言实践的第三目标位

“春风化雨”、“润物无声”，这是我们每一个人对教师语言的期待。我们所说的动人，也就是这样的境界。

教师“动人”的话语，不仅仅是“妙语生花”时博得孩子现时的几滴眼泪、一时的阵阵掌声、一课的如痴如醉，不仅仅是贯穿在启迪、说服、表扬、激励、批评、谈话等教育过程中的几句人生警句，不仅仅是导入、提问、过渡、讲授、说课等教学环节中的几段精辟设计，它是植入学生心灵的“爱”的语言。

对于教师来说，一生中最重要的东西是什么？苏霍姆林斯基的回答是：“热爱儿童。”——爱就是教师最美的语言。

泰戈尔有这样一句话：不是槌的打击，乃是水的载歌载舞，使鹅卵石臻于完美。

让我们的语言随着爱的节拍载歌载舞吧！

# 第十单元　口语交际训练

你应具有良好的心理素质，明确交际目的，谈吐得体，根据交际目的、交际情境快速确定话题、组织话料，集中、明晰、简洁、准确地进行表达。

## 训导模块

### 导学精读

#### 一、口语交际概述

“交际”英语称之为communication，有“通讯、交流、传达、(意见)交换”等多种含义。汉语中的“交际”的“交”有结合、通气、赋予的意思，“际”有接受、接纳、交合、彼此之间的意思。“交际”泛指人与人之间的往来接触。交际是人的本能。现代美国心理学家马斯洛就把交际需要列入仅次于生理和安全需要的基本生存需要。

而口语是口头上交际的语言，与书面语相对，是书面语产生和发展的基础和源泉。一般说来，它比书面语灵活简短。在文字产生以前，人类主要靠有声语言即口语进行交际。文字产生以后，出现了书面语，弥补了有声语言一发即逝的缺陷，使人类信息交流的存储进入了一个崭新的时代。但是，这并不意味着口语交际功能的削弱，口语的直面性、灵活性、情感性以及各种非语言因素的辅助作用等，都是书面语所无法比拟的。因而，口语交际仍然是人类最直接、最活跃、最频繁的交际形式。

#### 二、口语交际的特征

(一)目的性

不同的交际目的制约着人们不同的交际行为，人们总是选用得体的话语来实现某一特定的目的。在一定目的的支配下，人们才会产生言语交际的欲望和动机，从而进一步发展为口语交际的具体行为。

(二)直面性

口语交际是信息交流双方面对面的言语活动。信息主体需要对方对发出的信息当面作出反应，根据信息客体的信息反馈，信息主体再不断调整传输信息方式和内容。

(三)情境性

口语交际需要在一定的环境中面对一定的对象进行,交际主体自身也有着特定的角色身份,这是口语交际的情境性。

(四)随机性

口语交际的随机性,主要指交际的时间、地点、场合、对象和交际内容的不确定性。口语交际的随机性决定了言语交际者要必须具有敏捷的思维能力和应变能力。

## 三、口语交际的原则

(一)相关原则

在口语交际过程中,交际双方总是有说有听、有问有答地形成一个个交际回合,因此交际双方必须互相合作,配合默契。说话的内容不仅要与交际目的相关,而且对别人提出的问题不能避而不答或答非所问。

(二)可靠原则

谈话人双方都希望从对方的话语里获得真实而准确可靠的信息,“诚之所至,金石为开”,只有真诚可靠的语言才能建立起有效的交际活动。

(三)礼貌原则

说话态度谦虚,有礼貌,又具有一定的审美价值,就可以使话语更加富有力量。日常生活中,多用礼貌语表达情感,可以对交际产生良好的帮助。

(四)察境原则

口语交际作为一种社会活动,必然是在一定的社会环境中进行的。交际的双方处在这样的特定环境之中,就必然受这一环境的制约。因此在口语交际时,必须注意社会环境(民族、地域、文化等)、场合环境(正式与非正式、悲伤与喜庆、场合大小等)。

# 训练模块

## 一、称呼与介绍

**训练要点**

根据不同的场景,灵活、准确地进行称呼、介绍。

## 导练略读

### (一)称呼

称呼的方式因国家地域和时代的不同,习惯也各不相同。

1.工作中的称呼。

(1)职衔称谓。对国家公务人员和专业技术人员,在正式场合流行称呼行政职务和职称,如"王总经理"、"李主任"、"张教授"、"赵律师"等。可只称职位或职称,也可以在职务和职称前加上姓。但西方人一般不用行政职务称呼人,如不称别人为"某某局长"、"某某校长",而只在介绍时加以说明。

(2)职业称谓。在正式场合,称呼对方的职业,带有尊重对方职业和劳动之意,如"王师傅"、"李老师"、"张医生"等。切不可用鄙称称呼对方的职业,如"开车的"、"教书的"、"唱戏的"等等,这对人是极不尊重的。

(3)泛尊称。这是随着改革开放从西方传入的一种称谓。一般情况下,男性称"先生",未婚女性称"小姐",已婚女性可称"夫人"或"太太",成年女性不明确其婚姻状况的则一律称"女士"。这种称谓在商务交往、公关活动和国际交往中使用极为普遍。

2.生活中的称呼。

(1)对亲属的称呼。对亲属的称呼,早已约定俗成,关键是要使用准确,切忌乱用。

(2)对熟人的称呼。大体可分三种情况:

a.敬称。对长辈或有地位身份者,大都可用"先生",如"李先生"、"欧阳先生"。对某一领域中有一定成就者,可以称之为"老师",如"王老师"、"卫老师"。对同行中前辈、德高望重者,可以称之为"公"、"老",如"夏公"、"郭老"。

b.亲近性称呼。对邻里、至交,有时也可以采用"大爷"、"大妈"、"大叔"、"阿姨"等类似的称呼,它往往会给人以亲切、信任之感,如"张叔叔"、"李阿姨"等。

c.姓名性称呼。平辈之间或长辈称呼小辈,可以直呼其名。有时朋友、熟人只呼其姓而不称其名,尽在前加上"老"、"大"、"小",如"老王"、"大张"、"小顾"。对关系较为密切的朋友或小辈之间还可以直呼其名而不称其姓,如"雨晨"、"国春"等。

3.需要注意的问题。

(1)简称一般只在非正式场合使用,如"张总"、"刘工"等。正式场合最好用全称,这样才显得庄重得体。

(2)"哥们儿"、"兄弟"、"李姐"称呼看似随意亲切,但在正式场合却显得俗气、素质不高。

(3)任何情形下,都不能无称呼就开始交谈,或以"喂"、"哎"等叹词招呼对方。

（二）介绍

1. 自我介绍。

自我介绍的内容是随着场合而调整的。

(1)公务场合。正式的自我介绍中，姓名、单位、部门、职务缺一不可。如："你好，我叫袁敏，是迦南集团公关部经理。"有职务一定要报出职务，若职务较低或无职务，则可报出自己目前所从事的具体工作。如："你好，我叫蔡琴，在天南集团广告部从事广告策划工作。"

(2)社交场合。大家彼此不太熟悉，若一时无人为你作介绍，你可介绍与主人的关系或其他内容。如朋友的结婚典礼上，你可这样介绍自己："你好(大家好)，我是周萍的中学同学，我叫周密。"

应当注意的是，在自我介绍时，不要为自己加上许多不必要的装饰，不要只通报姓氏，不报全名，也不能称自己为小姐、先生。

2. 介绍他人。

(1)介绍顺序。介绍的顺序要遵循"尊者优先了解情况"的原则。具体做法是：把职位低的介绍给职位高的，把男性介绍给女性，把晚辈介绍给长辈，把主人介绍给客人。在公务场合，首先要以双方职位的高低来确定介绍顺序，其次才考虑女士优先或长者优先的原则。

在为他人做介绍时，常常会碰到被介绍一方或双方不止一人的情况，应该先把双方当成个体，按照"尊者优先了解情况"的原则加以介绍。然后再按照身份由高到低的顺序介绍各自一方的成员。

(2)介绍时的姿势和语言。介绍时的手势应是掌心向上，胳膊略向外伸。当别人介绍到你或对方向你自我介绍后，你应起身微笑、点头或握手回应；如不便起来，则要微笑欠身表示礼貌。

介绍时要讲究介绍的礼仪，为人们介绍时，最好先说明一下，"请允许我来介绍一下……""很荣幸向大家介绍……"之类的介绍语，切勿开口就讲，使人感到突如其来，措手不及。

介绍时的语言要简明扼要，要用尊称和姓氏称呼别人，如："王先生，这是迦南公司的李经理。"切勿直呼其名。

(3)介绍时的内容。为他人进行介绍时，不仅应注意前后顺序、说话时的姿态，而且还应当斟酌介绍的具体内容。通常，替他人进行介绍的具体内容有四种基本模式。

a. 标准式。适用于各种正规场合，基本内容应包括介绍双方的单位、部门、职务与姓名。如："我来介绍一下，这位是天顺集团副总经理令狐先生，这位是润江港口集团董事长崔小姐。"

b. 简介式。适用于一般性的交际场合，其内容往往只包括被介绍双方的姓名，有时甚至只提到双方的姓氏。如："我替两位作个介绍，这位是小夏，这位是老侯，大家认识一下吧。”

c.适用于普通的社交场合。介绍者只需要将被介绍者双方引导到一块儿，不需要涉及任何具体的实质性内容。如：“两位还不认识吧，其实大家都是做房地产生意的，只不过不曾见过面。两位自报家门吧。”

d.强调式。多在交际应酬之中使用，其内容除被介绍双方的姓名外，通常还可以强调一下其中一方或双方的某些特殊之点。如：“这位是美国公司的华盛顿先生，这位是《香江日报》的摄影记者吴红小姐。对了，华盛顿先生是个中国通，他可以讲非常流利的中文。”

**【练习题】**

1.作一次精彩的、别具一格的自我介绍。

2.武汉清远集团是一家生产电动车的企业，厦门东丽集团是一家生产蓄电池的大型企业。双方为进一步加强合作，商定在武汉金桥大厦18层商务会谈。清远集团吴总经理安排秘书李元去宾馆迎接对方陈总经理一行三人，把他们接到会谈现场。根据案例内容，模拟李元在武汉金桥大厦18层会谈现场为双方作介绍的情景。

## 二、说服与安慰

### 训练要点

1.了解心理因素对说服教育的影响。

2.理解和掌握说服与安慰的基本要求和注意事项。

3.掌握常用的说服与安慰的方法。

### 导练略读

#### （一）说服

1.说服的含义。

说服，就是运用一定的战略战术，通过交互式的信息符号的传递，以非暴力手段促使对方改变观念或行为，试图达到预期目的的人类活动。说服往往就是教育。

2.说服的注意事项。

（1）了解和研究说服对象。在说服前和说服中要注意了解和把握以下内容：对象的基本情况；问题产生的原因；妨碍说服的心理障碍；对象心境、心态及其变化；对象对说服者的态度；对象的性格、情趣；说服的根据。

（2）融洽感情。融洽感情、消除心理壁垒是从双方的心理沟通上来说的。情感障碍和心理壁垒总是产生于情感距离、理智误区和利害盲区，因此，注入情感、晓之以理、明确利害，是融通感情、消除壁垒的基本方法。

（3）创造氛围。要求创造尽量好的说服气氛，好的外在环境（人的协同和物的环境）。好的氛围有利于心理转化。

(4)把握时机。不该说的时候说了,不会有好的效果;该说的时候不说,说话的最佳机会往往很难再找回来。

(5)投其所好。说服工作要针对对象的心理障碍、问题产生的原因来进行,用理由充分的话使对方心服,投其所好,把话说到对方的心坎上。

(6)足够耐心。每个人都有自己的个性和行为处事的习惯,有对某一事物的看法和想法,要说服对象改变自己的看法,放弃原有的想法,就需要足够的耐心,不急不躁,不强人所难,才能达到预期的说服目的。

3.说服的方法。

(1)视线转移。在发出说服信息的同时,伴以与说服内容无关的视听刺激。这种伴随的刺激会减弱对方对信息的理解,同时也干扰了批评说服的论证,因而可以增加说服的短期效果。

(2)限制性选择。人是能做出选择的动物,并且人总以为自己的选择是最好的。因而,如果在说服中,给对方一定的选择机会,不仅能使对方相信你的诚意,而且也容易满足对方的自尊心,达到说服的最终目的。

(3)潜隐说服。运用潜藏信息,在人们毫无察觉的情况下对人们施加影响,这是一种利用对方的潜意识进行的说服,主方是隐藏在暗中的操作者,客方会在毫无防备、不知不觉的状态下接受说服信息。

(4)反差法。将有差异的同类物体 A 和 B 按先后顺序连续呈现在一个人面前时,这个人的感官会“夸张”物体 A 和 B 的差异。如商场门前的打折处理广告等。

(5)让步法。在说服活动中,有时为了能谋求一致,达成协议,就要有所变通,做出让步。有时明智后退,反而可以前进,取得胜利。《史记》“将相和”的故事就是一个很好的例子。

(6)事实疏导。通过事实(情况、事例、数据、实验等)来辨明是非,讲清道理;用澄清事实来消除误会,从而调整认识和心态。这是最有力最常用的说服方法。

(7)正话反说。站在错误的(一般是对象的)角度,按照错误的逻辑来说话,使对象明显觉察到说话的逻辑错误,从而改变、改善自己的认识、情感、行为状态。实际上是归谬与暗示的结合。这种方法有着较强的刺激性,因此往往有着振聋发聩的作用。

(8)赞扬恭维。用赞扬、恭维的办法让对象明白道理,看到问题,调整心态,找到自己的坐标。

(9)诱导明理。不直接把道理讲出来,而是引导对象通过思考明白道理,解决问题,多用提问的办法。

(10)分析说理。分析事物、分析事物与事物之间的内在联系,让对象明白道理或利害关系。

(11)角色易位。一是站到对方的角度去理解对象,使对方得到被理解的满足;二是引导对象换位思考,以引起对象的情感体验。

(12)利法堵截。让对象明白危害,以法规制度告诉其不可行,逼其回头,多与疏导结合起来进行。

(13)情感共鸣法。从关心对象出发,用适当的话语来拨亮对象的心灯,人是情感动物,用真挚的情怀去感动对方,使之放弃原有的立场、观点,信服劝说者所提出的建议,是劝说成功的重要保障。

(14)比喻说理。用打比方的办法来讲道理,往往能收到深入浅出的效果。

### (二)安慰

1. 安慰的含义。

安慰,就是通过会话调适、改善对方心态的活动。安慰常常采用教育和说服的方法。

2. 安慰的注意事项。

(1)设身处地。一般来说,安慰者并没有亲身经受当事人所遭遇的不幸或不顺。因此,必须从当事人的实际情况出发,从事情的起因与结果出发,注意双方情感的交流与沟通。而在向对方了解有关情况时还应该注意适度,不可一味打听,涉及对方隐私时更要出言谨慎。

(2)注意场合。别人都是在遭遇挫折或者不幸时才需要他人的安慰,很多时候还涉及隐私问题,一般都不希望张扬。因此,我们应注意选择合适的场合进行安慰。

(3)耐心细致。挫折与不幸来临时,大部分人难以做到在极短的时间里就调整好自己的情绪与心态,因此,安慰者要有心理准备,不可能三言两语就让别人从痛苦中走出来,只有耐心细致地开导,才能起到"随风潜入夜,润物细无声"的效果。

(4)兑现诺言。在安慰别人的时候一般为了表示自己的诚心,有时会对被安慰者表示可以提供一定的帮助。一旦做出了承诺,就必须在可行的范围内拿出支持的实际行动。

(5)积极鼓励。安慰别人最好的办法就是帮助被安慰者找到自信,通过合适的言语方式给予对方以信心,使其重新振作起来,对自己的明天,对未来的生活充满信心。

3. 安慰的方法。

安慰的语境多种多样,安慰方法的运用应视具体语境而定。安慰的方法有一些是可以参照说服的方法的。

(1)寻找值得可以肯定的因素。很多人悲观失望,是因为看不到自身的积极因素而造成的。因此,我们在安慰别人时,就可以通过帮助别人寻找积极的值得肯定的因素而实现安慰的目的。

(2)突出客观原因。当事人遇到挫折和不幸,主客观原因肯定是并存的,我们可以在适度引导当事人正视主观因素的同时,适当地突出客观原因,以便增添当事人的信心,使之不过于自责,造成长时间的心理障碍。

(3)现身说法。一是谈自己的挫折、弱点和教训,来启迪对象心智,平衡对象心态;二是用自己的行为给对象做出样子,促进对象转化。

(4)寻找更倒霉的参照。寻找比当事人更倒霉的参照,可以让当事人心理平衡:在别人的痛苦面前,自己的痛苦还真算不了什么,别人都能挺过来,我又有什么办不到的呢!

(5)分散注意力。设法分散当事人的注意力,将当事人关注的重心转移到其他有益于当事人调整心态、摆脱痛苦的事物中去。

(6)幽默风趣法。使用幽默风趣法便于营造轻松的氛围,消除当事人的不愉快或者紧张心理。但值得注意的是,如果当事人遭遇了大不幸,则不宜使用该法。

(7)送梯法。当对象处于尴尬中时,为其提供某种事实、某种理由、某种谎言,或者作出让步,来让对象下台,以平衡其心理。

(8)激将法。用贬低对象的话来刺激对象,以改变其态度。激将法主要着眼于对象的自尊心。

(9)善意谎言。为着说服和安慰对象,向对象隐瞒一些情况,甚至编造一些谎言。

(10)引导发泄。当对象存在不良情绪而进入心理失衡状态时,引导其释放不良情绪,如让委屈的人倾诉,让痛苦的人痛哭,让愤怒的人喊叫或摔东西。发泄以后,对象心态一般会进入较平衡状态。

## 训练项目

### (一)阅读案例,拓宽视野

**【训练材料】**

**材料一**

西方有一个关于法庭技巧的故事:某律师想减弱对方发言的效果,就在对方向陪审团作总结陈述时,拿出一只雪茄烟来抽。律师事先在雪茄烟中心插进了一枚大头针,所以烟抽了一半,烟灰却被大头针支撑着掉不下来。烟灰越来越长,陪审员们都惊讶地观察着这种违反常规的现象,而不注意对方的发言了。据说这位律师打赢了官司。

**【训练提示】**

这位律师采用的就是"视线转移法"。在说服中当说服者估计听众持有反对或态度不友好时,常用"视线转移法"来增加成功的机会。例如,竞选中候选人发表演说时多用鲜花、旗帜、背景音乐等视听刺激来伴随说服活动。

需要注意的是,视线转移法的使用应当适度。假若伴随刺激过强,则会干扰客方对信息的基本理解。另外,转移法只是有利于取得直接的短期效果,若想得到持续的效果,还是要建立在客方充分理解说服信息的基础上。

**材料二**

司法干警对犯人的劝说工作,其困难程度是可想而知的。某监狱管教对犯人讲:"在座的各位,你们大概不会相信,我们的任务和你们的愿望,和你们家属的愿望是完全一致的,就是让你们早日离开高墙,离开这铁网,离开我们这些看管你们的干警,回到你们的家里，与父母兄弟姐妹，与妻子儿女团聚。是啊，谁愿意在这里度日如年呢？别说是十年八年，就是十天八天也难熬啊。再说，年轻人像个活泼自在的小鸟，谁愿意整天困在这笼子里呢？恨不得早日插翅飞出这监狱，飞出这牢笼。各位，你们对我们的任务还持怀疑态度吗？不该了，实在不该了。你们当中减刑或提前释放的愈多，说明我们的工作做得愈实在，愈好。我们就要立功，就要受奖。相反，你们当中加刑的多了，说明我们工作不力，没有做好。从这个意义上说，我们的任务同你们的愿望不就一致了吗？"

**【训练提示】**

可以想象得出，这火一般滚烫而且中肯的话语对于融化罪犯心中的冰雪，使之痛改前非重新做人该起多大的作用。这段劝说词告诉我们，劝说别人，最要紧的一条便是认真研究对方的观点、思想形成的原因，从而有的放矢地切中要害地进行劝说，不能只是阐述自己的观点或主张，不能只说自己的理由。对对方的想法了解得越多，越具体，劝说越有说服力，越能打动对方的心。

**材料三**

陶行知先生在担任一所小学校长时，看到男生王友用泥块砸班上的同学，当即制止了他，并要他放学时到校长室去。

放学后，陶行知来到校长室，王友已经等在门口准备挨训了。陶行知没有批评他，却送了一块糖给他，说："这是奖给你的，因为你按时来到这里，而我却迟到了。"

王友惊异地接过了糖果。

接着，陶行知又从口袋里掏出一块糖给王友，说："这块糖也是奖给你的，因为当我不让你再打人时，你立即住手了，这说明你很尊重我，我应该奖励你。"

王友迷惑不解地接过了糖。

陶行知又掏出了第三块糖，说："我调查过了，你用泥块砸那些男生，是因为他们不守游戏规则，欺负女生。你砸他们，说明你很正直善良，有跟坏人斗争的勇气，应该奖励你啊！"

听到这里，王友感动极了，他流着眼泪后悔地说："陶校长，你打我两下吧！我砸的不是坏人，而是自己的同学呀！"

陶行知满意地笑了，他随即掏出第四块糖，递给王友："为你正确的认识错误，我再奖给你一块糖。"待王友接过糖，陶行知说："我的糖给完了，我看我们的谈话也完了吧。"

**【训练提示】**

在上例中，面对陶行知，王友已有了几分戒备，准备认倒霉，挨训走人。然而陶行知并没有批评他，而是通过肯定的话语肯定他的守时，肯定他有令即止，肯定他的正义感，肯定他的自我反思。陶行知的肯定，从内心深处打动了王友，让王友情不自禁地反思自我，剖析自我，认识自己的错误。

哲人詹姆士说过："人类本质中最殷切的要求是渴望被肯定。"因此，在说服过程中多采用“连续肯定法”可以取得令人满意的结果。

**【练习题】**

仔细阅读下列几则案例，分别回答问题。

**案例一**

1999年秋，父母把我送来学校，办完入学手续，就回家了。第二天，我感冒了，从来没离过家，没离过父母，特别想爸妈。我躺在床上，不吃药，也不吃饭，同学们怎么劝也没用。班主任王老师走进来，看着我笑，帮我擦眼泪，说：“小女孩嘛，哭不算缺点。”又哄我吃药，“听话，把药吃了”，端来开水喂我。让同学打来冷水，为我擦脸、擦手，然后敷额。又为我掖好被子，陪我说话。

王老师：“小感冒，不要紧的。”我没吭声。

王老师：“想爸爸妈妈，是不是？”我点头，眼泪流了下来。

王老师：“你爸妈都有事，不能陪着你。”

我：“我从没离开过爸妈。”

王老师：“你出来学习是为了什么呢？你爸妈希望你怎么样呢？”

我：“这我知道。班上就我最小，我跟他们玩不来。”

王老师：“谁说玩不来呢，你们会成为好朋友的。你问她们。”

同学们都望着我友好地笑。王老师：“过来拉拉手，做个好朋友。”同学们一个个过来与我拉手，我笑了。

王老师坐了一会儿，又说：“有事来找我，有空来我家玩，我女儿都出去了，家里没小孩。”

我感觉他就像父亲一样。

问题：

1. 具体分析这场交际在了解、把握对象，对症下药方面的得失。

2. 具体分析对象的心理(认识、情感等)，老师是怎样从对象的现有状态出发引导对象调适心态的？

3. 分析王老师在这场交际中的角色身份，他把自己同“我”的关系调整到了一种怎样的状态？为什么要这样做？

**案例二**

有个“的姐”把一男青年送到指定地点时，对方取出尖刀逼她把钱都交出来，她装作害怕样交给歹徒300元钱说：“今天就挣这么点儿，要嫌少就把零钱也给你吧。”说完又拿出20元找零用的钱。见“的姐”如此直爽，歹徒有些发呆。“的姐”趁机说：“你家在哪儿住？我送你回家吧。这么晚了，家人该等着急了。”见“的姐”是个女子又不反抗，歹徒便把刀收了起来，让“的姐”把他送到火车站去。见气氛缓和，“的姐”不失时机地启发歹徒：“我家里本来也非常艰难，咱又没啥技术，当时就跟人家学开车，干起这一行来。固然挣钱不算多，可日子过得也不错。何况自力更生，穷点儿谁还能笑话我呢！”见歹徒沉默不语，“的姐”持续说：“唉，男子汉四肢健全，干点儿啥都差不了，走上这条路一辈子就毁了。”火车站到了，见歹徒要下车，“的姐”又说：“我的钱就算辅佐你的，用它干点闲事，以后别再干这种见不得人的事了。”一直不说话的歹徒听罢忽然哭了，把300多元钱往“的姐”手里一塞说：“大姐，我以后饿死也不干这事了。”说完，低着头走了。

问题：

这位“的姐”采用了什么样的方法化险为夷，并成功地说服了歹徒中止了犯罪？

**案例三**

两个同龄的年轻人同时受雇于一家店铺，并且拿同样的薪水。

可是一段时间后，叫阿诺德的那个小伙子青云直上，而那个叫布鲁诺的小伙子却仍在原地踏步。布鲁诺很不满意老板的不公正待遇。终于有一天他到老板那儿发牢骚了。老板一边耐心地听着他的抱怨，一边在心里盘算着怎样向他解释清楚他和阿诺德之间的差别。

“布鲁诺先生，”老板开口说话了，“您现在到集市上去一下，看看今天早上有什么卖的。”

布鲁诺从集市上回来向老板汇报说，今早集市上只有一个农民拉了一车土豆在卖。

“有多少？”老板问。

布鲁诺赶快戴上帽子又跑到集上，然后回来告诉老板一共四十袋土豆。

“价格是多少？”

布鲁诺又第三次跑到集上问来了价格。

“好吧，”老板对他说，“现在请您坐到这把椅子上一句话也不要说，看看阿诺德怎么说。”

阿诺德很快就从集市上回来了。向老板汇报说到现在为止只有一个农民在卖土豆，一共四十口袋，价格是多少多少；土豆质量很不错，他带回来一个让老板看看。这个农民一个钟头以后还会弄来几箱西红柿，据他看价格非常公道。昨天他们铺子的西红柿卖得很快，库存已经不多了。他想这么便宜的西红柿，老板肯定会要进一些的，所以他不仅带回了一个西红柿做样品，而且把那个农民也带来了，他现在正在外面等回话呢。

此时老板转向了布鲁诺，说：“现在您肯定知道为什么阿诺德的薪水比您高了吧！”

（节选自张健鹏、胡足青主编《故事时代》中《差别》）

问题：

老板话不多，为什么也能说服布鲁诺呢？

**案例四**

一位老太太出门时摔了一跤，后背受伤缝了好几针，躺在床上情绪低落。媳妇安慰道：“婆婆，你运气好得很呢！”婆婆听了很生气：“你还是人吗！有你这么说话的吗!”媳妇并不恼,又说:“婆婆,我看你有三个运气。一是摔的季节好,如果是大热天,躺在床上,连澡也洗不成,那不是活受罪吗?二是地点好,摔在家里没人知道,摔在马路中间又太危险了。三是部位好,后背受点伤,就是落下疤痕也没人看见。婆婆,你说你运气好不好?”婆婆听了不由得眉开眼笑了。

问题:

媳妇用什么办法安抚了婆婆?为什么能够生效(投合了人的什么心理)?

**案例五**

苏轼曾在京城为官。一天,一位老朋友前来拜访,想请他或他弟弟苏辙帮忙弄个官职。苏轼没直接拒绝,而是给老友讲了一个故事,来说服他放弃这个念头,“有一个人穷得混不下去了,想靠盗墓弄点钱财。他连续挖了几个墓,都一无所获。他看到跟前有伯夷和叔齐的墓,就先挖开了伯夷的墓。这时,墓内传来伯夷的叹息:‘我伯夷在首阳山挨饿,瘦成了一把骨头,我是无法满足你的要求的。’盗墓人听了,懊丧地说:‘那我只好再把叔齐的墓挖开碰碰运气了。’伯夷说:‘你还是到别处另想办法吧!你看我这般模样,就知道我老弟那里也是无能为力的了。’”来人听后,开始一愣,但很快便面红耳赤,知趣地走了。

问题:

苏轼采用的说服方法可以说是拐弯抹角,这样的说服方式最大的好处是什么,在什么情境下使用最科学合理?

**案例六**

某男同学骑自行车不小心摔了一跤,上医院花了700多元钱,脸上还留下了几道细细的疤痕,因此天天闷闷不乐。我知道他的心思,对他说:“700元钱算得了什么,要是摔坏了脑袋就惨了。”他说:“那是,算是万幸。”但还是高兴不起来。我又说:“你细皮嫩肉的,像个女孩子,现在多了几条细纹,粗犷多了。”他说:“是吗?”脸上泛起了笑容。

问题:

“我”采用了哪些安慰方法?为什么能生效(具有怎样的心理针对性)?

**案例七**

我爸爸烟瘾很重,可我讨厌那股烟味,就劝爸爸不要吸烟。爸爸说:“大人的事小孩子不要管。”我对此很是苦恼。

晚上临睡前听广播,广播里介绍如何让抽烟的人戒烟,我得到了启发。第二天,我主动跑到爸爸跟前,对爸爸说:“爸爸,我帮你点烟吧。”爸爸很高兴,把烟给了我,我接过烟,把它点燃。然后,从口袋里拿出一张白纸,用烟去熏它。被熏的地方很快就变黑了。我看着爸爸说:“这就是你的肺,你再抽烟,你的肺就会像这张纸一样。”爸爸目瞪口呆地望着我。

以后爸爸就很少抽烟了,不久后又戒了烟。

问题：

1.“我”是从哪方面做工作的？该方面具有怎样的心理针对性？

2.“我”采用了什么说服方法？

**案例八**

我打工的时候，结拜了一个妹妹。

一次她对我说：“我的家比任何一个家都冷，我从小就没体验过父爱、母爱。四岁时，父母就把我扔在奶奶家，自己在外面赚钱。对于他们，我一点感觉也没有。我哥也是这样，连爸妈都不想叫。后来他们在城里买了房子，把我们接过去，可我们没感情，不叫。”

我听了很难受，说：“你父母真可怜！想尽法子为你们好，到头来却让你们恨，真不值！是吧？”

她说：“赚那么多钱有什么用？……我们从小就没得到父母多少关爱。”

我很气，但平静地说：“是啊，你爸妈确实不对！赚那么多钱干嘛呢？又不能带到地下去。儿女才重要，为什么不守着他们呢？你以后有了小孩，千万不要去赚钱，再穷也要跟孩子在一起，活不下去也没关系，总比让你自己的孩子恨一辈子强啊！”

她愣了一下，说：“大姐，真要谢谢你。今晚我就打个电话回家去。”

问题：

1.文中妹妹问题的症结是什么？

2.“我”用了什么说服方法？为什么一句话就把对象唤醒了？

**案例九**

曹操八十万大军南侵，东吴众臣一片主降之声。孙权举棋不定。

肃曰：“恰才众人所言，深误将军。众人皆可降曹操，惟将军不可降曹操。”权曰：“何以言之？”肃曰：“如肃等降曹，当以肃还乡党，累官故不失州郡也；将军降曹，欲安所归乎……”权叹曰：“诸人议论，大失孤望。子敬开说大计，正与吾见相同。”

问题：

鲁肃在这里用了什么说服方法？为什么会成功？

**案例十**

一个干了十年笔墨生涯的人向他的三个朋友诉苦说，他至今还无力购置一张宽大的书桌，使之能舒服地工作。他的朋友是这样安慰他的，甲说：“世界上的伟大杰作皆是从小书桌上产生的。”乙说：“继续努力吧，总有一天你会有一张宽大的书桌的。”丙说：“环境太安逸了，往往写不出好作品的。”

问题：

三个朋友，谁的安慰词讲得最好，谁的最差，为什么？

### （二）说服模拟练习

以小组为单位，从当事人（被说服者）的以下情况中任选一种，根据具体语境设计

“说服”方案，然后上讲台进行模拟训练。

1. 甲班与乙班比赛篮球，因裁判失误，甲队两名队员同裁判发生争执，有的乙队队员又站在裁判一方参加争吵。你是甲队队员，如何化解？

2. 同学们对某老师的教学工作有意见，但该老师较自负，听不进不同意见。你是课代表，如何向老师转达同学的意见？

3. 你当值日生，刚打扫完教室，一位同学边吃甘蔗边将渣吐到地上。你批评他，他却说：“你值日就是打扫卫生的，我不吐，要你干啥？”你如何帮助他认识错误？

（可另设计一些话题）

（三）安慰模拟练习

以小组为单位，从当事人（被安慰者）的以下情况中任选一种，根据具体语境设计“安慰”方案，然后上讲台进行模拟训练。

(1)事业受挫

(2)遭人误会

(3)身患重病

(4)丢失钱物

(5)考试失利

## 三、赞扬与批评

### 训练要点

1. 理解影响赞扬、批评的心理因素。
2. 了解赞扬、批评的交际作用。
3. 理解和掌握赞扬、批评的基本原则以及常用方法。

### 导练略读

（一）赞扬

1. 赞扬的含义。

赞扬是对对象的称赞和推崇，包括平行关系之间进行的、下位主体对上位对象的以及在私下进行的所有称赞和推崇。而表扬则是上位主体对下位对象所进行的公开称赞和推崇。

2. 赞扬的原则。

(1)客观原则。以事实为基础，实事求是。一是要有值得赞扬的事迹；二是表述事迹和评价事迹没有明显偏差；三是要具体，用事实说话。

(2)真诚原则。发自内心，实实在在，真诚恳切，情真意切。不虚情假意，不奉承恭维。

(3)公正原则。公平正直,不偏私。对集体的表扬,要分清主次,突出重点,兼顾一般。

(4)得体原则。一要有明确的目的,该赞扬的赞扬,不该赞扬的不滥赞扬。二要看对象,根据对象的特点来确定是否有必要赞扬,从哪个角度赞扬,用什么方式赞扬。三要兼顾左右,不要使人觉得你在扬此抑彼,厚此薄彼。四要注意方法。

3.赞扬的艺术。

(1)赞美的具体化。空泛化的赞美,虚幻,生硬,使人怀疑动机,而具体化的赞美,则显示真诚,如对一位女士说一千遍的你真漂亮,不如说她像某位世界级的明星。

(2)从否定到肯定的评价。如:“我很少佩服别人,你是个例外,我一生只佩服两个人,一个是×××,另一个是你,……”

(3)见到、听到别人得意的事,一定要去赞美。如一个人给你看了他小孩的相片,那么一定要夸小孩,你无声地放回去,别人会很不高兴的。

(4)适度指出别人的变化。你在我心目中很重要,我很在乎你的变化。如同事穿了一件新衣服,合身的就夸漂亮,不合身就夸有特色。生活中长时间不见面,无论说你胖了瘦了都是很舒心的。

(5)与自己做对比。通常情况下,一般人是很难贬低自己,如果你一旦压低自己同他做比较,那么就会显得格外真诚。

(6)似否定实肯定的赞美。当年“文革”时,贴周恩来的大字报,其中有一张被邓妈妈当做宝贝收藏起来,这是因为那张大字报上大意是:请总理珍惜身体,他的身体是属于全国人民的。

(7)信任刺激。如:“只有你……能帮我……能做成……”

(8)给对方没有期待的评价。如你夸美女美,那么她不会有太多的感触,因为大家都这么说她,所以你就要说她有性格,有素质,有涵养。

(9)当一个捧人的角色。与领导在一起,要注意把别人对你的赞扬引到你的领导身上,当然同非领导在一起,我们也有这么做的必要性,以彰显我们的胸怀。

(10)记住对方特别的日子,或是特别的事情,在关键的时候提出来,给对方一惊奇。

### (二)批评

1.批评的含义。

批评是为着帮助人警醒人而指出对象的缺点和错误,它不同于对对象的贬斥、讥讽、攻击、谩骂。

2.批评的原则。

批评要从善良的愿望出发,以教育人、帮助人、团结人为目的。要注意方法,追求好的效果,通过批评,达到教育帮助团结人的目的。

(1)充分必要原则。过多的批评收不到好的效果。教育人、帮助人有许多方法,当选择别的方法更好时,就不要选择批评。

(2)尊重诚恳原则。尽量照顾对象的脸面和情感,多用启发的话语,少用评判的口气;脸色平和,语气温和;批评当中见爱心,唠叨里面含感情。

(3)客观公正原则。弄清原委,分清责任,不全盘否定,不一味批评。

(4)教育原则。就事论事,对事不对人;不仅仅指出错处,更要指出错误的原因。

(5)适度原则。既不要轻描淡写,姑息迁就,又要注意大处,不究细节;要尽量简明扼要,一语中的;要讲究分寸,注意弹性。

(6)因人因境原则。看对象,看对象同自己的关系,看场合,看时机。

3. 批评的艺术。

(1)建议、希望法。不直接指出对象的缺点和错误,而是有针对性地提出建议和希望,从而使对象意识到自己的差距。

(2)关爱、提醒法。站在对象的角度来分析利害关系,用提醒的方法指出对象的缺点和问题,使对象在认识自己的缺点和问题的同时充分认识批评者的诚意。

(3)赞扬法。明扬暗抑,用赞扬的方法让对象意识到自己的缺点和问题。

(4)询问商讨法。向对象了解与对象的缺点错误有关的事实和情况,或同对象一起分析其缺点错误的危害,研究改正和克服的办法。

(5)自承责任法。宣示自己对批评对象的缺点错误负有一定责任,可为其缺点错误定性,也使对象了解自己的批评诚意。

(6)现身法。在指出对象的缺点错误的同时,显示自己也有过同对象一样或类似于对象的缺点错误,目的在于减轻对象的心理压力。

(7)借他人口。转达别人对对象的意见和看法,同时也表明自己的态度。

(8)打比方。不直接批评,而用比喻的办法来让对象认识缺点和错误,避免了僵硬的说教,又便于让对象明白自己的问题。

(9)旁敲侧击法。一种作法是顾此言彼,言外有意;一种作法是漫无所指(不点名),斯人自知。

(10)震慑法。在必要和适当的时候给对象以狠狠地批评甚至斥责,产生震撼,使对象认识缺点和错误;然后再行安抚。

## 训练项目

阅读案例,拓宽视野

**【训练材料】**

**材料一**

小李剪了一个新发型,她把一头蓄了几年的披肩长发剪成了齐耳短发,同事们都齐声称赞她的短发清爽简洁,小李在这鼓励声之中,对理发师的怨气一股脑儿全消了。"当时我剪完头发,觉得一点都不像我理想中的模样,气得我当时就想跟他吵一场,找他理论,怎么给我做成了这样的发型?这不愉快的心情带到了今天上班,甚至有一个客户来找我，我当时还有些气在心里，平时对客户很有礼貌的，今天不知怎么就看那个客户不顺眼！差点跟他发火，今天听了这些好听话，怎么不知不觉气就消了，心里也觉得顺畅了，看客户也觉得顺眼了，真希望你们天天说让我开心的话！”

**【训练提示】**

从社会心理学角度来说，赞美也是一种有效的交往技巧，能有效地缩短人与人之间的人际心理距离。美国心理学家威廉·詹姆士指出：“渴望被人赏识是人最基本的天性。”既然渴望赞美是人的一种天性，那我们在生活中就应学习和掌握好这一生活智慧。在现实生活中，有相当多的人不习惯赞美别人，由于不善于赞美别人或得不到他人的赞美，从而使我们的生活缺乏许多美的愉快情绪体验。

**材料二**

法国总统戴高乐1960年访问美国时，在一次尼克松为他举行的宴会上，尼克松夫人费了很大的心思，布置了一个美观的鲜花展台，在一张马蹄形的桌子中央，鲜艳夺目的热带鲜花衬托着一个精致的喷泉。精明的戴高乐将军一眼就看出这是主人为了欢迎他而精心设计制作的，不禁脱口称赞道：“夫人为举行这次正式宴会一定花了很多时间来进行漂亮、雅致的计划与布置吧！”尼克松夫人听后十分高兴。事后，她说：“大多数来访的大人物要么不加注意，要么不屑因此向女主人道谢，而他却总是能想到别人。”

**【训练提示】**

也许在别的大人物看来，尼克松夫人所布置的鲜花展台，只不过是她作为一位副总统夫人的分内之事，没什么值得称道的。而戴高乐将军却领悟到了其中的苦心，并因此向尼克松夫人表示了特别的肯定与感谢。从而也使得尼克松夫人异常的感动。

你也应该像戴高乐将军那样观察入微，找到对方值得赞美和欣赏的人或物。

**材料三**

晏子到了楚国，楚王请晏子喝酒。酒喝得正高兴的时候，两个小吏绑着一个人到楚王面前。楚王问：“绑着的是什么人？”小吏回答说：“齐国人，犯了偷窃罪。”楚王瞟着晏子说：“齐国人本来就善于偷窃吗？”晏子离开座位，郑重地回答说：“我听说过这样一件事，橘子生长在淮河以南是橘树，生长在淮河以北就是枳子，只是叶子的形状相似，它们果实的味道却不同。这样的原因是什么呢？是水土不同。现在百姓生活在齐国不偷窃，来到楚国就偷窃，莫非是楚国的水土使百姓善于偷窃吗？”楚王笑着说：“圣人是不能同他开玩笑的，我反而自讨没趣了。”

**【训练提示】**

楚王分明是想羞辱晏子。但是两国交往，晏子采用直言批评的方式显然不够艺术，这时就必须采用委婉得体的方式进行批评。此段中，晏子采用了打比方的方式进行了还击，既顾及了楚王的面子，又不卑不亢地为齐国人争得了面子。这就是暗喻批评的作用，即不直接批评，而用比喻的办法来让对象认识缺点和错误，避免了某些尴尬场面的出现，又让对象明白自己的问题。

**材料四**

对于不同性格的学生，做错了事，就要用不同的方法去批评。我们班上有这么一位学生，学习差，但很会讲故事，平常也很幽默，其他小朋友都很喜欢跟他交朋友，在一起玩耍。有时候在课堂上也会弄得学生忍俊不禁，干扰了课堂纪律。于是我利用他的优点，找他谈话，在一次校园学科竞赛周中，每班选个人进行讲故事比赛，我把这个机会让给了他。结果他没有让大家失望，给我们班赢得了一张奖状。比赛结束后，我先充分肯定了他的成绩，然后说："谢谢这位同学给我们带来欢乐，也给他自己赢得了荣誉。不过，老师希望这种欢乐不是在老师上课的时候，而是在大家娱乐的时候，这样小朋友们会更加喜欢你的！"

有段时间，一些任课老师向我反映，我们班有个学生上课常常讲话。于是，我找到他，跟他谈心："一些老师反映，你比以前进步多了，但有时上课还是会跟旁边的学生讲话。不过，李老师看到，上课的时候，很多次是其他同学找你讲话，而你又不能不理睬，是吗？以后你可要学会控制自己，有什么话下课讲，试试好吗？"果然，经过这次他进步挺大，在课堂上很少讲小话了。

（摘自苏州工业园区唯亭中心小学李芙艳：《批评的艺术》）

**【训练提示】**

第一个案例采用的是表扬式的批评，第二个案例是借批评其他学生来旁敲侧击。

这两种批评方式无疑比直接的批评效果好得多。采用表扬式批评，明扬暗抑，用赞扬的方法让小学生意识到自己的缺点和问题。采用旁敲侧击批评法，既维护了小学生的自尊心，又批评了他的过错，使学生消除或减少抵触情绪。

**【练习题】**

仔细阅读下列有关赞扬的案例，回答问题。

**案例一**

有一对夫妇结婚10年一直没有孩子，为了弥补这一缺憾，夫人养了几只小狗，对它们百般疼爱。

有天，先生一下班，夫人便兴高采烈地对他说："你不是说要买车吗？我已经帮你约好了，星期天汽车公司的人就来洽谈。"先生感到非常吃惊，自己是一直准备换车的，但是夫人一直不同意。为什么夫人今天却突然改变了想法呢？

原来，那个汽车推销员上门一眼就看出了夫人十分疼爱小狗，于是他对夫人养的狗大加赞赏，说这种狗的毛色纯洁，有光泽，黑眼睛，黑鼻尖，是最名贵的一种。说得这位夫人飘飘然，以为自己拥有了世界上最名贵的狗，于是她情不自禁地对那个推销员产生好感，很快便答应他星期天来和自己的丈夫面谈。

**案例二**

魏征怕因进谏参政议政招来事端，想借目疾为由辞职修养，唐太宗为挽留这位千载难逢的良臣，极力赞扬魏征的敢于进谏，表达自己的赏识之情，道："您没有见山中的金矿石吗？当它为矿石时，一点也不珍贵，只有被能工巧匠冶炼成器物后，才被人视为珍宝。我就好比金矿石，把您当作能工巧匠。您虽有眼疾，但并未衰老，怎么能辞职呢？”魏征见唐太宗如此诚恳，也就铁了心跟着唐太宗干一辈子了。

**案例三**

某地有家历史悠久的药店，店主巴洛具有丰富的经营经验。正当他的事业蒸蒸日上时，离他不远的地方又开了一家小店。巴洛十分不满这位新来的对手，到处指责小店卖次药，毫无配方经验。小店主很气愤，想去法院起诉，一位律师劝他不妨试试善意的方法。

第二天，又有顾客向小店主述说巴洛的攻击，小店主说：“一定是误会了，巴洛是本地最好的药店主。他在任何时候都乐意给急诊病人配药，我是以巴洛作为榜样的。”

巴洛听到这些话后，急不可耐地找到比自己年轻的对手，还向他介绍自己的经营经验。

（漆浩：《说话高手》）

**案例四**

美国前总统罗纳德·里根善于用诙谐幽默的语言赞美别人。赞美的手法就像他迎合不同地区的人民那样变化多端，富有吸引力。一次，他在向一群意大利血统的美国人讲话时，里根说：“每当我想到意大利人的家庭时，我总是想到温暖的厨房，以及更为温暖的家。有这么一家住在一套稍嫌狭小的公寓套间里，但已决定迁到乡下一座大房子里去。一位朋友问这家一个12岁的儿子托尼：‘喜欢你的新居吗？’孩子回答说：‘我们喜欢！我有了自己的房间。只是可怜的妈妈，她还是和爸爸住一个房间。’”

**案例五**

一位餐厅的服务员小姐利索地完成了上菜工作，客人很满意。最后上西瓜时，脚下一滑，连人带盘子摔在地上，偌大的餐厅霎时鸦雀无声。此时，值班经理走过来，扶起这位吓坏了的小姐，亲切地说：“今天客人多，你累坏了。前面的菜上得很顺利，快去休息吧。”又转身向客人们致歉，然后从容地给客人补上西瓜，将西瓜、盘子碎片清扫干净。服务员小姐感动得流下了眼泪，客人们也为之鼓掌喝彩。

（班随叶：《领导场景语言艺术》）

**案例六**

两个猎人一起去打猎，各打了两只野兔。甲的妻子冷冷地说：“只打到两只？”第二天甲空着手回来了。乙的妻子欢喜地说：“你竟打到了两只！”乙说：“两只算什么！”第二天，乙打了四只回家。

问题：

1. 赞扬的目的是什么？实际起到了怎样的作用？

2. 赞扬贯彻（违背）了什么原则，注意（忽视）了哪些事项，使用了什么方法？

3. 赞扬是怎样适应情境（与情境相悖）的？

**【练习题】**

仔细阅读下列有关批评的案例,回答问题。

**案例一**

汤姆逊太太请了建筑工人加盖房间。刚开始几天,每次她回家的时候,总发现院子里乱七八糟,到处是木屑。由于工人的技术好,汤姆逊太太不想引起工人的反感,便想了一个解决办法。她等工人离去以后,便和孩子把木屑清理干净,堆到院子的角落里。第二天早上,她把包工头叫到一旁,对他说:"我很满意昨天你们把前院清理得那么干净,没有惹得邻居们说话。"从此以后,工人每天完工以后,都把木屑堆到院子角落,包工头也每天检查前院有没有维持整洁。

**案例二**

一天中午,查尔斯·施瓦布路过他的一个炼钢车间,发现有几个人在抽烟,而他们的旁边就挂着一块"禁止吸烟"的牌子。施瓦布本想说:"你们不识字吗?"但他想了一下,没说出来,而是走到他们跟前,给每人递上一支雪茄,说:"年轻人,如果你们愿意到外边去吸烟,我将非常感谢。"胆战心惊的工人们心里有数,他们坏了厂里的规矩,但头儿给了他们面子。他们赶紧纠正了自己的行为,并且更加敬重自己的上司。

(班随叶:《领导场景语言艺术》)

**案例三**

1869年1月28日,年轻的莫泊桑向他的两位老师——著名诗人、戏剧家路易·布郁和法国文坛巨匠居斯塔夫·福楼拜请教诗歌创作。两位大师一边听莫泊桑朗读他的得意之作,一边喝着香槟酒。布郁是这样批评莫泊桑的:"你这首诗,句子虽然疙里疙瘩,像块牛筋,不过我读过更坏的诗。这首诗就着这杯香槟酒,勉强还能吞下。"说罢,端起桌上的一杯香槟酒,昂起脖子,一口吞下。

**案例四**

有一次,松下幸之助(日本著名企业家,被尊为"经营之神")让失态的龟田罚站,他本人则拿着火钳叮叮当当地敲击,并严加训斥。过后,他拿起火钳给龟田看,说:"我这么专心骂人,火钳都敲弯了,赶快帮我修好吧!"等龟田修好后,他笑容满面地说:"嗯,你的手艺很不错嘛。"龟田回家后,太太已为他准备了一桌酒菜,追问后才知道,是松下打电话给她说:"今天你先生回家时,心情可能会不好,你备点酒菜。"

(张永红、王强:《女领导女白领能说会讲口才》)

**案例五**

刚毕业的张老师把一份教案交给教务处长,处长一看,皱眉道:"你的字怎么写得这个样子?蹩脚不说,还这么潦草。去,给我重抄一遍,一笔一画,端端正正地写。"张老师满脸通红,讪讪地走了。此后,张老师上课状态一直不佳,尤其是处长来听课时。

问题:

1. 批评的目的是什么?实际起到了怎样的作用?

2. 批评贯彻(违背)了什么原则,注意(忽视)了哪些事项,使用了什么方法?

3. 批评是怎样适应情境(或与情境冲突)的?

## 四、道歉与拒绝

### 训练要点

1. 理解影响道歉、拒绝的心理因素。

2. 了解道歉、拒绝的交际作用。

3. 理解和掌握道歉、拒绝的基本原则以及常用方法。

### 导练略读

(一)道歉

1. 道歉的含义。

道歉是交际的一方向另一方表示歉意的一种交际活动。道歉是人际关系中化解矛盾的非常必要和有效的交际手段。

2. 道歉的类型。

(1)失误道歉。失误是指由于做事不当心或不负责任而出现的差错。失误往往会造成不良后果,在此情况下,道歉的同时必须有补救的措施。

(2)失言道歉。失言是指不当心说错了话而伤害了别人的自尊心,或给别人带来麻烦,有时还会引起误会。因此失言道歉一般由自责、说明、请谅三部分构成。

(3)失约道歉。失约是由于种种原因未能准时赴约。失约道歉一般由自责、解释、补偿三部分组成。

(4)失职道歉。失职是指由于各种原因而没有能够尽职。因此失职道歉首先应反省自己,并说明今后如何吸取教训,如何尽力弥补过失。

(5)失礼道歉。失礼是指言语和行动上有意无意违背了礼节,以至于造成了对对方的不敬,有时还会在不同程度上伤害了对方。因此失礼道歉同样应先反省自己,一般由自责、说明、请谅三部分组成。

(6)失信道歉。失信是指由于种种原因,未能兑现承诺,在一定程度上失去了对方的信任。因此失信道歉也应该先反省自己,一般由自责、说明、请谅三部分组成。

3. 道歉的注意事项。

(1)道歉要及时。如果在人际交往中因为我们的失误对别人产生了不利影响,应及时地道歉,及时纠正错误弥补过失,消除彼此的矛盾。

(2)道歉要注意场合。注意场合不仅可以避免难堪,也是尊重对方的一种表现。

(3)道歉要勇敢。人是懦弱的动物,而道歉则需要勇气。当我们犹豫不决的时候,可以采用自我暗示法鼓励自己。

(4)道歉要真诚。若是在向别人道歉时,还要把戏玩小聪明,只能是将虚假信息传递出去,那么这样是错上加错,可能比不道歉还要糟糕。

(5)道歉要合乎情理。道歉用语必须实事求是,合乎人之常情,合乎事之常理。

(6)道歉要讲艺术。讲究一些道歉艺术,从事情的起因与结果出发,根据道歉对象与道歉场合的特点,来选择道歉的方式,是非常必要的。

## (二)拒绝

1. 拒绝的含义。

拒绝就是不接受,包括不接受对方希望你接受的观点(意见)、礼物和要(请)求等。如果不能拒绝那些不能接受的要求,就一定会给自己(也终将给对方)带来无尽的烦恼。

2. 拒绝的基本原则。

(1)审时度势原则。自己的道德准则不能接受的,没有能力接受的,接受后会给自己带来不愿承受或无法承受的损失的,接受后可能给对方带来麻烦或损失的,应当拒绝;如不至于如此,或对对方有利而自己受一些能够忍受的损失,则应当接受;不必要全部拒绝的,则可以部分接受。

(2)坚定性原则。如情势需要拒绝又可能拒绝,就应该下定拒绝的决心,不要抹不开面子,不要举棋不定,不要勉强接受,不要给对方留下幻想。即使对方死搅蛮缠,也不要动摇决心。

(3)委婉、得体原则。要以适当的理由拒绝,要以热情的态度和热切的语气拒绝,要创设或利用好的拒绝情境,要给对方面子和梯子,要运用适当的拒绝方法,来求得对方的理解和谅解,力争不得罪对方,不恶化双方的关系。必须直截了当地拒绝时,就要直截了当地拒绝,不要拖泥带水,这也是得体。

3. 拒绝的常用方法。

(1)直截了当法。一是如实陈述己方的困难和理由,或出示实物资料、实地察看等。二是说明接受后对对方、对己方、对双方可能造成的危害,让对方放弃要求。三是不作解释,也不找借口,只用合适的拒绝语,如:“不,我觉得那样做不行,很抱歉。”

(2)客观借口法。以己方的条件、能力、权限、规章制度等客观原因为借口予以拒绝。

(3)延时缓冲法。当时既不接受也不拒绝,答应考虑考虑,想想办法,然后决定接受还是拒绝。在尽了努力之后再拒绝,对方一般不会怪罪。

(4)反客为主法。变被动为主动,如事先已知道对方要提出自己不能接受的要求,就先行向对方提出某种要求进行堵截等。

(5)先承后拒法。先肯定对方要求的合理性,再以其他方法拒绝。其基本格式是“……,但是,……。真对不起!”

(6)求李投桃法。申明不能接受对方的要求,但愿意并可能用其他的形式帮助对方,即使对方不接受这种帮助,也已经充分表示了己方的诚意。

(7)反问法。如问对方“这样行吗?”提醒对方充分考虑不能接受其要求的理由,并表达不可行的意思。

(8)装糊涂法。装着没听懂,答非所问。

## 训练项目

### (一)阅读案例,拓宽视野

**【训练材料】**

**材料一**

甲听说乙要向他借一大笔钱,他知道借出去就是肉包子打狗了,于是,等乙一进家门,就说:"你来得正好,我正想去找你呢。这两天可把我急坏了,有一批货非常便宜,可我怎么也凑不齐这笔资金,正找你拆借几万呢。"对方一听这话,知道自己走错门了,只好敷衍几句走人。

**【训练提示】**

典型的反客为主法,既拒绝了对方又没有伤和气。但前提是要事先知道对方的请求,所以采用这种方法有一定的偶然性。

**材料二**

失业的马克·吐温于1867年1月,从旧金山回到纽约。纽约《公报》记者韦布建议他成书出版,并帮助他找到出版商。于是,他将自己写的几个短篇编成了一本小说集。完成后,他找出版商查尔顿,洽谈出版事宜。不料,查尔顿摆出一副盛气凌人的架势,食言毁约。气愤之下,韦布主动承担了该书的出版任务。几个月后,马克·吐温的第一部小说集《加利维拉贝著名的跳蛙及其他》在纽约出版了。事隔二十一年,查尔顿怀着深深的内疚,拜访驰名美国的马克·吐温时,两人有一段颇为有趣的对话:

查尔顿:"我是一个微不足道的小人物。但是,我有几个重大荣誉足以使我扬名后世了——由于给你的一本书吃了闭门羹,我便成了十九世纪无可争议的头号傻瓜。"

马克·吐温:"你的道歉听起来十分悦耳、中意。这二十一年里,我每年都要在幻想中杀死你好几次,而且是采用新式的和越来越惨无人道的手段。但现在我应该把你看成我个人珍贵的朋友,以后再也不杀你了。"

**【训练提示】**

致歉总是要求对方原谅自己的,因此必须直截了当,向别人致歉时,要勇于承担一切责任,最好不要为自己的行为作任何辩解。为自己的过失寻找借口肯定会冲淡致歉的气氛,很可能失去别人原谅的机会。向别人致歉,需要严格的自我克制,并有足够的勇气承担全部责任。

要善于接受道歉。别人向我们作真诚的道歉,我们必须体谅他,并及时地原谅他、安慰他。

诚心的道歉和由衷的谅解,将会使人们感受到人与人之间最美好的情感,并更加密切和珍视彼此间的关系。

**材料三**

2002年7月,一架俄罗斯客机与DHL货机,在德国南部上空高速逼近,但等到航管员察觉时,反应时间不到一分钟。当时,航管员指示,俄罗斯客机下降一千英尺,孰料,DHL货机的自动防撞机系统启动,也指示该机下降。于是,两架飞机同时下降,砰!两机对撞,变成熊熊火球。

71位机上乘客全数罹难,包括一位永远盼不到妻儿团聚的俄罗斯建筑师。这是谁的错?苦等两年,没人愿意负责。始终得不到一句道歉的建筑师,在一个黑夜里失去了消息。不久后,当时的航管员身中20刀,惨遭杀害。凶手正是该建筑师。他登门索取道歉,以命偿命。

**【训练提示】**

当伤害发生时,从心理层面研究道歉学的拉瑞尔指出:"道歉,扮演着疗愈人心的作用。"受害者可能遭受物质或身心等层面的伤害,但最需要被平复的是:心理的被剥夺感。

因此,成功的道歉,关键在于加害者必须将自己转换成受害者,借由两者关系移转的仪式,加害者要受苦。让受害的一方,感觉到你也真的受到同等程度的伤害。经由此过程,受害者取得原谅对方与否的权利。

**【练习题】**

1. 仔细阅读下列有关道歉的案例,回答问题。

**案例一**

蔺相如智勇双全,不辱使命,使国宝"和氏璧"完璧归赵,从而身居高位,地位之高甚至超过了屡建战功的廉颇。廉颇因此而心中不服,处处找茬儿羞辱蔺相如。蔺相如一再忍让,手下人以此为辱,蔺相如遂表示自己并不惧怕廉颇,只是以国家利益为重才一再忍让。此话传到廉颇耳中,廉颇羞愧万分,遂脱去外衣,背着荆条去蔺相如的官邸登门道歉,从此二人和好如初。

**案例二**

一次,一位女职员和一位客户约好时间去看样品,结果迟到了。当她匆匆赶到约会地点时,客户已经等得很不耐烦了,脸也沉了下来。"哎呀,真对不起,让你久等等等等……"她边喘气边向客户道歉。那位客户听她一连说了那么多个"等",不由笑了起来。气氛于是由紧张尴尬转为和谐轻松了。

**案例三**

在一辆十分拥挤的公共汽车上,一位小伙子没站稳,他一下子踩到身后一位姑娘的脚上,姑娘"哎哟"一声,立即柳眉倒竖,杏眼圆睁,难听的话已到嘴边。小伙子马上道歉:"实在对不起,踩疼了你的脚,踩脏了你的鞋!但我不是故意的。"他见对方火气未消,还要说什么,也觉得只是道歉似乎还不够,便将自己的脚往前一伸,说:"如果你还生气,也踩我一脚!"姑娘一看他那诚实、憨厚的样子,忍不住扑哧一声笑了。

**案例四**

《京华时报》2010年2月23日报道，德云社中最老实巴交的演员高峰，大年初三在天津表演相声《不说相声说足球》，拿北京国安队砸挂，说到兴起时抖出"戴绿帽子""不该拿冠军"的作料，音频上网传播后惹怒了国安球迷。

前天晚上，高峰通过德云相声网和个人博客发表了《致北京国安足球俱乐部、北京国安球迷协会、广大北京国安球迷朋友的一封信》。高峰写道："作为演员，在保证演出效果之余更应该考虑到所有可能听到录音的观众的情感，是我舞台经验不足和考虑问题不周全所致。我与北京国安队之间没有任何利益冲突，只是想通过调侃来获得较好的舞台效果，但提及的内容着实不合时宜，属于极其不负责任的言论，本人表示深切歉意！"

"此前我没有接受过任何媒体对此事的采访，报道所言采访之时我并不在北京，更谈不上接受专访。那篇报道子虚乌有，不是本人的真实态度。"

**案例五**

近日，南京一个5个月大婴儿死亡事件引起社会广泛关注。患方认定值班医生当时忙于在网上"偷菜"而延误救治时间，随后，院方在10日召开的新闻通气会上表示否认。江苏省卫生厅医政处李少冬处长说，医院的责任主要是对患儿病情判断上的失误，对病情的凶险性估计不足。而这根本原因是医生水平不过关，"说得轻是疏忽大意，说得重就是责任心不强，技术不过硬。"而针对医生毛某是否在"偷菜"，南京市儿童医院黄松明副院长说，据调查组了解，毛晓君医生网上种菜偷菜的行为并不存在，毛医生从未注册过开心网的账号。"网上帖子说医生是因为偷菜而失职，有可能是为了吸引眼球。"黄松明说，当晚毛医生是用自己的华硕笔记本电脑整理论文，并不是网上所说的玩游戏。并称医生办公室是一个狭长的结构，家属站在门口不可能看到医生上网的内容。

媒体和网民们已经不相信卫生厅的调查结论，在10日的通气会结束后，一个由媒体、网民等组成的第三方调查组于11日成立，并连夜展开工作，共询问相关人员33人。通过调查取证，得出了与10日南京市卫生部门在媒体通气会上宣称的调查结果完全相反的结论，证实当事医生在值班期间玩游戏并存在失职行为。无奈，南京市卫生局于12日再次召开新闻发布会向社会各界通报，承认当事医生对病患家属的多次请求，没有引起应有的重视，没有施行相关救助措施阻止病情发展，没有组织相关科室的会诊。当事医生存在失职行为。于是决定给当事医生被吊销医师执照，行政开除的处罚，给予南京市儿童医院院长行政记大过，党内严重警告处分。南京市儿童医院党委书记，管床医生、眼鼻喉科主管医生等相应责任人一并受到处分。

问题：

(1)案例一至案例四各采用了哪些道歉的方法，是如何得到被道歉者的原谅的？

(2)案例五中，南京市儿童医院在悲剧发生后并没有及时道歉，一味地推卸责任，造成了非常不良的社会反响。如果你是该院的院长，你该怎样处理呢？

2. 仔细阅读下列案例，回答问题。

**案例一**

1949年底，商务印书馆的董事长张元济先生，找到陈毅市长，要向市政府借20万元，以解燃眉之急。这位董事长已80高龄，且德高望重，陈毅小时候就知道他的大名。

当时全国刚刚解放，百废待兴，拿出20万元有很大困难。没办法，陈毅只好直截了当地对张先生说："如果说人民银行没有20万元，那是骗您。我不能骗您老前辈，只要打一个电话给人民银行就可以解决问题。您老这么大年纪，为了文化事业亲自赶来，理应借给您。但我想，还是不借给您为好，20万元搞商务一下子就花掉了，还是从改善经营想办法，不要只搞教科书，可以搞一些大众化的年画，搞些适合工农需要的东西，学中华书局的样子。否则不要说20万，200万也没有用。要您老先生这么大年纪到处轧（读"酌"，结算、收付）头寸（款项），我很感动，但对不起，我不能借这笔钱，借了是害你们。"

张老先生被说通了，他高兴地说："我完全接受你的意见，我不借钱了。你的话是对我们商务的爱护，使我很感动。"

（班随叶：《领导场景语言艺术》）

**案例二**

意大利音乐家罗西尼72岁生日前夕，一些朋友来告诉罗西尼，他们集了两万法郎，要为罗西尼立一座纪念碑。罗西尼听了以后说："浪费钱财！把这笔钱给我，我自己站在那里好了！"

（班随叶：《领导场景语言艺术》）

**案例三**

一位普通职员鼓起勇气走进上司的办公室，说："对不起，我想该给我长长工资了。"上司回答说："你确实应该了，但是……"他把文件推到桌子一边，指着玻璃板下的一份表格说："根据本公司职务工资制度，你的工资是你这一档中最高的了。"

职员泄气了："我忘记我的工资级别了！"

（漆浩：《说话高手》）

**案例四**

某游客问导游："请问，如果我向您提一些不客气的问题，您愿意回答吗？"导游思考了一下，机敏地说："我们是把您当作朋友看的，如果您的问题有助于加深我们彼此的友谊，那我将十分愿意回答。"对方一愣，略微沉吟了一下，就开怀大笑起来，连连伸出大拇指夸赞导游。

（韩荔华：《实用导游语言技巧》）

**案例五**

一个学生想随父亲利用出差机会去庐山游玩，向老师请假。老师对学生说："这几天，学校要举行作文比赛，我们班还指望你拿名次呢。去庐山的机会很多，以后我们找个放假的时间，多组织一些同学一块儿去玩，不是更好吗?”

问题：

(1)各案例中的一方为什么要拒绝？如果不拒绝可能会有什么后果?

(2)案例中的一方各自拒绝时使用了什么方法，是如何做到委婉得体的?

### (二)道歉模拟训练

以小组为单位，从以下场景中自选一种，根据具体语境设计“道歉”方案，然后上台进行模拟训练。

1.你把刚洗好的衣物晾晒在宿舍阳台外，因衣物滴水，将下面楼层晒着的被子淋湿了。

2.你习惯在背后叫一谢顶老师为地中海，不料被正路过的该老师听见了。

3.你忘记做值日，班里的卫生被扣分。

4.你与中学同学约定某时某地碰头，然后一起去看望某老师。不料因忙于其他事务，把约会之事给忘记了。等你想起来，已过了约定时间。

5.上课时作为老师的你“启而不发”，忍不住责备学生：“你怎么这么笨哪!”

### (三)拒绝模拟练习

以小组为单位，从以下场景中自选一种，根据具体语境设计“道歉”方案，然后上台进行模拟训练。

1.期末考试前一天，你的好朋友要求你考试时给予一定的“方便”。

2.一位同事突然开口，让你帮他做一份难度很高的工作。答应下来吧，可能要连续加几个晚上的班才能完成，而且这也不符合单位的规定；拒绝吧，面子上实在抹不开，毕竟是多年的同事了。

3.你是班级的宣传委员，为了拍摄班级运动会的照片，向好朋友甲借了一台性能优秀价格也较高的照相机。好朋友乙看到这台照相机后，非借不可，而你又没有转借权。

4.好朋友甲犯了错误，被学校处理了，因涉及一些隐私问题，学校没有公开，但你是知情的。好朋友乙不断向你打听甲到底犯了什么错误。

5.在成长的岁月里，几乎任何一个处于青春期的年轻人，都有可能碰到异性的追求。然而常常是“落花有意、流水无情”。如果有一位好朋友异性向你示意，而你并不想和他(她)建立恋爱关系，但又担心生硬的拒绝会伤害你们之间的友谊。

## 五、应聘面试

### 训练要点

1.掌握求职面试时见面、自我介绍、应答和告别的要点。

2.掌握自我介绍和应答时的禁忌。

## 导练略读

### (一)求职面试的意义

面试是招聘工作最重要的环节,会话则是面试的主要形式。掌握求职会话的基本规律和技巧,对于现代社会的人来说是至关重要的。

### (二)面试提问的一般范围

1.关于专业与学习的。①所学专业、课程结构、主要课程的内容,学习成绩,文化、专业基础知识的掌握程度;②专业和社会工作的实践情况和成绩,专业能力和社会工作能力;③自学情况、自学能力、对学习的感受和认识等。

2.关于工作经历与能力的。①经历、工作实绩、所受挫折、经验教训;②对所做工作、所干过的企业的评价,辞职的原因;③对自己工作的评价;④相关工作能力等。

3.关于素质的。①对与企业经营管理、职业责任、职业待遇相关的思想认识水平;②性格、忠诚度、责任心、相容性、协调性、服从性、自律性、吃苦性、灵活性……

4.期望目标和岗位适应性评价。①对应聘岗位和招聘单位的认识、评价和态度;②应聘的原因、动机;③对岗位待遇的近期目标和期望目标;④对培训的要求和希望;⑤适应岗位的能力、发展潜力、工作自信心等。

5.其他。①恋爱、婚姻、家庭情况;②兴趣、爱好和特长等。

### (三)面试的一般方法

常见的面试方法有三类。

1.直接询问法。它主要用来了解求职者的基本情况。关于专业与学习的情况,关于期望目标和岗位适应性评价,关于恋爱、婚姻、家庭、兴趣、爱好、特长等情况的了解,多采用此法。

2.直接测验法。它主要用于了解求职者的职业能力(技能),也用来了解对象的学习情况、知识水平。具体方法有操作试、口试、笔试。

3.间接测试法。它用来了解直接检测法不容易了解到的情况,如求职者的思想水平、心理素质、为人处世素质、忠诚度、责任心、吃苦性、灵活性、纪律性等。具体方法有迂回提问、聊天、情境测试等。

### (四)求职面试过程及注意点

1.求职见面。

见面是面试的开始。见面时庄重大方的举止、礼貌文雅的谈吐,在初次面试中起着重要的作用。

(1)遵时守信,及时解释。遵守时间、讲求信用是建立和维护良好社会关系状态的基本前提。要有约在先,要如约而行。求职者在接到招聘方的面试通知后,务必提前至少20分钟到达面试地点。迟到是求职面试的一大忌讳。如果因迫不得已的原因或中途有意想不到的事情而不能准时前往面试,要向招聘方解释清楚,并征求对方意见,是否可以重新获得面试机会。

(2)礼貌通报,主动问候。一定要有礼貌地询问工作人员自己是否可以进入,在得到许可后方能进入。进入面试办公室时,如发现门是关着的,应先轻敲门三下(或短按一下门铃),得到许可后,大大方方地推门进入。在对方没有请你入座前不要主动坐下。进入考场后,应主动向主考官点头致意,主动问候主考官,如:“您好,我是×××,来参加贵公司的面试的。”如果知道对方的姓名和职务,可用尊称称呼对方,如:“×总经理,您好!我是×××,来参加贵公司的面试的。”

(3)始终微笑,保持距离。在面试中,应把握好机会,对待接待人员、办公区工作人员,以及其他的求职者展露自然、自信的微笑。微笑的求职者容易给人乐于奉献、爱岗敬业的印象,说明求职者心态良好。面试时,求职者和主考人员之间应保持一定的空间距离。面试过程中,求职者的位置是相对固定的,求职者不应随意改变椅子的位置,太近不够自然,太远又影响沟通。

(4)举止大方,注意形象。举止得体、谈吐高雅、彬彬有礼、充满朝气和活力,才能为自己树立良好的形象,才能使对方认同你的能力并乐于接受你。求职者在求职时必须注意自己的外在形象,求职者着装要整齐清洁、端庄高雅、新颖得体,适合个性特征,注意形象礼貌,符合应聘工作的性质和类型,以及应聘的职位。

2.自我介绍。

自我介绍是“推销”自己的关键,彬彬有礼、主题鲜明、恰到好处的自我介绍,是成功的基本保证。

(1)主题明确。自我介绍宜简不宜繁,一定要简单、突出、主题明确。要重点介绍姓名、年龄、籍贯、学历、学业情况、性格、特长、爱好、工作能力以及工作经历等。特别是要注意按招聘方的要求组织介绍材料。很多时候,仅仅介绍学习成绩比较优秀还是不够的,还要针对所求职业的不同或用人单位的要求,重点介绍自己的能力、特长、性格等。

(2)简洁生动。自我介绍时,要尽量表现出创意、直接、技巧,并尽量找出令人欣赏的方法,不要简单地使用公式化的材料,也要尽量避免对自己做过多的夸张,而应用简洁而生动的语言来陈述自己的基本情况和能力,切忌繁琐和累赘。

(3)真实可靠。介绍要实事求是,不要胡乱编造,切忌天花乱坠的吹嘘,少用夸张的褒义词。

(4)诚实坦率。当涉及自己不知道或不熟悉的问题时,可坦诚相告,虚心请教。当回答问题出现错误时,能勇于承认,不回避不狡辩。

(5)自我介绍的禁忌。忌“我”字连篇,忌夸夸其谈,忌得意忘形,忌故弄玄虚,忌言之无物。

3.应答。

求职面试的核心是应答，求职者必须对自己的谈吐加以认真地把握。回答问题时言辞要标准、语言要连贯、内容要简洁。

(1)诚实坦诚，朴实文雅。在面试中如遇到自己实在不会回答的问题，应坦率地回答："这个问题我没有思考过，不会回答，对不起。"支支吾吾、默不作声、牵强附会、不懂装懂都是不可取的。应答时只要注意发音准确、吐字清晰、语言流利、言辞达意、表达流畅、文雅大方即可，切不可装腔作势，故意卖弄。

(2)谨慎多思，适度发问。面试过程中，当面试官发问时，求职者应积极动脑筋，认真思考，搞清楚对方发问的目的再作回答，不可随意回答或敷衍搪塞。有时面试官的问题看似简单而其实暗含"陷阱"，面试者必须认真聆听，仔细品味出面试官的言外之意、弦外之音，否则信口开河、文不对题、话不投机，会给人一种浅薄之感。

面试结束前，大多面试官对于比较满意的应聘者，都会给予提问权，了解应聘者的想法和疑问，让双方解除最后的疑惑。应聘者要学会适度发问，但是不要提出过于个人的问题，也不要对感兴趣的问题刨根问底。如果面试前没有准备要提的问题，最好说"暂时没有问题"，切不可随心所欲、画蛇添足。

(3)应答的禁忌。忌贬损他人，忌滔滔不绝，忌狂妄自大，忌妄加评论，忌出言不逊，忌随意插话，忌不良口头禅。

4. 面试结束。

面试结束时，应聘者应保持微笑，自然站起，与面试官道别，例如："非常感谢各位领导给了我这次宝贵的面试机会，我为有幸参加本次面试而感到自豪，再见！"然后整理好自己的物品离开。走到门前，应转身正面朝向主考官再次表示感谢和再见，轻轻开门、关门。

## 训练项目

### 阅读案例，拓宽视野

**【训练材料】**

**材料一**

毕业于北京某大学的管小彬学的是工商管理专业，在一场大型招聘会上，他相中了一家国内著名的汽车代理公司提供的职位——营销员，但他们要求应聘者是市场营销专业毕业。李小东还是决定试试。

招聘人员告诉他，公司要扩大业务，所以需要有市场开拓能力的学生。听完介绍后，李小东随即表示自己具备市场开拓能力，并列举了自己在大四期间在某药厂实习时，参与开拓市场并取得不俗成绩的经历。听了李小东的自我介绍和具有专业水准的表述，招聘人员对他的"专业素养"很满意。三天后，李小东接到了面试通知并顺利通过。

**【训练提示】**

在应聘过程中，很多应届毕业生一看到和自己专业不对口的工作扭头就走，但如果你非常喜欢并自认为适合这份工作，就应该勇敢地去应聘。专业不对口的李小东在面试的时候就采取了“先入为主”的策略：不先亮出自己的简历，以避免考官先发制人说“抱歉”。而是在与考官对话的过程中，充分展示了自己市场营销方面的才能，让考官相信自己具备胜任这个工作岗位的能力。

**材料二**

在一次招聘会上，周洁看上了一个日商投资的外贸公司。投递简历的第三天她收到了面试通知。到面试现场后她发现，是日方老板亲自面试。在等待过程中，小洁默念学长传授给她的经验：要谦逊、谦逊……

主考官的第一个问题是：“招商顾问要求的是专科学历，你是本科，怎么会来应聘这个岗位？”小洁支支吾吾地回答：“我觉得你们公司挺好的，也比较适合我的专业。”“我们公司好在哪里？工作要经常加班，你可以适应吗？”小洁又怯怯地答道：“应该行吧，估计能适应吧。”面试结束后，小洁得到了主考官这样的答复：“你基本条件不错，可是招商顾问这个岗位不自信怎么能给投资方信心呢？以后再面试要自信点……”

**【训练提示】**

缺乏自信的人会让人有学习能力差、推诿塞责的联想，肯定不受用人单位欢迎。

**材料三**

参加学校里的招聘会时，李忠“杀”入了一家国内知名企业的面试现场，投简历的就有近千人，最后杀进面试的只有 30 多人。同学们被分成三人一组回答面试官的问题，李忠暗忖，要想脱颖而出必须表现得更积极。所以在回答问题的时候，他总是抢在别人前面，比别人多说两句。

整个面试下来，有 2/3 的问题都是他回答的，而且越说越顺根本忘了要收敛。一个星期后李忠收到通知，被客气地告知不需要参加最终的那场复试了。

**【训练提示】**

太积极也会使公司觉得求职者不注重团体合作精神，太急于表现自己，不是他们需要的人才。自信和骄傲有时就在一线之间，骄傲的人令人生厌，没有团队合作的概念，不合群，用人单位往往不会喜欢一个单打独斗的独行侠。

**材料四**

（李雨晴碰上了一个赞美她名字的面试官）

是嘛，谢谢！这个名字比较符合我的性格，雨是比较温柔的，晴是比较热烈的，我觉得我的个性既有顺从的一面，也有比较热烈积极的一面。

哦，我来自肇庆，您去过吗？

其实我高中的成绩是可以进名牌大学的，但是高考时没发挥好。我虽然不是来自名校，但是我相信自己绝对不比那些名牌大学毕业生差，我一直非常刻苦，每一次作文的得分都是优，我发誓一定要比他们还要优秀……

我觉得我学会了与人进行沟通，学会了团队精神，也锻炼了自己的领导能力和组织能力。

（应届生求职招聘论坛，http://bbs.yingjiesheng.com）

**【训练提示】**

面试官夸奖申请人的名字,一是发自内心地赞美一下漂亮的名字,二是希望能够在面试开始的时候,制造一种放松和谐的气氛。李雨晴的回答却犯了一个典型的交流错误:失真。它听起来很"美",却完全不真实。这样反映申请人急于表现自己的优点,结果却违反了最基本的"真诚沟通"的原则。

一般不鼓励应聘人"反问"面试官,尤其是这种有关个人信息而不是商业信息的私人问题。

为自己辩解,反而弄巧成拙,暴露了心理素质差,经不起失败的考验。适当地夸奖自己是可以的,但是绝不可贬低别人抬高自己。

李雨晴的回答看上去中规中矩,却犯了三个明显的交流错误:一是不全面,因为大学的收获绝不只是沟通和组织能力;二是缺乏说服力,短短一句话,说了自己的四种能力,没有任何事实和数字予以支撑,让人难以置信;三是不够个性化,这样的回答,与别的申请人"撞车"的可能性很大,估计十之八九会让面试官暗叹:"又来一个善于沟通有团队精神的人!"

**【练习题】**

1. 仔细阅读下列各案例,思考各案例中的应聘者成功或失败的原因。

**案例一**

这是位举止得体、态度不卑不亢的年轻人,进门点过头后,他很自然地问:"我能坐下吗?"总裁不由得上下打量了他一番。前面几十位应聘者,不是显得过于拘谨木讷,便是一付由你挑选、听天由命的样子。而面前这位,既自信又自尊,既能争取主动,又显得有教养。总裁含笑示意他坐下,问他能胜任何种工作,他说:"相信我就是你要聘用的人。我虽然没有三头六臂,但我能胜任多种工作。我大学中文本科毕业,可胜任文秘工作;大学英语已过六级,可胜任翻译工作;学过驾驶,已取得驾驶执照,能胜任司机工作;会武术,能兼任保镖工作。您可以在实践中检验我的能力。"回答得简洁干脆,总裁当即拍板录用。

**案例二**

某单位招聘总经理助理,经过严格挑选,有四位应聘者进入面试。面试由总经理亲自把关,应聘者进了总经理办公室,刚刚坐下,就正好碰上停电。于是,总经理笑着对应聘者说:"停电了,空调也关了,你们能不能说个笑话解解闷。"先后有三个应聘者拿出自己的看家本事,说出了自己认为最好笑的笑话。有一位应聘者没有按照总经理的话去做,而是拿起总经理办公室的电话找公司的电工,询问发生了什么事。结果这位应聘者被录用了。

**案例三**

一位年轻人到某家电售后服务中心应聘。这时经理不在,修理师傅指着一台机器问年轻人能不能修。这台机器修理部的师傅已经修了三天,但问题出在哪里还没弄清。年轻人二话没说,拿起工具就开始摆弄,不到半小时,就将机器修好了。年轻人以为留下工作已成定局,修理师傅却说:"你还是回去等通知吧,我们这里不一定适合你。”

**案例四**

郑小姐是某财经学院管理系的高材生，但是，因相貌欠佳，找工作时总过不了面试关。经历了一次又一次的打击，郑小姐几乎不相信所有的招聘渠道，她决定主动上门专挑大公司推销自己。

她走进一家化妆品公司，面对老总，从一些国际知名化妆品公司的成功之道说到国产品牌的推销妙招，侃侃道来，顺理成章，逻辑缜密。这位老总很兴奋，亲切地说："小姐，恕我直言，化妆品广告很大程度上是美人的广告——外观很重要。"郑小姐毫不自惭，迎着老总的目光大胆进言："美人可以说这张脸是用了你们的面霜的结果，丑女则可以说这张脸是没有用你们的面霜所致，殊途同归，表达效果不是一样吗?"

老总默许，写了张纸条递给她："你去人事科报到，先搞推销，试用 3 个月。"郑小姐十分珍惜来之不易的工作，满腔热情地投入工作中，一个月下来，业绩显著。她现在已是该公司的副总经理。

**案例五**

裔锦声在取得了华盛顿大学中文系博士文凭后的一天，看到了舒利文公司的招聘广告：要求求职者有商学院学位、至少有三年的金融工作或银行工作经验、能开辟亚洲地区业务。裔锦声很快就整理好个人资料寄了过去。

此后，她每天坚持与该公司联系，以致该公司人事部门一听到是她的声音，便想着各种理由婉拒。最后，她鼓起勇气拨通了舒利文公司总裁的电话，并在电话里坦言："我没有商学院学位，也没有在金融业的工作经验，但我有文学博士学位。我在读书期间，遇到了许多歧视和困难，我不仅没有退缩，反而变得越发坚强……我相信贵公司会为我提供一个施展才华的平台。如果贵公司感觉在我身上投资风险太大，可以暂时不付我佣金。"

总裁最终被打动，让她来公司参加面试。经过七次严格筛选，她成了那次面试中唯一的胜利者。如今，裔锦声在华尔街建立了自己的重心集团，专为美国跨国银行与中国跨国企业提供全球人力资源与企业的管理咨询等业务。

2. 仔细阅读下面的一则自我介绍词，然后逐段评点精妙之处。

我叫杨婉君，很多人都以为这个名字是抄袭琼瑶的，不过，的确是先有我这个"婉君"，然后才有了琼瑶的那个"婉君"。

我来自广东潮汕地区，会讲潮州话，由于妈妈是客家人，我也会讲客家话，希望在工作当中能够用得上。

在今天的候选人当中，我是唯一的非名牌大学毕业生。实际上，我没有考上名牌大学的原因是偏科，高考时数学没及格，可我的文科成绩，在班里一直是前几名。一路走来，虽然经历了很多艰辛，但有很大的收获，所以无论今天能否通过面试，我都非常感谢你们给了我这次面试的机会。

在学习方面，我拿过两次三等奖学金。在学校做过新东方职业教育课程的校园代理，我的业绩在 20 多个学生代理中一直排在前三名，当然了，这和我的危机意识比较浓、热爱学习是有关系的。

我觉得大学生活使我学会了与人沟通，可能您会觉得，十个大学生有九个会强调自己善于与人沟通，不过我依然觉得这是我大学里面最大的收获。您从简历上看得出来，我大学时在学生会工作了两年半，从干事一直到副主席，这使我有机会同年龄和背景完全不同的人进行交流，从学生到老师，从学校的领导到校外公司的高层，每一种沟通的方式和方法都不同，从而锻炼了我的言语表达能力和与人沟通的能力。

今天我来申请这个职位，主要是因为适合我的专业和兴趣，我喜欢做销售，在大学我卖过手机卡，推销过英语课程，觉得推销成功以后很有成就感。还有，我觉得自己具备推销员的素质，前面我说过，我在大学的推销记录一直是不错的。总的来说，我认为自己非常适合这个岗位的要求，希望能给我一个机会。

（应届生求职招聘论坛，http://bbs.yingjiesheng.com）

## 六、电话交际常识

### 训练要点

1.掌握拨打电话的方法。

2.掌握接听电话的方法。

3.掌握代接电话的方法。

### 导练略读

#### （一）电话交际的特点

1.异地性。电话交际与面对面交际的最根本区别是它的异地性，交际双方不在同一个地方，只能闻其声不能见其面。可视电话现在还不普及，即使将来普及了，也还只能见到对方有限的范围。因此，电话交际难以知道对方的身份，难以知道对方打电话的地点，难以看见对方的姿态表情，更难以知道对方接打电话时的处境。

2.消费性。要付电话费，且目前的电话费尤其是长途电话费价还较高。

3.会占线。绝大多数电话还只允许一对一的通话，只要在通话，其他的电话就打不进来，影响双方的对外联络。

#### （二）电话交际的一般要求

就礼仪规范而言，打电话者需要对通话的内容、态度及其表现形式等三大要点加以注意，此三大要点又称“打电话三要素”。打电话时所涉及的具体问题，均与此三要素直接相关。

交际往来中的电话交流又可分为拨打电话、接听电话、代接电话等三个方面的问题。在使用规范中，这三个具体方面往往又有各自的一些规定。

1.拨打电话。

拨打电话，一般是指在打电话时自己处于主动的一方，是由自己首先把电话打给别人的行为。这时，拨打电话的一方叫做发话人，而接听电话的一方则称为受话人。当一名工作人员作为发话人，拨打电话给别人时，下述十点都是需要注意的：

(1)慎选时间。倘若并非紧急事务必须立刻通报,那么打电话最好选择一下具体的时间:一是要主动回避对方精力或许松懈的时间;二是要努力避开影响对方生活或休息的时间。打国际长途时,还应事先考虑一下两地的时差。

(2)做好准备。打电话给别人时,工作人员应争取给对方以干脆利索、惜时如金之感。拨打电话前,最好在专用的便笺上一一列出诸如电话号码、备用号码、通话要点、强调之处、疑难点等诸多问题,以便通话时有所参考。

(3)礼貌待人。打电话给外单位或外人时,一定要在通话之初便对对方以礼相待。为此,既要首先问候对方,又要随即自报家门。通常,问候语“您好”应作为通话时的开始语,接下来,即应自报家门。最为正式的是报出单位、部门与姓名。

(4)条理清晰。在打电话时,不论是通报一般性事务,还是进行重要的商务洽谈,均应不慌不忙,条理清晰。在电话上进行具体陈述时,要注意有主有次、有点有面、有先有后、有因有果。凡事均应一一道来,循序而行,讲究逻辑。

(5)确认要点。为了保证通话效果,务必注意在电话里对要点加以确认。常用的有效做法有三:一是通话要点宜少忌多,每打一次电话最好只有一个要点;二是通话之时应明确地对要点加以强调;三是通话结束前须再次对要点进行复述,以强化受话人对此的印象。

(6)适可而止。在通话时,作为发话人,一名训练有素的公司员工理应长话短说,废话不说,尽量精简通话内容,缩短通话时间。在正常情况下,最好有意识地将每一次普通通话的时间限定在三分钟之内,即“通话三分钟原则”,平时打电话时就应自觉遵守。

(7)善始善终。需要结束通话时,发话人应当在下述几个方面表现出应有的礼貌:一是先要询问一下受话人是否还有事需要相告;二是要以“再见”等道别语作为通话的结束语;三是当自己挂断电话时,应双手轻轻放下话筒或轻轻按下通话终止键。

(8)有错必纠。有时在通话的过程中,往往会出现一些意想不到的差错。不论是否与己相关,发话人均应有错必纠。一是拨错电话号码时,要即刻向对方道歉;二是线路发生故障,出现噪声、串线、掉线时,发话人应首先挂断电话,然后再主动拨打一次。电话接通后,发话人还应就此向受话人做出必要的解释。

(9)善待他人。在电话打通后的第一时间,发话人有可能并未遇到自己要找的对象,而是碰上了其他人士充当受话人。他们可能是电话接线员、办公室工作人员或者受话人的同事、家人等等。当确认对方不是自己要找的人之后,应请求对方帮助,同时问候对方并感谢对方的帮助。

(10)及时反馈。在打电话的整个过程中,通话双方的相互配合十分重要。打电话时,发话人一定要善于观察受话人的反应,并及时予以反馈。比如,在电话接通后,不妨先询问一下受话人“现在接电话是否方便”;发现受话人正在接待他人,则不妨改时再打。

2.接听电话。

接听电话,通常指的是自己在打电话中处于被动的一方,通话是接听别人所打来的电话的行为。作为受话人,尽管在通话时未必可以任意操控电话,但却依然需要以礼待人。

根据电话礼仪规范，在接听电话时，受话人务必要对以下十点加以重视：

(1)来话必接。在上班时，不允许拒绝接听打进来的电话。即使当时不宜通话，亦应先接电话，并随之说明原因，然后再告诉对方，请其指定一个时间，由自己到时候把电话打过去。

(2)及时接听。接听打进来的电话，应在电话铃声响起三声左右时进行。过早接听，可能使发话人措手不及；接听过迟，则又有可能怠慢发话人。遵守"铃响三声原则"，被视为是受话人通话时最基本的教养。

(3)认真确认。接听电话之初，受话人应进行规范化的确认：一是要以问候对方来确认有人接听电话；二是以自报单位、部门确认对方没有找错地方；三是要以自报姓名确认对方没有找错对象。接听电话时进行确认这一程序，任何时候都不可以被省略。

(4)善待错拨。碰到别人错拨的电话的情况时，应态度和蔼地告知对方打错了电话，然后再帮助对方核对一下错在何处。必要时，还可帮助对方查找其所要拨打的电话的正确号码。

(5)专心致志。接听任何电话，均应全力以赴，聚精会神，不允许在接听电话时心不在焉。

(6)少用免提。在办公室里接听电话时，不允许使用免提功能。即便当无人在场时使用此项功能，亦应提前向发话人通报，并在取得对方认可后再去使用。

(7)认真兼顾。有时当别人打来电话时，受话人可能还在忙于其他工作，也应立刻接听新打进来的电话，尽快告诉对方自己正在忙于何事，在寒暄之后约定自己过后打电话给对方的时间，然后将其挂断，回过头来再继续处理刚才所做的事情。

(8)反复核实。接听公务电话时，一定要及时对电话里的关键之点予以核实。没有听清楚的地方，一定要问清楚；没有记清楚的地方，亦应请求发话人进行复述。在通话结束前，最好还是扼要地向发话人复述一下刚才通话的要点。

(9)终止有方。终止通话时，具体由哪一方首先挂断电话，在礼仪上很有讲究。按照规范，当通话双方具体地位相仿时，通常应由主叫方即发话人挂断电话，被叫方即受话人是不宜首先终止通话的。当通话双方具体地位存在较大差异时，则应由其中地位较高的一方首先挂断电话。

(10)及时回复。有时，外面打来电话之际，对方所找之人却不在现场。当时的电话由别人代为接听或无人接听，电话显示未接电话号码。碰上这类情况，被找之人应尽快地回复对方的电话。必要时，还应具体说明自己当时未能在场的原因。

3.代接电话。

在工作时，公司员工经常会代接别人的电话。在代接别人的电话时，除了要遵守接听电话的基本礼仪外，还有下述六条规则必须予以遵守。

(1)表明身份。代替他人接听电话时，首先应当向发话人具体说明本人的身份，关键之点是要告之对方本人的具体职务以及与对方所找之人的关系，以便对方斟酌是否可请自己代劳或由自己代为转达。

(2)区别情况。代接电话时，接听者应详尽地向发话人说明其所找之人不能接听电话的具体原因，以便对方了解情况。

(3)主动帮助。在发话人同意的前提下，代接电话者可在力所能及的范围之内为发话人或其所找之人代劳，可诚恳地告之对方："需要的话，我可以帮助你"，或者"方便的话，我可以代为传达"。假如对方对此予以拒绝，则不必勉强。

(4)认真记录。为保证不耽误工作，代替他人接听电话时，接听者最好做好笔录。对一些关键性的内容，诸如数据、金额、人数、姓名、时间等，应认真与对方核实。

(5)不使久候。倘若发话人所找之人不在现场，最好先请发话人挂断电话，过一会儿再打过来，或由受话方稍后打过去。在任何情况下，都不应该让对方所等的时间超过两分钟。

(6)保守秘密。自己代接的电话，不论是涉及公务还是私事，代接者均有义务保守秘密。除发话人指定的传达对象之外，不应随意向外人透露通话的具体内容，即使是对方的姓名、单位与电话号码，也不宜四处宣扬、广而告之。

### (三)特殊情况的应付

1.碰到难以回答的问题。

(1)坦诚法。"对不起，我不太清楚，让我了解一下……"；"……让我考虑一下……"

(2)借口法。"我正在……(××正等着我)，过会儿我再打给你(你再打过来)。"

2.接到令人困惑的电话。

令人困惑的电话指那些不解其意又不好说没听懂，要求你回答或处理，却可能让你承担不应由你来承担的责任的电话。

(1)廓清迷雾。设法弄清楚对方的意图、原委，然后恰当处理。

(2)模棱两可。含含糊糊，不作肯定回答。

(3)借口缓冲。不急着表态。

3.不认得的人对你发火。

冷静应对，设法平息其怒气。不失礼貌，不伤感情。不需要，也不值得计较。

4.对方喋喋不休。

趁机中断；借口中断；委婉阻止。

## 训练项目

### 案例分析，模拟练习

**【练习题】**

1.分析下列案例中接打电话是否得体，为什么？

**案例一**

甲："你好，有件事，我要报销一张发票。"

乙："你着什么急？"

甲:“我想问一下什么时候能报?”

乙:“你放心,我不死都能报!”

**案例二**

喂,你猜猜我是谁呀?

你听不出来啊,你慢慢再猜吧。

不对,你再猜。

不对,我是谁你都不知道了啊。

**案例三**

王总,那我们这次就说好了,下个星期我付款,按照你提供的账号,我把我贷款的首期打给你,按照我们刚才约定的付10%。王总,如果我没有记错的话,你的账号会在下星期一早上传真给我,传真给我之后两个小时确认无误,我就会打款了。

**案例四**

甲:“请问是教务处吗?”

乙:“对,先生你好,我们是教务处,先生你找哪位?”

甲:“我找你们王鹏,王处长。”

乙:“先生你好,你找王处长什么事?”

甲:“我和王处长是大学同学,约好了今天给他打电话的。”

乙:“先生你到底什么事?”

甲:“我现在路过你们南京,想过来看看王处长。”

乙:“先生你好,我们欢迎你! 先生你什么时候来?”

甲:“我大概一个小时以后就可能到你们那儿。”

乙:“先生不好意思,我告诉你,王处长不在。”

2.邀请一位同学和你一起从以下语境中自选一种,进行接打电话练习。

(1)新年来临,电话拜年。

(2)开学在即,家中有急事,给班主任打电话请几天假。

(3)遭受挫折,向父母(好友)诉说

(4)参与电台“倾诉与倾听”热线节目,自拟一个话题,与同学分别扮演节目主持人和听众。

(5)给老同学贺喜(缘由自拟),并借机为自己的一次过失向老同学道歉。

(6)模拟接到了错的电话。

# 第十一单元　教育口语训练

你应掌握教育过程中口语表达的主要技能，善于诱导，工于说理，择机而言，以情运声，提高观察分析能力、语言表达能力和管理能力。

## 训导模块

### 导学精读

#### 一、教育口语的特点

教育口语是教师根据党的教育方针，对学生实施思想品德教育、行为规范教育过程中所使用的具有说服力、感染力的工作用语。它同教学口语一样，是教师的专业用语，是教师完成教育教学工作不可或缺的工具。

成功的教育口语有下列特点：

（一）说理性

教育口语的核心是一个"理"字。教师在实施教育的过程中，对学生的启迪、说服或者褒扬、批评都要以理服人。言辞富有说理性，教师要用摆事实讲道理的方法指明是非曲直；以正确的理论为依据，抓住问题的本质；掌握说理方法，触动学生心灵；教师对待学生的态度要尊重、爱护、热诚；教师应循循善诱地说理。

（二）针对性

教育活动中，教师的教育语言必须从实际出发，根据教育对象的个体差异、群体差异，随着教育内容、教育时机、教育场合的不同而使表达有所变化。要富有针对性，即教师在对学生实施教育时，要注意到特定的时间、场合和对象，要因人、因事、因时、因地施言。

（三）诱导性

教育诱导，是指教师对学生进行思想教育时，给学生启发、开导和指引，让学生通过自己的思考，提高对事物的理解和认识水平。有效的教育诱导是以教育为目的，教师由浅入深、由表及里地诱导学生自己分析和解决问题；用辩证统一、一分为二的方法，促使学生思想转化。

(四)感染性

教育的过程,并不纯粹是理性征服的过程,它应该是理性的启迪、情感的交流并引起深刻共鸣的过程。教师在对学生教育时要以情感人,要善于体察学生的情绪变化;要始终用积极健康的情绪感染学生;要通过调查,寻找拨动学生情感的兴奋点,引起学生在情感上的共鸣。

## 二、实施教育口语的要求

儿童教育专家多萝茜·洛·诺尔特在《学习的革命》中有一段经典名言:

如果一个孩子生活在批评之中,他就学会了谴责。

如果一个孩子生活在敌意之中,他就学会了争斗。

如果一个孩子生活在恐惧之中,他就学会了忧虑。

如果一个孩子生活在怜悯之中,他就学会了自责。

如果一个孩子生活在讽刺之中,他就学会了害羞。

如果一个孩子生活在忌妒之中,他就学会了嫉妒。

如果一个孩子生活在耻辱之中,他就学会了负罪感。

如果一个孩子生活在鼓励之中,他就学会了自信。

如果一个孩子生活在忍耐之中,他就学会了耐心。

如果一个孩子生活在表扬之中,他就学会了感激。

如果一个孩子生活在接受之中,他就学会了爱。

如果一个孩子生活在认可之中,他就学会了自爱。

如果一个孩子生活在承认之中,他就学会了要有一个目标。

如果一个孩子生活在分享之中,他就学会了慷慨。

如果一个孩子生活在诚实和正直之中,他就学会了什么是真理和公正。

如果一个孩子生活在安全之中,他就学会了相信自己和周围的人。

如果一个孩子生活在友爱之中,他就学会了这世界是生活的好地方。

如果一个孩子生活在真诚之中,他就学会头脑平静地生活。

你的孩子生活在什么之中呢?

这些话告诉我们:教育环境直接影响着孩子个性发展方向,并决定着他们能否健康成长。教师的教育语言是构成教育环境的一个重要方面,因此教师在运用教育语言时,决不能随心所欲,应遵循以下要求:

1.要坦诚相待。教师在做学生思想工作时,应遵循实事求是的原则,以诚信为出发点,开诚布公,敞开心扉,讲真话,使学生内心有安全感,这样才能让他们感觉到师生间的关系是亲密的,进而心悦诚服地接受教育。

2.要把握时机。说服教育成败取决于谈话时机合适与否。试想,假如你情绪不佳,家长或其他人又用批评的方式与你谈话,你能在此时平静接受批评吗?因此,当发现学生情绪良好时，不妨谈谈他(她)的不足，而当学生处于烦躁状态时，不要轻易再去增加他们新的心理负担，而应多替他们排忧解难。“良言一句三冬暖”，此时不应吝啬体己话、赞扬话。

3.要公正评价。民意调查显示，最不受学生欢迎的老师表现之一就是不能公平处理问题、公正评价学生。这就要求我们处理学生问题时，公开、公平、公正。谈话前充分调查事情真相，然后再一分为二地评价人与事，正确的给予充分肯定，错误的也明确指出，这在调解同学纠纷时尤其要注意。

4.要尊重隐私。与学生谈话内容若涉及隐私部分，对外我们应严格保密，这样既维护了学生的尊严，又尊重了学生的人格，同时，也提高了自身的威望。实践证明，此种谈话艺术用在男女生关系过密事件中效果较佳。

5.要迂回委婉。所谓委婉指的是进行批评教育时，不要盲目迷信古语“良药苦口利于病，忠言逆耳利于行”，而是以退为进，先肯定优点，再婉转提出建议，这样学生心理容易接受。

教育口语有“十戒”：一戒秽语，二戒套话，三戒漫骂，四戒埋怨，五戒压制，六戒恐吓，七戒挖苦，八戒武断，九戒哀求，十戒利诱。

## 训练模块

### 一、启迪语训练

启迪语，是指教师针对学生思想上存在的问题，运用多种口语形式，如报告、对话、发言等方式，开启学生的情感和认识，促进学生积极思维，进行自我教育，并按正确原则行动的教育口语。

#### 训练要点

1.了解启迪语的类型和要求。

2.评析各类启迪语的特点。

3.学会设计相应的启迪语。

#### 导练略读

(一)运用启迪语的要求

运用启迪语，是教师通过富有启发性的语言引导学生“感悟”，把“道理”说出来，所以教师的启迪要做到：

1.善于设问。

启迪语中的设问是一种明知故问。教师不将自己的想法灌输给学生，而是通过提出富有启发性的问题，激发学生思考，从而引导他们对问题做出正确分析判断和评价。要注意:千万不可把提问变作责问、盘问、追问、逼问等。

2.直观生动。

学生由于阅历不深,思维不够成熟,看问题常常比较片面。教师做思想工作时,要切合学生的思想实际和认识水平,选取学生最易接受的角度和直观形象的事物,通过举例分析,调动学生积极思维,说清道理。

3.相信学生。

在教育活动中,教师必须对学生有信心,相信他们经过启发教育是可以明白事理、不断进步的。因为只有这样,教师才可能对学生循循善诱,学生也才能从教师的语言中感受到期望和信赖,从而主动打开自己的心扉,接受教师的指导。

4.富有耐心。

思想的启迪不是一蹴而就的事情,何况成长中的孩子!因而教师在启发教育时一定要有耐心。在小学,常会听到有些教师抱怨学生的话语:"我说过多少遍了,你怎么不长记性呢?""你怎么老不改呢?"这些语言都是没有耐心的表现,是教育活动中的忌语。

### (二)启迪语的类型

启迪语从感情色彩上看分为理性启迪和情感启迪。

1.理性启迪。

理性启迪是通过分析、说理使学生知正误、明是非,启发学生自己提高认识。但要注意不能就事论事。对"事"或问题的内涵要加以分析、概括、提炼、延伸,运用富于理性色彩的语言加以渲染、表述,使事理得以升华。

**案例**

四年级某班数学期末考试成绩位居全年级最末,原因是一位刚从农村转学而来的新同学拉了"后腿"。同学们非常激愤,声称要"赶走"这位新同学,张老师知道后说:

"我们班是先进班,这回丢了先进,你们急,我也急;但是,这能光怪陈进同学吗?和大家比起来,陈进同学的成绩是低了点儿,才考了68分。可是,同学们知道吗?插班考试时,他才得了42分。从42分到68分,他已经前进了一大步!你们中的哪一个,在这回的期末考中取得了这么大的进步?而他的进步,是他自己默默地刻苦钻研获得的,你们中的哪一个,又曾经帮助过他呢?

名副其实的先进班,不光学习好,还应该是一个团结友爱、互相帮助、共同进步的集体。把一个学习上暂时有困难的同学赶走,这难道是先进班的同学应该做的吗?

同学们都很热爱我们的班集体,我们一定要把先进夺回来!请大家想一想,我们该怎么办呢?"

("呼啦"一声,十几位同学举手发言,他们异口同声地说,要组织一个学习互助小组,一定要帮助陈进同学把成绩赶上去……)

这段教育谈话教师意在端正学生的错误认识，以有理有据、旗帜鲜明的说理和既理解全体同学又真诚爱护“差生”的态度，层层深入地分析学生们“激愤”的错误所在。前两段庄重严肃且倾向性很明显，其中的诘问语句表明了教师对于“赶走”陈进的想法的反对态度，最后一段“要把先进夺回来！”的坚定语气成功地使学生与教师产生了一致的思想共鸣。

2.情感启迪。

情感启迪是用浓郁的情感激发学生，在师生情感交融中实施教育。唯有真诚才有感染力，因此，教师要动真情、说真话，善于捕捉容易使学生情绪激动的时机，激发他们的动情点，积极创设使情感能够顺利交流并获得成功的氛围。

**案例**

（几位学生帮熊老师做杂事时，与老师展开了对话）

生甲：熊老师，我就想玩，像帮您做这些事，我乐意，就是不大愿意做作业和读书。

老师：对头，我也想玩，我还一直以为爱玩不一定是缺点。而且，玩还要玩痛快。

生乙：我就图玩个痛快，但是作业没做完，值日生查到了又叫我们补，不补，老师会狠狠地批评我们，只好补，课间不能玩，甚至放学了还走不成。

老师：这样，实际上没玩安逸。不知你们注意到没有，何兵同学……对了，你（对甲）跟他很要好，该了解他。我发现他并不“勤奋”，从没在课间或放学后赶什么作业，哪怕是要考试了，他也不占休息时间用功，玩得够可以的。

生甲、乙：就是。但他的成绩相当棒啊！

老师：什么道理呢？有一次我问他……

生甲：（抢着说）我了解，我挨着他坐的那一段时间，看见他上课认真听讲，发言积极。当老师布置作业后，他马上聚精会神地做，一点儿也不东张西望，有几次我找他讲笑话，他始终不理我。

老师：那么，家庭作业呢？

生乙：这我清楚（该生是何兵的邻居）。他回家第一件事就是做作业，做完了才玩。我却是把书包往家一丢，就去找朋友玩，玩了再说。

学生不爱做作业和读书，就想玩，对这样的学生，一些教师会把他们归于差生行列。而这位教师令人可敬，他毫不歧视这些学生，而是请他们来和自己一起做事，这便创造了一个能够与这些有缺点的学生平等、自由、轻松对话的机会。对于学生暴露的贪玩不想学习的真实想法，教师不是直接否定学生的言行，而是首先对于学生爱玩的想法给予认同，接着针对他们想玩又要学习因而玩得不安心的矛盾，似乎是在不经意间提到一个既“玩得可以”又学习“成绩很棒”的学生，然后通过好奇的追问，不着痕迹地引导启发学生去思考琢磨那位同学是如何学习的，自然而然地让这两位学生自觉地反省，明白什么是好的学习习惯和行为。

## 训练项目

### （一）分析能力训练

**【训练材料】**

**材料一**

一次校会，邻班同学损坏了四(5)班的一把椅子，虽经修理后还能用，但一不小心它就嘎吱嘎吱地“呻吟”。一天学校开校会，操场上摆满了各班的椅子。回到教室作总结时，班主任张老师发现那把坏椅子不见了，而多了一把新椅子。张老师问怎么回事？同学们都推说不知道，班长也支支吾吾。张老师明白：一定是同学趁机用坏椅子换了邻班的新椅子。张老师正在琢磨该怎么教育同学时，一年级的小同学进来了。“老师，这是你们班的椅子，我们班的同学不小心拿错了，现在给你们送来。”张老师心里一动，连忙拉住她故意问：“假如我们班的同学从前故意拿过你们班的椅子，现在你们发现错拿了我们班的椅子后，你们还会把椅子送回来吗？”“那样我们也会把椅子送回来的。”“为什么呢？”“因为……因为我们应该这样做。”她大声回答。于是张老师转向本班的同学：“大家说她回答得好不好？”“好！”教室里响起一片掌声。一些同学此时明白了张老师的用意，不自然地低下头。下课后，班长和几位同学一起搬起那把新椅子，向一年级教室走去。

**材料二**

二年级有一位小同学站队时总是拖拖拉拉不想站，他不是在教室里磨蹭，就是跑到一边去玩。一天，放学站队的时候，那位小同学在后面磨蹭着玩，这时一群大雁从头顶上飞过，王老师把那位同学叫过来，拍着他的肩膀说：“小强，你看见了吗？这群大雁排队排得多整齐呀，它们一会儿排成个‘人’字，一会儿排成个‘一’字，没有一个不守纪律的。你知道它们为什么没有一个不排队的吗？”小强说：“不知道。”王老师接着说：“因为那样会脱离集体，会掉队，掉队就会迷失方向，遇到危险。”小强渐渐明白过来，说：“老师，我懂了，连大雁都知道排队，我以前还不如大雁呢，我要向大雁学习。”以后这位小同学站队时真的不再磨蹭了。

**【练习题】**

1. 分析这两则材料中的教师是怎样运用启迪语形式进行教育谈话的。

2. 以小组为单位组织演练评议，并结合材料说说运用这种形式的好处。

**【训练提示】**

“材料一”教师抓住小同学还椅子的机会，通过与小同学的问答，不着痕迹地让本班学生在肯定小同学行为的同时否定了自己先前的做法。启迪同学对自己的行为动机深刻反思，改正了自己的缺点。“材料二”教师借大雁正好从头顶上飞过设譬，再配合说理分析，启迪小强对自己的行为作深刻反思。

（二）设计能力训练

**【练习题】**

1.学校组织徒步春游，小红怕苦，借口说家中有事，向老师请假。请设计一段启迪语对其进行教育。

2.学生们都在看书，一个学生抢了另一个学生的连环画书，两人还因此动了手。请设计一段启迪语对其进行教育。

3.按照下列情境，要求主要运用启迪语设计班主任的教育语言，并进行演说和评议。

春游时，二(1)班许多同学都带了蛋糕、八宝粥、巧克力等好吃的东西。小珍只带了两只烧饼和一壶开水，同学们因此笑话她“寒碜”。小珍虽然觉得同学们不对，但又说不出道理，难过得哭了。班主任批评了同学们……转而又劝慰小珍……

4.请你将下面这位教师的批评语设计成启迪语。

上学的路上，一个学生边走路边拍球，差点儿被车撞到。他的老师看见了，吓出了一身汗，生气地对他说：“你真是活得不耐烦了！什么地方不能拍球？偏偏在车这么多的路上？你有几条命？——把球交出来，以后再也不准你玩球了！”

**【训练提示】**

根据上面提供的训练材料，找准说理的切入点，力争从情和理两个方面设计合适的教育启迪语。然后在课堂情境中，假设一个同学做教师，对另一个学生进行模拟谈话。

## 二、说服语训练

说服语是指教师在教育活动中，以充分的理由，通过摆事实、讲道理辨明是非曲直，使学生从中获得正确的认识，从而改变不正确的思想行为，朝着教师所希望的目标转变的一种语言。

### 训练要点

1.掌握说服语的方法和技巧。

2.根据训练材料所规定的情景，能够流利地进行说服教育。

### 导练略读

（一）运用说服语的要求

说服语发挥教育作用的前提是要学生“服”。这个“服”不是压服、口服心不服，而是信服、折服、心悦诚服。要达到这样的境界，必须做到以下三点：

1.了解并理解学生是“说服”的前提。

说服是为了明道理，解心结，规言行，释情绪。因此，了解学生思想动态、把握思想脉络、找准问题实质，是首先要做的事。只有做好了这些前期工作，才能有的放矢，对症下药。说服是要说而服之，在说服过程中，教师还必须给予学生“说”的权利和机会，而不是把他当成无知而需要自己灌输的人，不是把学生当成驯化的对象。对于教师“说”，学生可能“服”也可能“不服”。只有学生把他的“不服”也“说”出来，教师才能进一步“说”，从而使学生“服”。

2.营造平等、轻松、和谐的谈话环境。

说服不是训斥、恫吓或以势压人。要想说服学生，很重要的一点，就是营造一个和谐平等的谈话环境，消除学生的戒备心理和紧张情绪。教师应当以生为友，站在关心与呵护的立场上去认识谈话对象，将心比心地理解谈话对象，这样才能进行诚恳有效的谈话。

3.就事论事，以理服人。

说服的主要方法是摆事实讲道理，通过就事论事，以理服人。“说服”中的“说”不是说教、指责，而是劝说、感化，以此使学生明理、达理，最终“服”理。我们经常可以看到，有些教师教育学生的动机没有错，但是由于语言空洞干瘪，或者语气生硬、居高临下，或者表述缺少艺术技巧，打动不了谈话对象，结果达不到教育的目的。因此，对学生进行说服教育时，应当要从以情感人入手，实现以理服人。

### （二）说服语的类型

1.直接说服。

直接说服就是说服时直接切入主题，从正面摆事实、讲道理，不绕弯子。

2.间接说服。

间接说服就是说服时，先不说出自己的意思，作迂回、铺垫后再表明自己的看法。言彼意此，将道理寓于其中。或者是对话时，先顺承对方的话语，有时用“当然——但是——”，在“但是”后面引出自己要说的话。

常用的有以下两种方式：

（1）比喻引导。比喻引导就是用相似事物作比拟，引发被说服者的思考与领悟，使之从中接受教育。它特别适用于自尊心强而又聪慧的学生。

（2）借事明理。借事明理就是讲述真实或虚拟的故事来阐明正确的思想观点，凭借其感染力、说服力，让人听后从中体会、领悟到一定道理。

**案例**

有一个学生爬到攀登架的最高处，骑在横杠上面就是不下来。大家都很惊慌，怕处理不当，会在瞬间酿成事故。一位有经验的教师走了过来。

教师：（微笑着）嗬哟，这是哪位小朋友呀，这么勇敢，爬得这么高呀。上面好玩吗？

学生：好玩。

教师：今天这位小朋友真勇敢，不过我们仰着脖子看，脖子已经很酸了，我们想看看这位小朋友怎么下来。上去不容易，下来也不容易呀。我相信这位勇敢的小朋友，不但能爬上去，还会稳稳当当地爬下来呢！

学生：下来我也行呀！

教师：你们看，他爬下来了，他的手抓得很紧，慢慢地、一步一步地下来，很好——

这位教师的说服语运用得非常成功。他先是很有分寸地肯定学生爬高的勇敢行为，满足了孩子想获得赞许的愿望。然后用“不过”一转，建议学生勇敢地稳稳当当地下来，并且用“赞许”诱导他安全地下来。教师用了间接说服的方法，防止了一次可能发生的事故。

## 训练项目

### （一）辨析能力训练

**【训练材料】**

**材料一**

一学生向王老师请假去参加表姐的婚礼。王老师问道：“告诉老师，你去能给表姐帮什么忙？抬东西吗？要不就是管理事情？”看着学生直摇头，王老师温和地说：“老师知道，去吃你表姐的喜酒是你盼望已久的事情。如果她在节假日结婚，我们不上课，能去当然好。可现在情况不同，明天数学、语文都学新课，你们活动课老师也说，明天活动课上还要搞小制作比赛。你要是不来上学，那损失有多大呀！假如你只是想去凑热闹，那太不划算了；想吃好东西，可以让你爸爸、妈妈给你多捎些回来。”学生站在王老师面前，眼睛里有泪珠在滚动。“这样吧，老师已帮你把事情分析了，对你请假的事，老师不说‘行’，也不说‘不行’。至于怎样办，你今晚可以回家再好好考虑一下。”

**材料二**

一位班主任与一个早恋学生的谈心。

师：“你看，这棵桃树，因为春天到了，开始发芽了，多好的春天啊，给万物带来了生机！一颗芽，以后就是一朵桃花，再以后，就是一个个又大又甜的桃子呀！”

生：“哎，怎么搞的，这里已开了一朵花。”

师：“开早了啊！现在还没到开花的季节，没有开花的时候开的花，是一种无结果的花啊！”

…………

师：“争春，不一定提前表露，早柳提前发芽，但春天刚到，就开始枯黄，飘落无情的柳絮，竹笋春日还把头埋在土里，吸收着丰富的水分和营养，后来拔地而起，直冲云天……”

生：“老师我懂了……”

**材料三**

国歌奏响，国旗升起。四(6)班有一个同学仍在教室内走动。另一个同学还嬉笑逗趣，被值日老师发现扣去10分。事后，班主任张老师没有对这两个同学简单训斥，而是讲了两件事。

第一件事：盛夏酷暑，骄阳似火，一个老太太蹲在地上抠一枚深陷在柏油地面的硬币。一个学生见之一笑，说："老太太，不就是一毛钱吗？大热天，值吗？"老太太抬起头来，擦了擦汗，说："……"说什么呢？有的学生猜"要勤俭节约"，有的同学猜"要把这钱捐给希望工程"。其实，老太太说的是："这一毛钱上有咱们国家的国徽呀！"

第二件事：《人民日报》报道，美国政府不断攻击中国的爱国主义教育是煽动民族情绪，缓和国内矛盾。那么，美国是否进行爱国主义教育呢？请看：凡美国公民看到自己的国旗升起，总要驻足行注目礼，其情其景令许多外国人也肃然起敬。

在讲完两件事后，张老师说："爱国是抽象空洞的吗？如果不是，我们该怎么做呢？"此后的升旗仪式上，再也没有出现不尊重国旗的行为。

**材料四**

一位教师在班里发现学生吸烟，决定利用第二天的课外活动着重解决这一问题。教师在黑板上写下了"谈谈学生吸烟的好处"的标题，学生一见感到新鲜而好奇，教师接着说："同学们，你们知道吸烟有哪些好处吗？"学生们纷纷摇头表示不知，接着教师又说："学生吸烟的好处体现在省粮、省衣、防盗上。省粮即吸烟时间一长，身体也随之垮了，身体一垮，食欲锐减，食欲一减，这当然就节省了不少粮食；省衣，学生时代本是身心发育的阶段，如果这个时候开始吸烟，烟中的尼古丁可以及时地控制身高，从而达到了省衣的目的；防盗，吸烟一是在尼古丁的作用下，会使肺部及呼吸道发生病变，导致哮喘，咳嗽，这样，在无声的夜里，盗贼们很远就听到你的声音，以至不敢近前行动。当然吸烟的好处还有很多，希望同学们能在实践中不断地总结经验，为将来能成为有造诣的吸烟专家打下良好的基础，最后祝有志于吸烟的同学事业有成。"在一片笑声中，学生接受了教师的警告。

**【练习题】**

1. 细读以上材料，并指出每则材料各运用了哪种类型的说服语。

2. 评析材料中教师的说服语，要求分析教师所用的方法、取得的教育效果。

**【训练提示】**

"材料一"教师开门见山向学生提问，让学生明白去参加婚礼帮不了什么忙；然后进一步通过假设分析请假的后果，说明不同意的道理。"材料二"这位教师只字未提男女之事，而是巧妙地运用比喻进行暗示，若直接挑明，不一定有这么好的效果。"材料三"中的张老师，面对学生在国歌奏响、国旗升起这个庄严时刻嬉戏追逐打闹的行为，没有简单的训斥，而是向学生讲了两件事。目的是通过这两件事情，说明了爱国是具体的这一道理。该教师表述事件时采用的设疑、反问，令人感到凝重与激愤，每一句话都叩问着学生的心灵，因而取得了较好的教育效果。"材料四"这位教师从反面进行延伸，正话反说，使吸烟的荒谬或危害更加突出，从而给予学生以警示的作用，产生幽默的效果。

### (二)设计能力训练

**【练习题】**

1. 有一个男生在左耳朵上载了一个耳环,不少老师叫他把耳环摘下,但毫无效果。于是,主管学校德育工作的缪老师把这个男生带到办公室,老师先让他坐下,然后心平气和地和他谈心。若你是缪老师,请设计一套教育谈话。(要求主要运用说服语)

2. 请你依据下列教育情景,设计与该同学谈话的说服语。

有个同学在课桌上涂画,邻座同学报告了王老师。王老师把他叫来准备批评。他理直气壮地说:"班上又不是我一个人画了,为什么就叫我?"还嘀咕说:"就是××同学打小报告!"

3. 请你将下面这位老师的话设计成说服语。

寒假前,张老师对学生进行安全教育。张老师说:"过新年同学们会放鞭炮,但放不好就会崩瞎眼;现在一些同学开始学骑自行车,弄不好也会摔坏头、跌断腿。谁要想试试的话,他只好做'独眼龙''铁拐李'了!"

4. 有一位同学抄了别人的作业,同学批评了他,可他还振振有词地说:"抄也是一种学习。"请设计一段直接说服语对其进行教育。

5. 同一学校、同一班级读六年级的李涛和张军,因使用学校的体育场产生了矛盾。李涛先带了同学在体育场踢足球。后来张军也带了几个同学来踢球。李涛不让张军他们在这里踢,认为自己先来,有权不让踢。张军认为体育场是公共设施,他们有权使用。于是两人吵了起来,甚至动起手。班主任老师闻讯前来制止了争吵,并从使用体育场应遵循先来后到的原则批评了张军。当时张军没有说话。然而,他口服心不服。等朱老师走后,他便在体育场上起哄。李涛自然不肯相让,两人终成殴斗。最后双双进了医院。请你就这一事例,对班主任朱老师的处理方法作一简评,并分析事情没有处理好的原因在哪里。假如你是班主任,将怎样说服李涛和张军两位同学,从而令双方都满意呢?

**【训练提示】**

"说服"不能只讲套话、空话,要因势利导,有的放矢地说理。要用丰富的知识旁征博引,才会令人信服。要多用情语,拉近与学生的距离。语态不能过于严肃,而要诚恳,让学生觉得亲切。

## 三、表扬语训练

表扬语是教师对学生良好的思想品德行为给予肯定的评价、赞扬的话语,是对学生进行正面教育的评议性讲话。恰当适度的表扬,对鼓励先进、鞭策后进、激发士气、培育学生的良好行为,推动良好风气的形成,是一种积极有效的动力。

## 训练要点

1. 掌握表扬语的要求和技巧。

2. 能够根据具体要求，设计恰当的表扬语。

## 导练略读

### （一）运用表扬语的要求

表扬语富于溢美性、鼓动性和感染力。教师对学生表扬时要注意以下几点：

1. 实事求是，有真实性、可信性。

表扬的要义是激励，但要以真实、美好、进步的思想行为为依据。表扬的真实性体现在两方面：一是表扬时教师的感情要真诚，二是表扬的事实要准确。如果离开事实基础，言过其实、随意拔高，不仅起不到激励斗志、弘扬正气、鞭策后进的作用，而且还会让人感到表扬“贬值”，甚至挫伤一部分人的积极性。

2. 适时得当，把握分寸，注意方式。

表扬是一种激励，对学生中值得肯定的人和事，应及时表扬。但表扬的方式和场合必须有所选择。对性格外向的学生，可用热情洋溢的赞美之词当众肯定他们的进步；对性格内向的学生，可用个别谈话或无意表扬的方式来鼓励；对有逆反心理或长期处于压抑状态的学生，则用间接暗示可取得意外效果。更要注意的是：对任何一个学生的表扬，都要避免以其家庭状况、生理缺陷、历史污点为背景来进行，否则会给学生造成不必要的心理压力。

3. 面向多数，长善救失，发现闪光点。

面向多数的含义在于，其一是所表扬的行为具有倡导性，能激发多数人的进步欲望；其二是表扬的面要广，尽可能地发现每一个学生的闪光点，使每一个有进步的学生都得到肯定与赞赏。不能只看到优秀生的优点，却看不到后进生的亮点，更切忌想当然，凭主观印象看人，对后进生的优点、进步持怀疑态度。

4. 热情真诚，用语褒义色彩鲜明。

表扬作为一种肯定性评价，满足了小学生被尊重、被肯定、被赞赏的需要，能激起小学生愉悦的情绪体验。因此教师说表扬的话要热情真诚，对学生进行表扬时，一般说来，语调要昂扬一些，语速较快，措辞褒义色彩鲜明，有时需用重音强调值得表扬之处，并大多辅以点头、微笑、挥手等体态语。

### （二）表扬语的类型

表扬从内容来看，一般有表示你的满意、描述学生的正确行为、解释表扬的原因等。从形式上看，有以下三种：

1. 当众表扬。

当众表扬是指在公开的场合当着众人的面进行的表扬。这是教师运用表扬手段时最常用的形式。一般说来，当众表扬因为受众多，影响大，更能使受表扬的学生产生一种荣誉感；特别当受表扬的是后进生时，更能帮助他们找回自尊，树立自信心。当众表扬也能为其他学生树立榜样，激励作用能得到充分发挥。

2. 迂回夸奖。

迂回夸奖就是不当面表扬，而是绕个弯子，通过他人之口传达赞美信息。这种方法适用于不喜欢当众受表扬的学生，用于激励后进生也有效果。

**案例**

王老师在他的教育随笔中写道：一年暑假，我新接了一个班，班里有一"差生"，从小父母娇生惯养，一旦谁得罪了他，张口就骂，动手就打。原班主任对他的结论是道德败坏！开始，我对他是批评为主。表面看，他比以前老实多了。但一"暗访"，发现他"恶习"并没有改。"硬的不行，我就对他来软的。只要发现他一个小小的优点，我就在课堂上大大表扬一番。"但再一暗访，坏了！他对人说老师是"硬的不行，想来软的哄我，哼！我不吃这一套"。我的心凉了：难道他真是一块顽石？人人都希望得到别人的表扬，他为什么不呢？

有一次，他又因小事打了别人，家长来校道歉，谈起了教育孩子的难处："唉！从小把他给惯坏了，将来怎么办呢？"

"其实，他有很多优点……我相信他慢慢会改掉打人骂人的坏习惯的！"

过了一段时间，大家突然注意到，这段时间没有同学告他的状了。家长也纳闷："似乎变了个人，回家就做作业。"

为了寻找他为什么变好的原因，我单独和他谈了一次话：

"以前，大家都盼望你改掉打人骂人的坏习惯，经常批评你，也经常表扬你的优点，但你为什么不接受呢？"

"……"没有回答。

"你什么时候下决心改掉坏习惯的？"

"从……从你对我爸爸说我成绩不错，还有许多优点……"

"这些话在班上我对你说过多次呀？"

"……"没有回答。

我猛然记起《中国教育报》上的一篇文章《"遗忘"在讲台上的班务日记》，是不是一个道理呢？对！肯定是！文章中引用学生日记中的一段话颇使人深思："这些话老师曾对我说过多次，那时我以为老师是当面奉承我，甚至敷衍我，是企图使我听话就范的'招数'。自从看了班务日记后，我才知道，这些话是出自老师的真心……"

我从中悟出了很多：人都希望看到别人表扬，但又怀疑正面对自己的表扬，尤其是"差生"；人都讨厌别人背后说自己的坏话，但都愿意听到别人背后说自己的优点……

对待批评、表扬都不在乎的"差生"，教师背地里的一次夸奖，收到了好效果。这证明了美国心理学家威廉姆·杰尔士所说："人最最深切的要求是渴望别人的欣赏。"

后进生也不例外。关键在于因材施教,方法得当,促使学生内心"改善品德"的愿望转变为行为。迂回夸奖不失为一种好办法,"一言"之效不可忽视。

3.随时夸奖。

教师在与学生的频繁接触中,会随时看到学生言行中的闪光之处,这时教师及时地表扬他们的点滴进步,能够强化学生的意识,巩固这些好行为,培养学生形成良好的习惯,而不必拘泥于在正式的集体场合表扬。

## 训练项目

### (一)分析能力训练

**【训练材料】**

**材料一**

任小伟是一个令老师头疼的学生,什么恶作剧都敢做,什么热闹都凑合,总爱和老师唱反调,作业从来都不交。为了改变这种状况,张老师对他展开了跟踪调查,发现了他无论刮风下雨,他都坚持送邻居家的小妹妹安全回家。

在一节口语交际课上,张老师大力渲染气氛:"同学们,你们知道我们每天学习的活雷锋,他现在在哪里吗?现在他回来了,回到了我们的学校,来到了我们的班级。他整天摆出一副对什么事都漠不关心的样子,而事实上却是那么乐于助人,极富爱心和责任感。同学们,猜一猜这个人是谁?"同学们的情绪立刻高涨起来,可猜了半天也没有猜到"任小伟"这个名字。张老师故意清了清嗓子,大声说:"他——就是我们班的任小伟同学。"谜底一揭晓,同学们都目瞪口呆,在张老师告诉大家他的事迹后,教室里才响起一阵热烈的掌声。

张老师又接着说:"下面请同学们做小记者采访一下任小伟同学。不管什么问题,他一定会给你们一个满意的答复。"话音刚落,同学们"呼啦"一下把他围个水泄不通。再看任小伟,像一个获胜的将军一样,神气十足地解答着同学们的一个个问题,很显然,他完全沉浸在幸福之中了。

最后张老师作了总结:"同学们,如果有问题可以直接找任小伟同学谈谈。下面我们一起总结一下。同学们都知道任小伟有不少缺点,但是缺点可以改正啊!一个雷锋式的好少年,他怎么能拒绝进步呢?我相信任小伟同学在以后的学习中,一定会做得很出色,他一定是咱们班里的佼佼者,也是我和同学们的骄傲!"

**材料二**

下面是一位特级教师观摩课上的一个片断。

(一位胆小的女生艰难地把一段课文小声地读完了。)

教师:你平时不太习惯站起来朗读,是吗?

学生:(点点低垂的头)嗯!

教师:你今天有勇气站起来,并且把它读完了。你知道吗?这真让我高兴!

学生:(微微抬头,看老师一眼)嗯!

教师：(亲切地拍拍孩子的肩膀)我为这勇敢的一试，向你致谢！……

**材料三**

一天，早操以后，一(3)班同学排着整齐的队伍回教室。教师发现有个学生趿拉着鞋。

教师：甜甜，你的鞋怎么啦？

学生：刚才，被后面的同学不小心踩掉了。

教师：那你怎么不提上鞋再走呢？

学生：我若停下来提鞋，班级的队伍就不整齐了。

教师和学生回到教室。

教师：大家看，刘甜甜是趿拉着鞋上楼的。

学生：(惊讶，议论)

教师：同学们，你们说，趿拉着鞋上楼方便呢？还是把鞋穿好走路方便呢？

学生：当然穿好了走路方便。

教师：可是，刘甜甜却是趿拉着鞋，跟着队伍上楼的。现在我想请她告诉大家，为什么不穿好了鞋走路呢？

甜甜：我被别人把鞋踩掉了，要是我停下来提鞋，我们班的队伍就乱了。

教师：大家听听，刘甜甜同学想得多好啊！她心里想到的是我们班集体。为了队伍整齐，她硬是拖着鞋走路；为了我们班集体，她宁可自己走路不方便。事情虽然小，但我们看到了她美好的心灵。她爱护集体荣誉，让我们用热烈的掌声感谢她……

**【练习题】**

细读上述几则教育案例，评析材料中教师的表扬艺术，并说说如果让你为此设计，你会与他们有何不同。

**【训练提示】**

对学生的思想行为予以肯定评价，教师要善于发现学生的“闪光点”。“材料一”教师借助于课堂这个公开场合，对一个平时表现较差的学生进行表扬，并让学生采访他，让他体会到被同学尊重的幸福，唤起了他的自信和自尊，从而促进他的自强。“材料二”特级教师，面对一个朗读能力很差的学生，不仅没批评，而且还能从学生的表现中找到肯定的因素，一句迂回夸奖、一个动作，一定促使学生内心的愿望变为行动。“材料三”这位教师从极易被忽视的小事中发现了学生健康向上的好思想。及时抓住这个“闪光点”当众表扬，不仅当事人受到了鼓励，也使全班同学受到了感染和教育。

## (二)设计能力训练

**【练习题】**

1. 有一位母亲，诚恳地要求他孩子的班主任：“您别总是批评他，他有什么做得好的，您也表扬表扬他吧！”这位班主任后来找到这位孩子的父亲说：“他母亲让我表扬他，可他什么好的地方都没有，让我怎么表扬他呀？”

其实,这个孩子在班里曾要求擦黑板,班主任老师鄙视地说:"这儿没你的事儿,用不着你!"他也曾想干其他好事儿,该老师却不屑一顾。久而久之,孩子也就真不知自己身上还有什么可表扬的了。

(1)请根据上面片断的内容,模仿那位班主任的语气读一读他的话,让大家说说听后的感受。

(2)如果你是位班主任,听到这样的恳求后,应如何回答?

2.小学教师王勇的班里,有一位名叫小志的学生。这名学生的学习成绩很差,每天懒懒散散,不喜欢听课。有一次,王老师在上数学课的时候,发现小志正低着头认真地写什么东西。于是,他悄悄地走到小志的后面,结果发现小志正在画画,画得还不错。看到这种情形,王老师很生气,他刚想要发火训斥小志为什么不好好听课。但转念一想,自己为什么不换一种教育方式呢?请设想一下王老师的教育口语。

3.乐乐爱武打,常常在地上打滚,可是做操不认真,上课提不起精神。有一次教师让孩子们练习骑马的动作,乐乐节拍准,姿势也优美,教师当场表扬他。请设计一段表扬语。

4.有个同学非常注意自己的仪表,有时刻意打扮,略显过分。怎样提醒她呢?在一次集体郊游活动中,班主任看到她仔细地收拾了抛弃物。班主任决定抓住这一细节,对她进行教育。请你以这位班主任的语气设计一段表扬语。

5.夏季到来,游泳课开始后,男生中总有一个不游泳的同学自愿为大家看衣服。女生中也有几个不游,却找不出一个看衣服的人,推来推去,最后两个游泳的同学自愿牺牲一部分时间为大家效劳。如果你是班主任,得知这一情况后,你如何处理?请你就此事,设计一段表扬语。

**【训练提示】**

训练时通过分析训练材料所提供的具体问题情境,找到学生们身上容易被忽视的可贵之处,选择关键的表扬视角。表扬要及时,表扬的侧重点应在学生的行动上。最后一条练习,设计表扬语时,既要赞美做好事的同学,同时要使私心重的同学受到教育。

## 四、激励语训练

激励语是教师在学生有畏难情绪、信心不足时,帮助他们树立信心,推动他们前进的教育语言,也是在学生取得一定成绩,激励他们向更高目标迈进的教育语言。

激励语和表扬语有相似之处,都表达了对学生的肯定与激励,都能帮助激发学生的自信心、上进心。它们的不同之处在于:表扬语着眼于评价学生以往或当下的言行,激励语着眼于对学生未来言行的期望;表扬语重在肯定,激励语重在激励。激励语一般不单独使用,而是常常与别的教育语言结合使用,在表扬、批评、启迪后,用激励语激发学生的信心,指出努力的方向。

## 训练要点

1. 掌握激励语的类型及表达要求。

2. 能够根据具体语境，设计恰当的激励语，增强教育效果。

## 导练略读

### （一）运用激励语的要求

激励语是对学生进行鼓舞发动的谈话，目的是激发学生的情感，鼓起学生的勇气、信心和力量。要想成功地运用，你应做到：

1. 激发热情，融理于情。

激励就是运用口语激发热情，使他们行动起来。教师的激励语要提出需实现的切实可行的目标，要指明实现目标的方法、途径，更要阐明确立目标的理由。激励语的教育力量，不是来自空洞的理论阐述，而是要融理于情。

2. 勉励上进，鼓舞士气。

勉励上进就是激励语要能劝勉、鼓励学生奋发努力向上。鼓舞士气就是激励语要有强烈的鼓动性和号召力，调动人的情绪，振奋人的精神。教师要以积极向上的情绪唤醒学生的人格心理和自尊心理，要用话刺激学生，使之获得精神的力量去努力实现既定的目标或向一个更为高远的目标奋进。

3. 语言激昂，有强烈的抒情性。

激励语一般多用短句，词语铿锵，往往有层递的语势，教师用富有激情的语词、热烈的语态、激昂慷慨的语调感染学生，调动他们的积极情绪，使学生增强信心。说激励语，语速要稍快，重音要明显，有时还配以强有力的体态语，使说话更富有推动力和号召力。

### （二）激励语的类型

1. 鼓动。

鼓动就是集体活动中，教师布置任务或总结工作时，用富有激情和鼓动性的口语激发热情，对学生提出希望和要求，激励大家不断进步。这类教育口语，多用于面对学生群体的讲话。

**案例**

辅导员：我们这次主题活动开展得很成功，很有意义。我相信大家能从这次活动中受到教育，得到启发。队员们快快行动起来吧，比一比谁的行为习惯最符合《小学生日常行为规范》，比一比谁的行动最快，进步最大，我希望大家都争气。

辅导员充满了对学生的欣赏和信任，这段话中，教师肯定活动成功有意义，相信学生有收获，更重要的是号召学生“比一比”，话语热情感人。其中祈使句的使用更是激发了全体学生的热情。

2.激发。

激发就是用话刺激学生，激起他们奋发争先的情绪和意志，去做原来不愿做或不敢做的事。激发分正面、反面两种。正面激发时，话语与激发目的一致；反面激发就是反语激发，激将法。

**案例**

仇老师班上有一位学生特别喜欢下象棋，但英语成绩却一直不尽如人意。他多次和仇老师较量棋艺，但从未赢过。有一次，仇老师故意输给了他，他的信心倍增，说他还能赢。仇老师说："你能下出这样的好棋，就一定能学好英语，等你的英语成绩上来了，我再和你下。"他表现出畏难情绪，仇老师又鼓励他说："一个能下好棋的人，就一定是聪明人，而一个聪明人就一定能学好英语。以前你是没有把学英语当成一回事，所以你没有学好，现在你把学象棋的劲用到学英语上去，还有学不好的道理吗?"后来他果真把对下象棋的自信心迁移到学习英语中去，英语成绩有了很大的提高。

"等你的英语成绩上来了，我再和你下"，这句话从表面上看是教师拒绝了学生下棋的请求，实质是利用其爱下棋的心理进行刺激，激发他提高英语成绩。

3.勉励。

勉励是用忠告的语言或赠言勉励学生，激发其深入思考或奋起前进。其重点不在引发学生激情，而在于提高学生的认识，让其产生积极向上的内驱力，从而向更为高远的目标努力。与鼓动、激发相比，话语显得平和、恳切。

**案例**

二年级三班召开"做未来科学家"的主题班会。班主任先神秘地拿出一个小盒子，说盒子里装着"一张未来科学家的照片"。小同学一个个轮流看这只盒子。其实盒子里放的是一面镜子，每一位同学看到的都是自己的形象。班主任所说的"未来科学家"指的就是班上的每一位同学。小同学们的情绪被激发起来了，这时班主任说："同学们，未来的科学家就是你们呀！你们是祖国的未来，祖国的建设需要你们去接班，祖国的科学事业需要你们去接班！但是，做接班人可不是一件容易的事，从小要勤奋学习，打好基础……"

主题班会上，这位班主任既给学生指出"做未来科学家"、"做祖国建设接班人"的高远目标，同时又指出实现这一目标的途径和要求。表述时，语重心长，语调平缓有力，语态亲切感人。

## 训练项目

### （一）分析能力训练

**【训练材料】**

**材料一**

于永正老师借班上公开课，请到一位叫何超的同学朗读课文。何超不是丢字就是添字，不是读错就是把句子读断。但他不怕错、不气馁，当着那么多听课老师的面，竭尽全力地去捕捉每个字，大声地念每个字，在于老师的指导下，终于读下来了。于老师说："何超，你真是好样的，有了这种顽强的精神，何愁超不过别人。"课间，何超坐在位子上，一字一字地大声读课文，于老师劝他"放松放松"，他说："我要读书。"第二节课，于老师又给了他一次朗读的机会，他竟然较流畅地朗读完了。

**材料二**

全国各阶层人士捐钱捐物为贫困山区的孩子献爱心。为了使学生理解"希望工程"的意义，激发学生刻苦学习的精神，辅导员张老师组织学生举行了"希望在我心中"主题队会。主题队会结束时，张老师说：同学们，"希望工程"是对贫困山区孩子的关怀，我们中队有60名队员被列为救助儿童，对这件事我既高兴又难过——高兴的是有了这些资助，同学们能够安心学习了；难过的是，我在想，为什么我们这里这样贫困，自然环境不好是一个原因，但还有一个重要原因就是文化教育落后。文化教育落后造成各方面的落后，导致贫困。因此我殷切地希望你们要发愤学习，多掌握科学知识，将来为摆脱贫困作贡献，用实际行动来回报全国人民对贫困地区孩子的关心、爱心。

**【练习题】**

说说上面两则材料中，老师是如何发挥激励语在学生健康成长中的强大推动力作用的。

**【训练提示】**

"材料一"在公开课上，无意中请到一个朗读能力很差的学生，把好端端的文章读得支离破碎，于老师不仅不批评，而且还能幽默地用他的名字来激励他。何超后来的表现，证明了教师的激励语，唤起了他的自信，从而激励他向着某一目标迈进。"材料二"学生被资助而能继续学习，这是一件高兴的事，为什么辅导员会难过呢？当他把难过的原因之一——文化教育落后导致贫困分析出来后，再要求学生发愤学习，就容易激发学生自我行动的愿望，从而去实现目标。

### （二）设计能力训练

**【练习题】**

1. 在朱老师班里有一位学生叫小明，上课的时候不认真听讲，也不做笔记，更不用说交作业了。他的学习成绩在班上总是倒数几名，但是他酷爱运动，球踢得不错。朱老师想改变他的学习状况。请你为朱老师设计一段激励语。

2. 有一位同学期中考试六门功课中有三门不及格，班主任找他谈话，下面是两种谈话内容。你认为哪一种谈话内容能收到较好的效果，请说明理由。

(1)"期中考六门功课，你竟有三门不及格！上课开小差，作业不肯交，我看你根本不是读书的料。如果期末仍然考不好，那你就干脆不要再读下去了！"

(2)"这次你三门功课没有考好，真出乎我的意料。有人说你天资低下，我认为并非如此。恰恰相反，你反应很快，就是舍不得用功。一次考试失败了并不可怕，可怕的是无动于衷，自甘落后。我相信你一定能吸取这次的经验教训，发挥你的聪明才智，在期末考试时打个翻身仗，让事实证明你是好样的！”

3. 学生李玲普通话音美调准，全班同学对她参加学校朗读比赛满怀希望。但在临赛的前一天，学校要求她更换朗诵的内容。班主任按要求给她重新选好了材料。可她却以时间来不及为由打算放弃比赛。请你设计一段鼓励她的话。

4. 有个学生，经常迟到旷课，是全校公认的“差生”。但经过认真观察，某老师发现他很羡慕别人戴红领巾。请你抓住这一“闪光点”设计一段鼓动语。

5. 班级召开“六一”联欢会，活动结束时，同学们请班主任讲话。请你设计活动结束时的鼓动语。

**【训练提示】**

本项练习重在掌握激励语格式并进行表达训练。设计时注意，教育的力量不是来自空洞的理论阐述，而是要通过生动的内容激发学生。演练时注意发声技巧，增强声音的响亮程度。激励语庄重并富有热情，倾注殷切希望可辅以手势。

## 五、批评语训练

批评语是指在教育活动中，对学生所表现出来的错误思想和不良行为进行否定、分析、批判并指出改正措施等的教育用语。准确、恰当的批评能制止错误思想行为的发展，把学生从错误中拉回来；同时起到教育全体学生，明辨是非，防止再犯类似错误的作用。

### 训练要点

1. 掌握批评语的要求和表达技巧。

2. 能够根据具体语境，设计恰当的批评语。

### 导练略读

#### （一）运用批评语的要求

批评语具有严厉、尖锐、诱导、激励、期待等特点。批评不如表扬那样容易被学生接受，运用不当还会激起学生抵触情绪。因此，在运用批评语时应特别注意以下四点：

1. 爱为基础，与人为善。

苏霍姆林斯基说过，一个好的教师，就是在他责备学生，表现对学生的不满，发泄自己的愤怒时候，他也时刻记着，不能让儿童那种“成为一个好人”的愿望的火花熄灭，批评应该“充满情和爱”。因此教师在批评学生时要以平等的态度、关怀爱护的口气，平心静气地引导学生认识错误，激发其改正错误、追求上进的强烈愿望。切忌声色俱厉、居高临下地进行训斥、讽刺、挖苦，甚至以处分来恫吓。

2. 有理有据，入耳入心。

批评第一重要的就是掌握准确的事实。在批评之前，教师应该观察、倾听以获取各种相关信息，切忌未经调查偏听偏信。要冷静查明原因，对问题或错误的责任、性质、影响掌握准确，对发生问题或错误的过程及细枝末节掌握准确，对犯错误的学生当时的心理状态和其一贯表现掌握准确，使批评有的放矢。在“证据”确凿、“案情”清楚的基础上，坚持说理与批评相结合，入耳入心，使学生口服心服。

3. 讲究策略，因时而异。

教师批评学生要根据学生所犯错误的性质、大小、程度、影响以及学生不同的个性特点，采取不同的批评方式。比如，对于犯严重错误且影响较大的学生，宜在公开场合处理；对于自尊心强的学生，可采取渐进式批评方式，有层次地逐步深入；对于性格内向、疑虑较重的学生，可用提醒、启示的语言与之交谈；对脾气暴躁、否定心理明显的学生，可用商讨式批评；对于自我防卫心理强，不肯轻易承认过错的学生，要及时批评。批评不仅因人而异，而且要因事选择方式和场合。

4. 严肃认真，热情诚恳。

批评只是一种教育的手段，并非教育的目的，运用批评的手段是为了学生改正缺点和错误，更快地进步，更好地成长。因此批评时严肃认真，态度要诚恳，要始终尊重被批评学生的人格，信任他们。说批评的话要语重心长，一般情况下，语调沉缓些，语速较慢，措辞准确而有分寸，内容和语句理性色彩可以浓一些，有时还可辅以摇头摇手等表示否定意义的态势语。

### （二）批评语的类型

1. 直接批评。

直接批评，就是直截了当地指出学生所出现的问题，进行教育，促其改正。这是一种措辞尖锐、语调激烈、态度严肃的正面批评方式，也是批评教育时最常用的，适用于批评错误性质严重、影响面较大的事情。对于惰性较强、有侥幸心理的学生采用此方法猛击一掌，会起到警示作用。

**案例**

某校校长在全校学生大会上严肃地批评道：同学们，通过几天的观察，发现我们食堂浪费粮食的现象非常严重。早上，满满一缸稀饭、馒头，中午、晚上又是满缸的大米饭，缸的四周洒满着饭粒，一天下来怕有一二十斤吧？而且周而复始，天天如此！（加重音量）一粒粮食，从播种到收获，要经过几十道工序。“锄禾日当午，汗滴禾下土，谁知盘中餐，粒粒皆辛苦。”这首诗大家都会背，意思也懂得，可为什么还要这样浪费粮食呢？我们当中大部分学生来自农村，父母都是农民，知道粮食来之不易，可为什么一踏入学校大门就随意浪费粮食了呢？当前我国耕地面积不断减少，人均只有几分地，形势非常严峻，可我们却还在这里心安理得地浪费粮食，不为国家分忧，不珍惜人民的劳动成果，配称大学生吗？

浪费粮食绝不是小事一桩，它反映了一个人的思想、觉悟和道德品质。明人不用多说话,响鼓不用重捶打。这件事今天在这里讲了,请大家重视起来。各班要把反对浪费提上议事日程,要组织讨论,制定措施,杜绝此类现象发生。

校园内浪费粮食的现象很严重,对于这种错误性质严重、影响面较大的事情,校长用"粒粒皆辛苦"的共知之理、"形势非常严峻"的共识之实正面批评了同学。丝丝入扣,层层推进,以理正人,以情感人,让人不得不认真反省,暗下改正之决心。

2.间接批评。

间接批评就是不直陈学生的缺点和错误,而是运用委婉、暗示等技巧进行批评。这是一种柔性批评,它带有弹性、情谊性、可比性和知识性,运用得好,可以收到比直接批评更好的效果。

下面介绍一些具体方法:

(1)榜样法。这是一种正面引导的方法。或者通过表扬那些做得好的学生,或者教师自己用行动来示范,为学生提供榜样,从而间接地批评错误的言行,促进他们的自我纠正。

(2)暗示法。这是一种旁敲侧击的方法。旁敲侧击就是在不伤害当事人自尊心的情况下,把批评意见委婉地说出来。如借历史典故、别人的教训或批评别的类似现象,以引起学生联想、自省、悔悟。这适用于悟性较高的学生。

(3)幽默法。幽默法批评,即不直接表明意思,而是用风趣、诙谐而意味深长的言语使人领会其意。这种方式既可以避免直接针对学生错误而产生的负面影响,同时也能使被批评者在轻松愉快中接受批评,在笑声中完成心理沟通,不伤害学生的自尊心。

(4)宽容法。这是采用以退为进的方式,对学生所犯错误不当场进行批评,而是采取宽容的态度,理解和原谅学生的缺点和错误,等待时机再进行帮助。或冷却淡化处理,促其自我醒悟、自觉纠正的批评形式。

**案例**

孟老师刚接手四(5)班就碰到了这样一件事。班上同学来报告,经常会做些小偷小摸事情的小李又拿了一位同学刚买的自动铅笔了……孟老师把李明叫到办公室和他进行了单独谈话。

小李:(一脸委屈地说)"这笔是我自己的,是我妈妈给我的。"

孟老师:"妈妈什么时候给你的呢?"

小李:(想了想说)"前天妈妈帮我从厂里拿回来的。"

这句话引起老师的注意。

孟老师:"你妈妈厂里有自动铅笔?"

小李:(肯定地说)"是的。"

孟老师看小李那么坚定,准备给他妈妈打电话。

小李:(低下头小声说)"哦,这是我捡到的,然后就自己用了。"

很显然,小李还是在用谎言掩饰自己的错误。孟老师认识到问题的严重性,心想一定对他进行引导，让他将这种“偷窃”习惯改掉。

孟老师首先给小李讲了一个故事：

琼太太发现自己9岁的儿子杰米从店里偷泡泡糖，这让她大吃一惊。于是琼太太把杰米叫了过来。告诉他，自己听说有人从店里偷东西的事。接着妈妈向儿子讲起了自己在五年级时，曾从店里偷过钢笔。她知道这是小偷行为，心里很害怕，很长时间都觉得羞愧，有犯罪的感觉，认为这样的事做不得，也不应该做，以后便不再这样做了。开始时杰米试图为自己辩解：“可是店里有好多泡泡糖，拿一点没关系。”琼太太便仔细地同他讨论起来：店里要卖多少泡泡糖及其他用品，才能赚足够的钱付房租，付雇员的工资及进货，有足够的钱养家糊口？经营者也不容易。再说这个商店不是我们的，是别人的，拿别人的东西是不对的。杰米同意妈妈的说法，以前他从来没从这个角度考虑问题。杰米告诉妈妈也不喜欢别人从自己家里偷东西，最后杰米决定再也不偷店里的东西了，同时他还为偷来的泡泡糖付了钱。

听孟老师讲这个故事时，小李低下了头，而且头越来越低。他已经意识到自己做错了。

孟老师接着又问：“你拿别人的东西时，考虑过别人的感受吗？”“如果是你自己心爱的东西被别人拿走了，你的心情会怎样？”“拿了别人的东西心里舒服吗？踏实吗？是不是时时刻刻都在担心被人家发现呢？”

小李依旧不吭声，但眼泪流了下来。然后，他哭着对孟老师说：“老师，对不起，我错了。我不该偷同学的东西，我现在很后悔，我不想一辈子当小偷。老师，请相信我，我一定会改掉这个坏习惯的。”

“偷窃”行为在10岁左右的一些学生中普遍存在，他们有的偷家里的，也有的偷拿同学的，但我们并不能因此说他们是可耻的。因为处在这个年龄段的学生，价值观念还模糊不清，容易以自我为中心，所以有一种“我喜欢，就要得到”的强烈愿望，便不由自主地去“拿”了。为了让小李了解偷窃的危害，同时又不伤害他的自尊心，孟老师没有对小李进行简单的斥责和批评，而是通过一个故事加以暗示，让他明白为什么不该偷拿东西，以及偷东西对社会及他人的损害，从而使小李很好地改正自己的不当行为。

## 训练项目

### （一）辨析能力训练

**【训练材料】**

**材料一**

在师范上学的时候，我任学习委员。在学完《岳阳楼记》这篇课文后，教文选的王俭老师对我们说这篇古文语句优美，要求大家把课文背下来。第二天上文选课时，王老师说：“昨天要求同学们把《岳阳楼记》背下来，下面我进行检查，能背下来的同学请举手。”同学们你看看我，我看看你，都低下了头，谁也没有勇气举手，因为我们都没有完成这个作业。我心想:这顿批评肯定躲不过去了。完全没想到——王老师稍停了一会说:“请大家打开书本听我背一遍。”于是王老师一字不差地把这篇古文背诵了一遍,那抑扬顿挫的声音深深地印在了我们的心里。我惭愧至极,深为自己是一个学习委员没有带头完成作业而懊悔。课后,同学们议论纷纷:王老师这种没有责骂的批评太让人服气了,以后我们一定按时完成作业。

**材料二**

一次晚自习,有学生心不在焉,东张西望,看到邻桌同学有本封面精美的书时,便调过头问:“你这本书在哪里买的? 我也想买一本。”这话给正好走到他身边的王老师听到了,王老师轻轻地对他说:“我劝你最好别去买了,因为看着这本书,调皮的同学会借口跟你搭腔,影响学习的。”

**材料三**

一次,一位教师进教室,准备上课,却发现黑板还没擦。为了不影响上课的情绪,他没有直接批评值日生,而是拿起黑板檫,边擦黑板边说:“这粉笔灰可有用啦,它能将黑发染成白发。同学们都希望我的头发染白成为一名老教师,所以存心不擦黑板,我可不愿意这么快就变老哦!”同学们都不好意思地笑了。这节课,大家听得格外认真。课后,值日生主动向该教师承认了错误,表示今后值日时一定负责擦好黑板。

**材料四**

一位六年级的女生,成绩平平,为了能在期末考试时一鸣惊人,让老师同学对自己刮目相看,她想事先得到一张试卷,便在放学后打开办公室窗户跳进去找试卷。

一位老师听到声音后,在敲不开办公室门的情况下,也从窗户爬了进去并拉亮了灯。女孩用双手紧紧地把脸藏起来,顽强地守护着自己最后一点可怜的自尊。这位老师没有拉下她的手,而是问她:“小姑娘,你是在这学校念书吗?”女孩点了点头。“你不要露出你的脸,也不要说话。你回答我的问题只点头或摇头就行。你来这儿,是要找一件你想要的东西吗?”女孩点点头。“这东西属于你吗?”女孩摇头。“不属于我们的东西,不管它的价值如何,我们都不应该拿,对不对?”女孩又点了点头。“记住我的话,你走吧,小姑娘。明天你来上学的时候,依然是个天真可爱的孩子。”

许多年过去了,那个女孩如今回到母校为人师表了。每当她想起当年把她那一不小心摔碎在地上的自尊心轻轻捧起、抚平,然后又温柔地交给她的那位老师时,女孩总是一如既往地被感动着。

**【练习题】**

要求对以上每则材料进行评析,并指出以上材料分别属于哪一类型的批评语,每一则材料中主要采用什么方式设计批评语。

**【训练提示】**

“材料一”教师面对学生未按照要求完成背诵的情形,没有大声斥责,而是自己作了示范背诵。“材料二”教师没有直接点名批评这位同学的讲话,而是借用“搭腔”的说法提醒他,并指出了晚自习时随便说话的害处,这就给他留了面子,他也就会改正东张西望的毛病，集中注意力读书。“材料三”教师非常懂得孩子心理的，对值日生不擦黑板，未说一句责备的话，而是拿起黑板擦，边擦边说了一句幽默的话，学生在笑声中醒悟，教师也会在学生心目中留下美好的形象。“材料四”面对一位在考试前居然敢爬进办公室找试卷的学生，这位教师既没有大惊失色，也没有严惩不贷。而采用宽容方法，心平气和地对她启迪教育，不用“偷”字而是用“找”字、“拿”字，保护了学生的自尊。同时教育学生“不属于我们的东西，不管它的价值如何，我们都不应该拿”。

### （二）设计能力训练

**【练习题】**

1.请对下面的批评用语发表自己的看法。如不妥，设计该怎么说？

（1）你不专心地听，你的耳朵呢？脑子带来了没有？

（2）这是你的错。但是错了没什么关系，以后注意点不就行了吗？过会儿，老师就把你的错都忘了，你还是一个好孩子。好，你回到座位上去吧！

（3）不想听就算了，不想听的给我滚出去！

（4）上课铃响了，一个贪玩的孩子匆匆跑进教室，老师说道：“你好忙啊？班上就数你最忙！赶快滚到你的座位上去！”

2.下列案例中，两位教师对同一件事采用了不同的批评语，你欣赏哪一个呢？如果让你处理，你将怎么办？

某校学生组的老师和三年级的孩子们乘上一辆新的卡车去郊游。一出城，孩子们就被春日的田野风光所陶醉。一个女孩简直高兴得忘乎所以，竟把身子斜向车外贪婪地观赏起那五颜六色的野花。卡车一个急转弯，差点把她甩下车去。这时，王老师吓出了一身冷汗，在后边冲着那个女孩气势汹汹地吼起来：“你怎么搞的？多危险啊！叫值周老师看见给咱班纪律减分，你能负起责任吗？”女孩回头狠狠地瞪了他一眼，仍斜着身子照看风景不误。这时老师气坏了，刚想走过去把她拽到车当中，好好批评她一顿。大队辅导员先一步走到小女孩跟前，温和地对她说：“小兰，怎么搞的？太危险了，差点吓死我！快回过身来，拉着我。”女孩感激地一笑，立刻回过身来，依靠在大队辅导员身上，愉快地说着什么。

3.有两个同学在教室里打架，他们互相抱着头，瞪着眼，喘着粗气，憋足了劲，像两只斗架的公鸡，准备较量。看着他俩那样子，班主任张老师风趣地说：“喂，你俩干什么呢？是在亲热拥抱吧！”“哈哈！……”同学们一阵哄堂大笑。他俩松开了手，脸红了，互相瞅瞅也笑了。请你也试着用幽默的语言调解两位同学打架。

4.假设下面例子中的这位同学是你班上的学生，现在值班老师向你告状，你准备如何对这位同学进行批评教育？

学校为了美化校园，作出规定，摘一朵花罚款1元钱。有位学生摘了一朵花被值班老师发现了。老师叫学生交1元钱罚金。这位学生掏出2元钱交给老师，随手又摘了一朵花，并对老师说：“不要找钱了。”老师气得讲不出话来。

5.请按下列情境设计班主任的批评性谈话,并进行试讲。

亮亮很早就到学校了,他急着赶做昨晚因看电视而没来得及做完的作业。可是负责开教室门的值日生还没来,他等了一会儿,不耐烦了,就找了一块石块砸开门锁,进了教室。同学们知道了,有的批评亮亮不该砸锁,有的认为亮亮砸锁是有原因的。为了澄清同学们的认识,张老师在班上对此事说了一段话。

【训练提示】

在了解批评语的类型和相关要求,掌握基本方法的基础上进行设计。设计时,用语要客观,防止把批评和斥责等同起来。若直接批评,尽量要一事一评,不能算总账,或作结论式的批评。若间接批评要找准切入点,将批评"有情"含蓄地表达出来。

## 六、谈话交流训练

谈话交流就是教师针对特定的教育对象,根据特定的教育内容,结合具体的教育环境,通过两种以上形式教育语言的组合运用,开展教育活动。不同教育对象、不同教育场合谈话的目的、要求、内容、形式、方法既有相似之处,又各具特点。我们一定要根据实际情况,设计运用教育口语。

### 训练要点

1.了解谈话交流的类型和要求。

2.能针对不同教育对象设计得体的教育谈话内容。

3.能根据谈话交流目的设计不同场合的群体谈话内容。

### 导练略读

#### (一)个别谈话

个别谈话是指为达到一定教育目的而采取的与学生单独进行思想情感交流的方式。优秀的教师与学生个别谈话,总是能针对不同的教育对象,施以不同内容和方法的教育。即使他们犯同一种错误,也采用不同的教育口语,绝不千篇一律。

1.面对不同性格学生的谈话。

对于教师的言语,不同性格的学生感受理解有差异,回应的形式也不一样。因此,教师要根据学生的性格特点,有针对性地进行谈话交流。

(1)面对性格外向学生。性格外向学生的心理活动倾向于外部世界,对语言的理解反应比较敏锐,直觉判断占主导地位,但是易于接受外部影响而改变自己的认识和态度。对这类学生运用教育口语,要求:

a.在方法策略上,注意把握时机,以柔中带刚或刚柔相济的言语,以情激情或以冷制热、因势利导地进行教育。

b.在态度和用语上,切忌火上浇油、激化矛盾的责骂训斥和讽刺挖苦,可适当增加口语中的理性成分,让理智指导学生的行为。

对这类学生运用的教育口语，常用的方式有：

a. 直接说理，指直截了当地发表意见，讲述道理，或者在说清道理的前提下直接表扬或批评。教师运用这种方式时，语言要简洁，语气要肯定，适当增强用语的指令性。

b. 情感激励，指教师运用口语中的情感因素充分调动学生积极的情绪体验，促使他们积极向上。这类用语要注意口语的用词选择。如学生取得好成绩，可用“老师真为你高兴”、“祝贺你”等褒义词，语调可上扬一些，节奏快一些。在学生冲动时，教师要用平静的语调、劝诫性的词语使学生平静下来，可用“慢慢说”、“老师相信你”、“别火”、“别急”、“问题总会解决的”等等。

(2)面对性格内向学生。性格内向学生的心理活动倾向内心世界。他们对批评、否定性的语言特别敏感，容易产生偏执、自卑的心理定势，情感含蓄，表现欲望不外露。对语言的回应也比较迟缓，一般不善言谈。对这类学生运用教育口语，要求：

a. 要耐心启发，热情诚恳地表扬激励，使学生建立自信，激发其主动争先、积极参与各种集体活动的热情。

b. 避免在公开场合批评，批评时多用暗示，不对他们说泄气失望的话。在指出错误的同时，要充分肯定优点，还要介绍改进的方法途径。

c. 避免涉及可以使学生产生疑虑的话题。

对这类学生常用的教育口语方式是：

a. 诱导式。它用启迪的语言引导学生。运用这种方式，教师必须找准影响学生前进的思想障碍，用层层深入的说理方法，打通“关节”，打开学生心灵之锁。

b. 委婉暗示。它用暗示、婉转的言辞说话。运用这种方法要注意恰当地使用同义词，如“错误”、“毛病”、“缺点”意义相近，但有轻重之分，选用时要慎重。提问要多用商询的语气。

除以上两种方式外，对性格内向的学生也要多用激励语，诱发他们参与活动的主动性和热情。在言辞的选择、语气语调的表达上，始终保持对他们的信任、关切和期待。

2. 面对不同水平学生的谈话。

所谓“不同水平的学生”，是指他们在智力、能力和道德方面所表现出来的能达到的高度及其与其他个体的差异。

教师对不同水平学生运用口语的共同要求是：

一要用饱含爱心的语言，唯有真诚才能使学生信任老师，接受老师的教育。

二是态度公正，一视同仁，不对优秀生偏爱，不对差等生歧视。

三要善于发现其闪光点，调动学生潜在的积极因素。

四要因材施教，选择学生可接受的语言。

(1)面对后进生。后进生指智力、能力或道德认识水平相对较低的学生。对后进生，我们应善于发现学生的长处，想方设法地激励他们，调动其潜在的积极因素，使其积极地投入班集体的各项活动。

教师对后进生讲话要做到：

a.不能只追求语言的技巧，重要的是对学生有真实的感情，精诚所至，金石为开，不能厌恶他们。

b.采取"肯定的评价"的语言策略，不讥笑、不挖苦、不斥责，不说过头话，当宽容时则宽容，当抚慰时就抚慰。

(2)面对中等生。中等生在各项活动中表现既不突出，也不落后，自认"比上不足，比下有余"，奋进的拼搏精神差，缺乏前进动力。针对这种心态的中等生，教师在施教中，就应以激励的谈话方式鼓励他们上进。教师一旦发现学生有上进的要求，就要抓准时机，及时给以激发，开启他们的动力点。

(3)面对优等生。优等生通常学习刻苦，有进取精神。由于成绩好，一般也比较自信，甚至自傲，遇事还好自作聪明。与这类同学谈话进行教育，可采用暗示的言辞委婉提醒，诱导说理，有时也可采取"响鼓重锤"的批评方式，促其自省，使其认识不足。

对这类学生，教师要做到：

a.适当提高话语中信息的含量和讲解的深度，满足他们强烈的求知欲。

b.较多地运用精当的点拨语、诱导语，推动他们主动探索，向更高的目标前进。

c.用哲理性强的语句启迪思维，用暗示语委婉提醒或用直言批评，启发其自省，找出自己的不足之处。

d.评价注意分寸，不使其飘飘然，又不伤其自尊心。

### （二）群体谈话

针对学生群体的谈话是指教师在公开场合，与全体学生之间的一种教育谈话，是教育者针对某种组织的多数，有共同的精神需求或倾向时采用的交流方式，它面对的群体是年级、班级，部分或全体学生，因而适合于晨会、班会、校会、干部会等公众场合，群体谈话主讲人可以即席发言人、主持人或报告人的身份出现。不同场合谈话的目的、要求、内容、形式、方法既有相似之处，又各具特点。

1.群体谈话的共同要求。

针对学生群体讲话，是学校教育中很好的思想教育形式。它的特点：一是具有代表性，群体谈话的内容所涉及的是这个集体中具有代表性的人或事。二是具有公众性，群体谈话面对的是全体同学，教育的面广，尤其利于加强班集体的建设。三是具有公开性，教育谈话内容为全体同学所知晓。根据以上特点，群体谈话要做到：

(1)目的明确。集体谈话的话题，涉及的教育内容要有代表性，这样才能引起学生的兴趣，也才能对大多数同学有教育意义。通过谈话，要说清什么道理、提出什么要求、达到什么目的，教师对此应有明确认识。对小学生谈话要目的单纯，一次只谈一两个问题，通常情况下，一次谈话只集中解决一个问题。

(2)简短扼要。面向学生群体的教育谈话宜短不宜长。对中、低年级学生谈话以及户外队列谈话则更宜如此。小学生集中注意力的时间短,记忆、理解、概括能力都处在发展阶段,冗长的教育谈话不但使学生听了难于抓住要领,甚至连纪律也难以维持。切忌对个别现象或偶尔出现的问题,喋喋不休地唠叨。

(3)面向全体。群体谈话应当在内容、形式和语体风格上尽可能适应学生的整体要求。谈话中一方面要善于调动学生中的积极因素,让学生互相教育,另一方面也要避免顾此失彼的现象发生,如进行表扬时,切忌因为表扬这一部分同学而打击、伤害了另外一部分学生。特别是在全校性的讲话中,要尽量避免只适应高年级,不适应中、低年级学生的情况,要使全体学生都受到教育。

(4)具体生动。小学生以具体形象思维为主,因此,教育谈话要尽可能做到具体生动、与小学生思维特点相吻合。这样,才能使小学生"听得进、记得牢"。要多用肯定性评价,由此激励同学的上进心和自尊心,而慎用否定性评价,特别要掌握批评的分寸和尺度,保护学生的自尊,能不点名批评的就不点名。当然,能说明白的也要尽量说明白,以免引起同学不必要的猜疑。

2.群体谈话的类型。

(1)组织班会的语言技巧。班会是按照一定的教育目的或目标,由班主任组织全体学生共同开展的一项集体教育活动。通过组织班会,班主任可以及时了解学生思想动态,培养学生自立精神,增强学生集体观念,活跃学生思维,形成班级宽松和谐的育人环境。班会上,班主任讲话必须主题鲜明,目的明确,是非分明。充分调动和发挥学生的积极性和主体性,最大限度地让学生自觉地进行自我管理、自我评价、自我鼓励、自我调节,通过班会达到自己管理自己的目的。

(2)处理倾向性问题的语言技巧。青少年时期,有很多思想观点、言行举止带有一定的整体倾向性,特别是当一股思潮涌来,多数学生会自觉不自觉地赶浪头,"从众"效应明显。班主任要有敏锐的观察力,及时发现,及时引导,将好的发扬光大,将不好的制止在萌芽状态,做到防微杜渐。班主任讲话要有针对性、艺术性,切忌语言干瘪,内容空泛。要善于结合具体的人和事,摆事实,讲道理,旁征博引,深入浅出。

(3)处理偶发事件的语言技巧。在班级管理和课堂教学中,经常会出现这样或那样始料不及的偶发事件。对偶发事件的处理,不仅直接影响到学生工作的开展,而且会影响到当事人的健康成长。因此,妥善处理学生中的偶发事件,是对教育者工作能力的检验。偶发事件由于来得突然,多属意外。这就要求老师头脑冷静,处乱不惊,及时捕捉信息,用机智的应变语言灵活应对。处理偶发事件重在疏导,切忌冲动发怒,出言不逊,恶语伤人。

(4)组织集体活动的语言技巧。集体活动既是加强集体自身建设的措施,又是开展思想教育的方式。它不仅能够丰富学生的课余生活,提高学生的知识水平,也有利于培养学生的集体主义观念和组织纪律性,形成学生对班集体的向心力和凝聚力。在组织集体活动中,要充分调动青少年学生的求知欲和好奇心,用富有鼓励性、号召力的语言，激发学生的参与欲望和热情；用富有哲理的问题，吸引学生的注意力，把学生领入探索、体验的天地之中。

## 训练项目

### （一）评析能力训练

**【训练材料】**

**材料一**

二（四）班有个学生叫王小红，平时总是低着头，上课无精打采，提不起一点学习的兴趣。老师课堂提问，她缄默无语。家庭作业要么全留空白；要么乱写一气，全是错别字，甚至连组词以及简单的加法也是做得错误百出。每次测验，语文、数学都只有二三十分。学校很多老师都认为，这孩子基础太差，性格内向，而且缺乏最起码的上进心，提高看来是无望了。只要她遵守纪律，上课不影响别人，就行了。"一定不能放弃她！"班主任老师开始了围绕她的工作。首先是家访。来到她家，正碰上她在家烧饭。原来她父母都是常年在外打工，将她托付给了奶奶，而奶奶年纪大了，家务都压在她柔弱稚嫩的肩膀上。与奶奶的交谈后得知：因为她成绩太差，家里打算让她念完小学，就辍学！难道能眼睁睁地看着她离开学校，过早地承受生活的重担吗？回到学校，班主任找她谈话，可她总是低着头，一言不发。哎，缺乏爱的滋润，承受长期学习落后的打击，总是徘徊在无人关注的角落让她产生了自闭的心理。"一定要带她回到班级的大家庭里来"，"一定要让她重拾搞好学习的信心和勇气"，针对她的情况，班主任从两大方面入手。首先，抓住一切机会亲近她，敞开心扉，以关爱之心来触动她的心弦。有次下雨天，碰上她忘了带伞，老师连忙送伞给她……经常找她闲谈，引导她用感恩、享受的心态看待现实生活……与此同时，组织班上几名同学来帮助她，跟她一起玩，跟她一起做作业。让她感受到同学对她的信任，感受到同学是自己的益友。感受到同学给她带来的快乐，让她在快乐中学习、生活。她的生日，班主任连忙买来蛋糕，组织学生举办班级生日会。她高兴极了，脸上泛起了幸福的红晕。经过事先联系，吹蜡烛的时候，她父母如约打来了电话。……这时，她眼中悬挂着泪花。那是幸福的泪花，是感谢的泪花，是打开心门向过去告别的泪花。其次，与科任老师统一意见，用赏识的眼光来看待她。大家发现，其实她身上的闪光点还是挺多的，9岁的孩子，烧饭、洗衣等家务活都会做，还能照顾年迈的奶奶……抓住这些表扬她、鼓励她。学习上的一点小进步，也没有忽视。在数学课上的一次口算中，这个沉默的女孩居然全都对了。老师对她大加褒奖，并说："看来世上无难事，只怕有心人，你看，这些口算你全做对了，你一定昨晚复习了吧！你比有些平时学习优秀的同学都好呢！只要努力，你一定不会比其他同学差的，你说是吗？"她轻轻地点了点头，眼中多了一些自信的眼光。有了这次，在这以后的学习中，班主任老师始终坚持"欣赏、夸奖、鼓励"的方针。她的成绩也步步上升。与此同时语文在科任老师的帮助下，也有了起色。

**材料二**

"老师，今天有六个男生没有交作业！语文、英语、数学，一个字都没有写！"学习委员把名单递给老师。六个人排得整整齐齐,由于紧张额头上开始冒汗。“为什么没有写作业?”六个人都有很充分的原因:要么是突然不舒服,突然发烧,偶然忘记把书包带回家;要么是题目太难根本看不懂,所以就写不了……“好吧,你们回去上课吧,不过得想办法把作业补上!”六个人偷偷地擦擦汗,有些疑惑:“老师就这样放过我们?”第二天,这六个人又整整齐齐地站在老师的面前。老师抱着双臂,笑眯眯地倾听他们又忘记写作业的理由。突然嗓子疼,突然拉肚子,突然家里来了客人,仍然忘记带书包回家,仍然好多题看不懂……“好吧,你们回去上课吧,得想办法把所欠的作业补上!”老师依旧面色平静,不过,这一次老师在他们临出门时又补了一句:“人都有做错事的时候,老师相信你们!”六个人依旧如释重负地松了口气。第三天第四天,六个人的作业都准时地交了,虽然写得比较潦草,做得比较马虎。第五天,六个人的“病情”又复发了,各科作业几乎又是“颗粒无收”。六个人又整整齐齐地站在老师面前。“孩子们,你们这一周病得不轻啊!几乎全身痛遍!”六颗理直气壮地昂着的头,不约而同地低下去了。“你们究竟是不是真的有病你们自己清楚。老师并不傻,老师也知道你们因为什么缘故没有写作业。但是,老师仍然相信你们,因为我是你们的老师,我相信你们的良知,我更相信你们的感情。”六个人的眼睛第一次有些湿湿的,他们低着头,有些迟疑地离开了教师办公室。第六天,六份检讨书整整齐齐地放到了老师的办公桌上。“老师,对不起!我们是因为放学后就去网吧打游戏才没有心思写作业。爸爸妈妈为这个没少打过骂过我们,以前的老师也没少骂过罚过我们,我们还是管不住自己,大人越不让去网吧就越想去网吧,心里想的都是游戏的事。可是您没有骂过我们一句,每次都是那么相信我们。其实,每次欺骗您之后,心中总是沉甸甸的。要我们一下子不去网吧,我们真的做不到,但是我们一定会尽量不去。如果去了,我们也一定会向您报告!”从这一天开始,六个人的作业基本上都能完成,偶尔老师的办公桌上会出现一份“又去网吧了”的检讨书。后来,检讨书再也没有出现过,孩子们的家长觉得有些诧异:“这些小家伙怎么都收心了?”

**材料三**

### 主题班会:养成良好习惯,争做优秀学生

师:我们先一起来听一个真实的故事——北京有一家外资企业高薪招聘应届大学毕业生,对学历、外语的要求都很高。应聘的大学生过五关斩六将,到了最后一关:总经理面试。一见面,总经理说:“很抱歉,年轻人,我有点急事,要出去10分钟,你们能不能等我?”这仅剩的几位大学生们都说:“没问题,您去吧,我们等您。”经理走了,大学生们闲着没事,围着经理的大写字台看,只见上面文件一叠,信一叠,资料一叠。都是些什么呢?他们你看这一叠,我看这一叠,看完了还交换:哎哟,这个好看,哎哟,那个好看。10分钟后,总经理回来了,他说:“面试已经结束,你们全都没有被录用。”大学生们个个瞪大了眼睛,“这是怎么回事,面试还没开始呢?”总经理说:“我不在的这一段时间,你们的表现就是面试。很遗憾,本公司从来不录用那些乱翻别人东西的人。”

诱导:故事听完了,大家想一想,能够最后参加总经理面试的这几位学生,是从千

军万马中挑选出来的，难道他们还不够优秀吗？这家公司为什么不录用他们呢？

讨论：学生发言（略）

小结：是的，真正优秀的学生是养成了良好习惯的学生，而这几位大学生没有养成尊重他人，未经允许不乱翻他人东西的好习惯。

诱导：今天同学们听了这个故事，知道了不经过他人的允许不能翻看他人的东西，相信今天不会有同学去随意乱翻他人的东西，是吧？可是，明天，后天，一星期以后，一个月以后呢？是不是大家都还能做到这一点呢？可能已经忘了这个故事，又会不经意翻别人的东西了吧？但是，一旦我们养成了不乱翻别人东西的良好习惯，不要说一个月，就是一年一辈子也不会再乱翻别人的东西了。

讨论：习惯是忘不掉的，它是一种稳定的甚至是自动化的行为，要求举例说明。

小结：同学们，今天的讨论太好了！良好的习惯有助于身心的健康发展和有效地掌握文化知识，因为它使我们自觉地去做有价值的事情。一般说来，优秀学生都具有良好的学习和生活习惯，不论何时何地都能自觉地做该做的事，远离不该做的事。

诱导：那么哪些是良好习惯呢？

讨论：学生发言（略）

总结：学校每周都有一项重点常规养成训练，比如，穿戴整洁，物归原处，学会倾听，认真作业，按时就寝等等，都是我们应该养成的好习惯。只有养成了这些良好的学习和生活习惯，才是真正优秀的学生。本周常规养成训练的重点是：文明安全进行课间活动。那么，就让我们从现在开始，坚持良好行为，养成良好习惯，争做优秀学生吧。

**材料四**

开学第一天，周老师在分发新课本时注意到有几本书因为包装捆绑过紧，被勒出了深深的印迹。他知道这几本书如果不加以处理就分发，肯定会出现问题。于是他进行了下面的教育谈话：

周老师对同学们说："老师这里有几本因为包装运输的原因，留下一些印痕。这几本书该发给谁？"教室里窃窃私语，周老师请几个同学发言。有的说，按顺序发，轮到谁，就是谁；有的说根据成绩，分给成绩差的同学；甚至有同学说抓阄……

终于有个同学发言了："老师，发给我一本吧。"周老师立刻追问："你为什么愿意要有印痕的书呢？""因为总得有人得到的，不如我要了吧！"周老师立即表扬："让我们为她的这种为他人着想，宁愿自己吃亏的精神鼓掌！"顿时，全班响起了一阵热烈的掌声。

"还有哪些同学愿意得到一本？"一些手举起来，也有一些同学犹豫着。周老师有意在教室巡视了一遍，故意在一些目光不够坚定的同学面前停一下。最后，全班同学的手都举了起来。

周老师微笑着对同学们说："老师为我们班同学有这种精神感到由衷的高兴，但究竟这几本书该发给谁？我们还是没有一个明确的标准。这样，我们来一次演讲比赛，看谁能把自己要得到书的理由说得充分，说得有力，谁就能得到一本。大家做评判员，谁说得好，就给他掌声！"

一阵七嘴八舌的议论后，有的同学开始发言了："我们生活在一个集体当中，应当互相帮助，互相关心，宁可自己吃亏，不贪图小便宜，如果人人都争要好的，那书就发不下去了。"顿时教室里一片掌声。有同学登台了："鸟美在羽毛，人美在心灵。书籍的好坏重要的不是它的外表，而在于它的内容。所以我愿意要一本。"又是一阵雷鸣般的掌声。"只要我细心爱护，小心修整，书可能比别人的还要漂亮！""孔融让梨的故事大家都听说过吧！古人尚能如此，何况我们新时代的学生！""古人说，一屋不扫，何以扫天下？这点小事都处理不好，我们怎么担当起未来赋予我们的重任？"一阵又一阵掌声，把教室的气氛推向了高潮。周老师把每一种新颖的观点都归纳概括出来，写在黑板上，并且适时补充诱导，结果好几个同学的演讲精辟深入。

周老师再一次"穷追不舍"："我们集体生活中，还有哪些地方需要有这种'吃亏'精神？"于是同学们又讨论开了：捡起不是自己扔的纸屑，分发东西不挑不选，劳动不拈轻怕重，肯干脏活累活……

最后，大家评选出演讲的前三名，他们自豪地拿到了有印痕的书，周老师号召全班同学向他们学习。最后，所有的课本都愉快地分发下去了。

**材料五**

某教师脸长，某生嘲笑他，在黑板上画了一个驴头，并注明"×××的驴脸"。该教师来上课，看到这幅漫画，摇摇头，撇嘴说："没画好。"随即拿起彩色粉笔修改漫画。他以娴熟的简笔画法，三下五下就勾勒出了一匹活泼可爱的小毛驴，然后又顺手把"脸"字擦掉，原话变为"×××的驴"。说："我画的这驴怎么样？比刚才那画儿强吧？"同学们有的鼓掌，有的赞许说"强多了"。教师也以得意的神情笑了笑，宣布上课。一些同学把眼光投向那位搞恶作剧的同学，教师循着眼光发现了"他"，仍不动声色。第三天，在"他"的作业本中发现了一张纸条："老师，我错了，您批评我吧。这几天您一直没找我'算账'，我难受死了……"

**材料六**

某校少先队，组织了"文明礼仪伴我行"主题系列教育活动的启动仪式。前奏仪式礼毕，大队长请大队辅导员讲话，辅导员健步上前：

"同学们，今天我们少先队活动的主题是'文明礼仪伴我行'，文明人要有良好的行为，良好的习惯，先让我们来温习古人重礼仪的故事吧！请各中队齐诵《三字经》。"（起调、指挥；全场气氛热烈）

"是的，古人在礼仪上为我们做出了表率，一辈又一辈的精神成了我们民族的传统美德，代代相传。那么，我们少先队员怎样做到告别陋习、走向文明呢？怎样做到将文明的礼仪带进学校，把微笑带给同学，把孝心带给长辈，把谦虚带给社会呢？"（同学们有讨论声）

"文明是一种品质，是一种修养，是一种受人尊敬并被大家广泛推崇的行为。文明就在我们每个人的举手投足间传递。相信，我们每一位同学都能说到做到，成为一个受人欢迎、受人尊重的文明人。文明之花将开满我们的校园！我预祝少先队主题系列活动成功！"

**【练习题】**

1. 请分析以上材料中是如何综合运用教育语言对学生进行教育的。

2. 请与他人自由组合,模拟以上材料中的谈话交流活动。

**【训练提示】**

“材料一”对于王小红这个留守的学困生,班主任倾注了满腔的爱,经常鼓励、帮助、督促她,使她增强自信心。对于王小红身上表现出来的微小的进步,及时加以肯定,运用赏识,促其发展。应该说,班主任的爱心与赏识是实现王小红同学成功转化的两大支柱。“材料二”教师对六位同学迷恋电子游戏的同学做法让我们得到这样的启示:只要信任学生,师生关系就会融洽,学生也不会感到道德只是外部强加的约束,相反会觉得是在自然轻松的气氛中接受着道德和情感的陶冶。因此,教师应针对不同学生的认知特点,以海纳百川的胸怀去感化学生、暗示学生、诱导学生、影响学生。“材料三”首先通过讲述寓意深刻、行为相似的故事,引出班会的内容,同时侧面指出学生的不良行为,然后设计几段互相关联的诱导语,让学生对照故事检查自身缺点,层层深入地启迪学生养成良好习惯。最后总结时,内容贴切,结合学校常规训练要求,对学生提出了明确希望,坚持良好行为,养成良好习惯,争做优秀学生。“材料四”中老师善于捕捉教育契机,运用沟通、启迪、表扬、鼓动等教育语言进行了集体谈话,充分发挥了榜样的舆论作用,从学生的思想观念上着手解决问题,还采用了讨论、演说、竞赛等丰富的教育手段,充分发挥了学生的主观能动性,让学生自己教育自己。“材料五”面对学生的恶作剧,这位老师克制住自己,不说出训斥、责骂的话,而是采取了“冷处理”的方法,拿起彩色粉笔修改漫画。这种“冷处理”,避开了矛盾冲突的发生和激化,维护了教学秩序,同时又成为了思想教育的一种手段。“材料六”辅导员开门见山,揭示活动主题,接着指挥背诵《三字经》,烘托气氛,然后用“是的……是……是……”作为全部谈话的前提,以“怎样……怎样……”作为活动的指导纲要,简练明了,推动了主题活动启动仪式特定气氛的形成。最后的相信语、预祝语,坚定有力,有鼓动性、号召力。

(二)设计能力训练

**【练习题】**

1. 有一位姓吴的教师去素有所谓“少林俗家弟子”的“疯狂四班”上课。一进教室,他正要开始上课,忽然发现讲台上放着一块木板,用粉笔写着“吴××老师之墓”。他虽然很生气但却没有发作,也没有退缩。他转过身,缓缓地对学生说:“……”假如你是这位老师,将说什么?

2. 以“××小学四年级学生×××追逐打闹,不慎失足,跌伤住院”为讲话引子,结合四年级学生常见的不安全行为,设计一则对四年级学生进行安全教育的晨会讲话。设计完毕,进行演练并组织评议,以求改进。

3. 三年级下学期数学公开课。课题“平均数”。老师带来两根毛线,边演示边诱导——

师:这两根毛线的长度有什么不同?

生:一根长,一根短。

师:我们用什么办法,能使两根毛线一样长?

生:把两根毛线的一头连起来,对折一下,拉直了,两根毛线就一样长了。

师:真聪明!看老师做给你们看(演示)。现在两根本来不一样长的毛线一样长了。谁能说说,连结而且对折以后,这两根毛线之间有什么关系?

某生:(嬉皮笑脸地)夫妻关系。

请选择某种处理偶发事件的谈话技巧,机智地解决这一课堂"危机"。

4. 三(4)班的林彦学习成绩差,性格内向,有较强的自卑心理,不愿与人交往。作为班主任找他个别谈话,你准备如何进行?

5. 小刚是班里的"运动健将",他参加哪项体育比赛,哪项准拿冠军。可是,学校规定运动会上每位同学只能参加两项比赛。他想为班里争分,代替一些同学参加比赛。班主任知道了,立刻找小刚谈话……请你设计一则对小刚的个别谈话。

6. 林晔,男,五年级,性格外向,乐于交际,兴趣广泛,智力好,有一定的组织能力。缺点:夸夸其谈。因为父母都是干部,有优越感。一次,他对班上四五位同学吹嘘:星期天,司机张叔叔驾驶小车,带他去郊外某养鱼专业户的池塘里钓鱼。专业户招待了丰盛的午餐,还让他带回来十几斤重的大鱼。他邀请这四五位同学下星期天再去"潇洒走一回"……请你针对林晔个性、家庭环境和道德认知水平,就"钓鱼问题"设计一则对他的教育谈话。

**【训练提示】**

谈话交流是教育语言的综合运用。设计时,需在认真研读题目中提供的教育情境的基础上,至少运用两种以上的教育口语进行沟通。设计个别谈话,注意有的放矢,不应泛泛而谈。设计群体谈话要善于调动学生中的积极因素,多用肯定性评价,由此激励同学的上进心、自信心。而慎用否定性评价,特别要掌握批评的分寸和尺度,保护学生的自尊,能不点名批评的就不点名。

# 第十二单元　教学口语训练

你应掌握各教学环节的口语表达技能，善于激趣，深于传情，工于达意，提高思辨能力、语言表达能力和课堂驾驭能力。

## 训 导 模 块

### 导学精读

#### 一、教学口语的特点

教学口语是教师在教学过程中使用的工作用语，是教师教书育人的重要工具。教学口语的正确运用是教学技能的核心，也是教学艺术的核心。因此，对师范生来说，进行教学口语的训练，显得尤为重要。

教学过程的复杂性决定了教学口语特点的多样性。

(一)规范性

规范是教学口语的第一要素。教学语言的规范性指的是教学口语要准确、规范、精练，具有逻辑性和系统性。这主要体现在以下几个方面：第一，语音方面，要求用标准的普通话来表述，发音准确，吐字清晰。第二，在语词方面以及语法方面，要求措词恰当，具有精确性，要符合语法逻辑及修辞的规范，不带语病，不引起歧义。第三，要求用学科的专业术语讲授，无论讲述的是哪一方面的内容，都必须讲述各自特有的概念、术语和原理，不能随便用日常词语来代替专门术语。第四，教学口语的规范性还要求推理要富于逻辑性，论述问题要有系统性，便于学生理解和掌握相关知识，增强教学效果。

(二)知识性

教学口语的知识性是指教师在教学过程中，能恰当而广泛地引用相关的知识，尽可能地给学生比较多的信息，使学生由此及彼，不局限于一节课、一本书，从而增加学生信息积累量，完善学生的知识结构。比如在讲解《早发白帝城》时，可对作者李白作简单的介绍：李白，唐代伟大的浪漫主义诗人，有“诗仙”之称，与杜甫并称“大李杜”。他的诗想象丰富，感情强烈，语言流转自然，音律和谐多变，气势雄浑瑰丽，风格豪放飘逸洒脱，达到了我国古代积极浪漫主义诗歌艺术的高峰。存诗1 000余首，有《李太白集》。

(三)启发性

教师用语言教学,不只是简单地向学生灌输知识,还要引起学生的思考,发展学生的思维能力,使学生跟随教师语言叙述的思路思考问题、分析问题和解决问题。教师在教学过程中要善于运用启发性的教学口语去激励、启迪学生,充分调动学生学习的自觉性、积极性,引导学生通过独立思考,获得知识,发展能力。因此教师应该多用提问语、提示语、引导语,让学生置身于由一个个问题串联成的、富有启示性、富有情趣的情境之中,这样学生求知的欲望就会被点燃,学习的主动性就会被激发,学习的效率自然也就提高了。

(四)审美性

教师口语的审美性体现在两个方面:一是教师口语自身的语言美,如优美的语汇、甜美的语音、悦耳的语调、抑扬顿挫的节奏等,具有很强的审美感。二是创设优美的语境,教师娴熟地运用语言、出神入化的讲话、完美的逻辑推导、各教学环节天衣无缝的衔接等,形成一种引人入胜的优美语境,给学生以强烈的审美感受。

(五)情感性

特级教师于漪曾说过,教师语言的魅力来自于善于激趣、深于传情、工于达意,对学生产生吸引力、感染力,产生春风化雨般的魅力。于漪老师的这段话点出了教学口语的一个特点——情感性,即教学口语应具有“震撼力”、“穿透力”,使学生为之动心,为之动情。一位教师这样写道:“古人说:工欲善其事,必先利其器。这话也可以套用为:教欲善其事,必先敏其言。”课堂里教师的语言,可以成为萌发学生思维的春风,也可以成为凋零学生思维的秋霜。因此,教师课堂上的每一句话,乃至每一个词都要反复推敲,既要准确、深刻,有哲理,又要增多“糖分”,亲切、自然,如话家常,表达出教师对学生深厚的爱,使师生之间产生心灵的沟通、情感的交流。

## 二、教学口语的要求

教学口语要求清晰、流畅、准确。

(一)清晰

所谓清晰,就是一定要说得清楚,让人听得懂。要达到这个要求,必须做到以下两点:

一是音量要适中。教师要讲究口语的合理响度,把音调和音强控制在适当程度,让学生听清楚,耳感舒适。音量过大,学生感到太刺激,听觉易疲劳。音量过小,后排听起来感到费力,这将直接影响教学效果。因此教师要科学把握教学语言的响度,根据教室大小、人数多少、室内外噪音大小设定音量，把每句话清楚地送到学生的耳中。要让他们听起来舒服，音量上应以最后排的学生能听清楚为标准。

二是语速要适度。语速过快，发送信息的频率过高，使学生没有思考反应的时间，收取信息不能及时处理，造成课堂信息的遗漏或积压，减弱信息的吸收。语速过慢，单位时间语言所包含的信息量少，跟不上学生大脑信息处理的速度，会导致学生精力涣散，产生厌倦和疲惫心理。语速快慢应据教学对象和教学内容来确定，以适应学生对语言信息的反馈能力。一般而言，教师吐字速度以每分钟 250 个字左右为宜。

(二)流畅

所谓流畅，就是流利动听。应做到以下两点：

一是节奏要富有变化。节奏变化指语言中字调与句调的高低配合，语句间的停顿等。明晰流畅的语言能为拨动学生心弦创造良好条件，富有变化的节奏有利于更好地为表情达意服务。教师在设计教学口语节奏流程时，要做到疏密得当，疾徐有间，在节奏上创造跌宕起伏的动态变化。

二是语调要抑扬顿挫。语调一般分四类：平直调、上扬调、曲折调、下降调。用不同的语调所表达的意思就完全不一样。平直调：多表现平静、闲适、忍耐、犹豫等感情或心理。下降调：多表现坚决、自信、肯定、夸奖、悲痛、沉重等。上扬调：多表达激昂、亢奋、惊异、愤怒等情绪。曲折调：多表示惊讶、怀疑、嘲讽、轻蔑等心绪。在实际应用中四个语调不是孤立的，教师应当根据不同教学内容和教育情境，调节自己的语调类型，造成语流中的千差万别的变化，这样才有助于增强教学效果。

(三)准确

准确是指清晰恰当地传情达意。高尔基曾说："作为一种感人的力量，语言的美产生于言辞的准确、明晰和动听。"准确、生动、具体形象的教学口语可以使知识信息真切而形象地映入学生的感知中，使学生的形象思维进一步活跃起来，从而引发学生的学习兴趣。所以，教师要注意用生动的描述、精巧的比喻、谐趣的诱导来进行知识信息的传授。要把握好词语的感情色彩和语体色彩，要运用规范、准确而生动的语言进行表达。要针对不同年龄阶段学生的理解能力，合理而精当地选择词语，正确地表达。

## 训练模块

### 一、导入语训练

导入语是教师在讲课之前，围绕教学目标而精心设计的一段简练的教学语言，是引入课程新内容的第一个重要的课堂教学环节用语。适宜的导入语在教学过程中起到铺垫、定向、引趣和启思的重要作用，既是师生情感共鸣的第一音符和心灵沟通的第一座桥梁，又是学生思维和求知的方向标，能激励他们去探求新知奥秘，点燃他们创新智慧的火种，从而为课堂教学的成功奠定良好的基础。所以，导入又被称为教学环节中的“黄金段”。

## 训练要点

1.了解导入语的类型及要求。

2.评析各类导入语的特点。

3.学会设计相应的导入语。

## 导练略读

### 导入语的类型和要求

1.温习性导入语。即通过联系已有的知识过渡到新的学习内容，这是遵循认知规律、循序渐进的方法。因为通过新旧知识对比，有助于整合知识结构，在原有知识结构与新的知识之间架起一座桥梁，有效提高学生的学习能力。它可以采用问答方式作为技巧，通过回顾、对比等形式帮助学生复习旧知，引入新知识。要求语言准确、简洁。

2.解题性导入语。题目是文眼，是了解一篇文章的窗口，透过它，可以了解文章的思想内容，继而发掘文章的中心。在对题目进行分析时，要抓住重点词语。这种方法要求开宗明义，单刀直入，用简洁、生动的语言表达丰富的内容。

3.描述性导入语。即通过教师介绍与课文内容有关的知识或案例等导入课文。老师恰当、简略的介绍，就能使教学的导入立体化。这种导入要求准备充分，介绍准确、科学，语言流畅自然，整个导入语要有明确的导向。

4.情境性导入语。即教师运用富于感染力的语言描摹一幅图景或营造一种与教学内容相协调的意境，从而让学生置身于特定的情境之中，想象优美的意境，体验美好的情感，感受心灵的震撼。这不仅有利于学生领会作者情意和文章主旨，更助于学生心灵与人格的塑造与发展。这种导入方法要求语言优美，感情充沛，节奏抑扬顿挫。

5.故事性导入语。即通过讲故事的方法导入新内容的一种形式。在课堂导入阶段，使用生动、形象且和教学内容相关的故事，能极大地吸引学生的注意力，往往能收获生发联想、引发思考的效果。这种导入方法要求语言流畅自然、生动有趣，讲述绘声绘色。

6.设疑性导入语。即以设置问题的形式来设计课堂导入语。亚里士多德说：“思维是从疑问和惊奇开始的。”疑问是思考的发端，探寻是兴趣的源头。课堂之初，如教师能结合教学内容合理设置扣人心弦的问题与出人意料的悬念，便会吸引学生，引发其思考。这种方法的关键处在于设计的第一个问题要新颖有趣，悬念的设置要恰到好处，要能激起学生的疑问和思考。

7.引用性导入语。即利用名人名言、对联、古诗词等导入。要求与课文内容联系紧密,针对性强,并富有启发性。

8.直观性导入语。即以实物、图片、歌曲、录音、录像等为媒介进行课堂导入,变枯燥无味的说教为生动直观的形象。绚丽的色彩、直观的道具、旖旎的画面、悦耳的音乐,可以刺激学生的感觉器官和思维器官,带来学习热情的高涨。

## 训练项目

### (一)辨析能力训练

**【训练材料】**

**材料一**

#### 《草》的导入语

师:小朋友以前学过三首古诗。一首是《锄禾》,一首是《鹅》,一首是《画》。还记得吗?谁能把三首诗背给老师和同学们听听?(学生背,略)

师:学完这么长时间了,还背得这么流利,而且很有感情。小朋友们,我国古代出了很多诗人,他们写了许多许多诗。这些诗写得可美了,今天,咱们再来学一首。

(于永正老师教学古诗《草》的课堂实录)

**材料二**

一位小学语文教师讲《飞夺泸定桥》一课时,先在黑板上板书"泸定桥"三字,并简单地介绍一下泸定桥的地理位置。接着在"泸定桥"前写上"夺"字,指出这里地势险要,是兵家必夺之地。然后在"夺"字前面写上"飞"字,说明红军为了北上抗日,用"飞"一样的速度,抢时间占领这个天险。

**材料三**

#### 《李广射虎》的导入语

师:李广是西汉名将,今甘肃秦安人,尤其善于骑射。汉文帝时,镇守北方边境,参加了反击匈奴贵族攻掠的战争,他前后与匈奴作战大小七十余次,以勇敢善战著称,致使匈奴数年不敢攻掠,被人称为"飞将军"。今天我们就来学一个有关李广的故事。

**材料四**

#### 古诗教学的导入语

师:(播放古典音乐)诗,像种子一样,有一股顽强的爆发力,优美的诗歌破土而出以后,它的芳香会和民族精神融合,长久地滋润大地;今天我们将要学习的古诗八首,有的已距今九百年,有的距今约一千五百年,然而,诵读、咀嚼仍可品味到其中的芳香。下面我们一起来学习一下。

**材料五**

师：一天深夜，在一个小巷的尽头，两个人走了个对面，其中一个问另一个："这儿有警察吗?"另一个回答："没有。""那么能不能在附近很快找到一位?""恐怕不可能。""那好吧，把你戴的手表和钱交给我！"

生：(大笑)

师：这个笑话的结尾有什么特点?

生：出人意料。

师：反映了坏人的一种什么心理?

生：害怕警察。

师：今天我们要讲的这篇课文也写到了警察，结尾也是出人意料的。可是文中的主人公却一反常态，故意当着警察的面干坏事，这是为什么呢？现在我们就来学习这篇课文。

**材料六**

### 《新型玻璃》的导入语

师：同学们，在一个伸手不见五指的夜晚，一个人影蹿进了陈列着珍贵字画的展览馆，准备划破玻璃，偷里面的字画。当他的玻璃刀刚刚触及玻璃的时候，院子里便响起了急促的报警声。警察立即赶来，把这个小偷给抓住了。同学们一定会奇怪地问：这是什么玻璃呀？怎么一接触它就发出报警声呢？同学们，这是一种新型玻璃。拿出本子来，跟于老师写字：新——型——玻——璃。(略)

(于永正老师教学《新型玻璃》的课堂实录)

**材料七**

### 《卖火柴的小女孩》的导入语

师：同学们，你们的大年夜过得开心吗?

生：开心！有很多零食吃，有新衣服、新鞋子穿。

师：可是，有个小女孩就没大家那么幸福了。(讲到这里，学生们都觉得惊奇)这一年大年夜，天气很寒冷，天又飘着大雪，小女孩又冷又饿，可是还要赤着脚到大街上卖火柴。

师：(进一步设疑)她究竟遭遇了什么事情呢？后来又怎么样了呢？今天，我们学习了安徒生的《卖火柴的小女孩》，大家就知道了。

**材料八**

### 《我的母亲》的导入语

师：母爱，一个饱含柔情的永恒话题。"谁言寸草心，报得三春晖"，是的，不论年长年少，也不论天涯海角，单飞后心的另一端永远牵挂的是对母亲的不尽思念。今天，我们一起走进胡适的童年，去感受母爱的伟大力量。

**材料九**

**《惊弓之鸟》的导入语**

师：小朋友，老师在黑板上画一样东西，你们看画的是什么。（于老师用彩色笔在黑板上画了一张弓）

生：于老师画的是一张弓。

师：这叫什么呢？（师指弦）

生：这叫弦。

（师又画了一支箭，学生做了回答）

师：大家知道有了弓，有了箭，才能射鸟。可是古时候，有个叫更赢的人只拉弓不射箭，就能把大雁射下来，这是怎么回事呢？今天，我们学习第二十七课《惊弓之鸟》，学了这篇课文大家就明白了。

（于永正老师教学《惊弓之鸟》的课堂实录）

**【练习题】**

1. 指出以上材料各属于哪一类导入语。

2. 对每则导入语进行评析，要求分析老师所运用的方法、取得的教学效果。

**【训练提示】**

九则导入语各有特色，运用不同的方法，调动了学生的学习兴趣，取得了很好的教学效果。“材料一”中，于老师这个教学导入语设计得很好，既复习了原来学习的诗词，又极其自然地同即将授教的古诗有机地联系起来，真正做到了“温故而知新”。而且于老师亲切、鼓励的口吻，大大地调动了学生学习新知的积极性。“材料二”用语不多，却画龙点睛，突出了课文的重点，使学生对这篇课文的主要内容和写作思路都有了初步的了解，为课文的讲读打下了基础。“材料三”教师通过对李广的简单介绍，引起学生浓厚的兴趣，激发起学生急于了解课文内容的学习动机，效果自不待言。“材料四”语言流畅优美，再加上教师富有感染力的表达，即刻激发起学生浓厚的兴趣，调动了学生学习的积极性。“材料五”以小故事开头，在故事结尾时引入课题，这种方法常常在语文课堂中使用。老师颇具匠心，叙述了一个与教学内容密切相关的故事，激发了学生的学习情趣，不仅使学生情绪高昂，精神振奋，又使学生在头脑中形成鲜明生动的形象。引起学生的求知欲后，师生便在既轻松又充满兴趣的教学语境中开始新课的学习。“材料六”这种以故事来导入课文的方法既可以一下子抓住学生的心，诱发学生的情境体验，激起学生强烈的学习兴趣，又可以让学生对课文内容有个深刻印象。这样的设计多用于故事性比较强的文章。“材料七”老师用了一段简短而且引人入胜的悬念式导入语，激发了学生的兴趣，很自然地进入了新课教学意境。这一段导语在结束时设置了两个悬念：“小女孩为什么大年夜还要到街上卖火柴？”“小女孩后来的命运怎么样？”学生们欲知答案，便要注意听下面的内容，其课堂参与的积极性和主动性得到了调动。“材料八”在与课文内容吻合的情况下，导入中恰当化用了学生耳熟能详的诗句，达到了言简意赅的效果，既提升了学生的兴趣，又增加了导语的文化底蕴。“材料九”老师以画导入课文，调动了学生的视觉感官，既激发了学生的学习兴趣，又调动了学生学习的积极性和主动性，有力地发挥了学生的主体性。

分析时要求能找出每则导入语的不同之处，体会不同类型导入语的作用。

### （二）设计能力训练

**【练习题】**

1. 下面是李白的《望庐山瀑布》，请用情境导入的方法为它设计导入语。

**望庐山瀑布**

日照香炉生紫烟，
遥看瀑布挂前川。
飞流直下三千尺，
疑是银河落九天。

**【训练提示】**

李白的这首诗运用了夸张、比喻、想象的手法，形象地描绘了庐山瀑布雄奇壮丽的景色，反映了诗人对大自然的热爱之情。诗歌构思奇特，语言洗练明快而又生动形象，是诗仙李白的传世佳作，也是状物写景和抒情的范例。在设计导入语时，要抓住三、四句，用优美的语言，渲染诗歌所描绘的情景，让学生感受到山的高峻、瀑布的雄浑与奇异气势，调动学生学习的积极性，给学生发挥想象的空间。

2. 请用故事导入的方法为《海底世界》一文设计导入语。

3. 如果让你教学《揠苗助长》这则寓言，你如何设计导入语？

4. 下面是中学语文课《周总理，你在哪里》的三种导入语。试分析它们的不同特点。

（1）同学们，你们知道吧？我国男高音歌唱家李光羲在法国曾唱了一首歌，轰动了整个巴黎，博得了崇高的荣誉。为什么呢？因为他不仅唱出了我国人民的心声，而且唱出了世界人民的心声。今天我们要讲的课，就是这首歌的歌词。

（2）同学们，今天是元月七日，明天是周总理的逝世纪念日。让我们学习诗人柯岩的感人诗篇《周总理，你在哪里》，以此来纪念我们敬爱的好总理，寄托我们的哀思，表达我们对他老人家的无限崇敬和爱戴。

（3）同学们，我们学过一篇记叙文《一件珍贵的衬衫》，谁还记得这篇文章是写的什么？对，歌颂了周总理的崇高品质。1976 年 1 月 8 日周总理不幸与世长辞了，在他逝世一周年之际，诗人柯岩写了《周总理，你在哪里》这首诗，以此纪念。现在我们来学习这首诗。

5. 自选即将从教的学科中一节课的内容，设计导入语，在小组里进行试讲，然后互相评议。

6.数学教师在讲《圆的认识》时,拿出了一只乒乓球。请用直观性导入和设疑性导入的方法为之设计导入语。

**【训练提示】**

首先要了解导入语的类型和相关要求,掌握基本方法,然后熟悉练习题中所涉及的教学内容,最后进行设计。

## 二、提问语训练

提问,是指在课堂教学过程中,教师根据一定的教学目的和要求,针对有关教学内容,设置的一系列问题情境。它是课堂教学中的关键环节,可以增进师生交流,活跃课堂气氛,集中学生注意力,激发学习兴趣,开阔学生思路,启迪学生思维,获得信息反馈,提高教学质量。教师提出问题时,有时是直截了当的,有时在提出问题前作一些铺垫,有时在提出问题后做一些补充。不论是哪种方式,教学提问语都需要经过一番精心设计,要求具有明确的目的性、很强的针对性和启发性。

### 训练要点

1.掌握提问的方法和技巧。

2.根据相关教学内容,设计合适而巧妙的提问语。

### 导练略读

#### 关于提问语

1.根据提问的方法分。

(1)正向提问语。即教师根据教学内容从正面提出的问题,让学生顺藤摸瓜,在探求问题答案的过程中获取知识,发展智能。要求问题简洁明了,紧扣教学内容。

(2)逆向提问语。即教师为了促使学生进行深层次的思考,不直接问"为什么",而是从相反的角度提出假设,让学生通过对照分析,作出正确判断。这种提问语要求所提问题具有思辨性。

2.根据提问语间的关系分。

(1)递进式提问语。即指一组提问语,由教师由易到难依次提出,层层递进,逐步深化,把学生的思维一步一步地引向求知的新天地,借以强化学生对教学内容的理解。要求所提问题要环环相扣,逐步深入,形成梯形结构。

(2)追踪式提问语。即根据学生的回答进行追问,一直达到理想的结果,得到满意的回答为止。这种提问语可以打开学生的思路,更好地去分析书本内容。要求教师对所教内容有精熟的研究。

(3)研究式提问语。即教师在课堂教学中按既定程序连续地引导学生对某个问题进行思考、研究的提问语。要求紧扣研究内容,对所教的问题精心准备,最后应进行归纳。

## 训练项目

### （一）分析能力训练

**【训练材料】**

**材料一**

**《圆的面积》的教学片断**

师：(1)大家知道，要求圆的精确面积通过度量是无法得出的。我们在学习推导几何图形面积的公式时，总是把新的图形经过分割、拼合等办法，将它们转化成我们熟悉的图形。今天我们能不能也用这样的方法推导出圆面积的计算公式呢？

(2)那么像这样的图形怎样割补？

(3)割补以后又怎样推导呢？

**材料二**

**《海底世界》的教学片段**

师：课文第一节就提出了一个问题，这个问题课文用几个自然段来回答？你能用课文中的一句话来说说海底是一个怎样的世界吗？

**材料三**

**《田忌赛马》的教学片段**

师："假如第二次比赛中，田忌按孙膑的方法去做，但结果不是胜利，而是失败了，这可能是什么原因？"

（经过思考，不少学生认为：很可能是田忌以下等马与齐威王的上等马比赛后，齐威王发现了秘密，随即采取了对策，用自己的下等马对孙膑的上等马，先输一场，再用自己的中等马对孙膑的中等马，再胜一场。这样，齐威王最终还是以二比一获胜。）

师(进一步追问)："难道孙膑没有考虑这种可能性吗？孙膑的胜利是不是偶然取得的？"

（至此，学生已豁然开朗，十分肯定地说："孙膑断定齐威王不会这样做，因为他看到的齐威王已被胜利冲昏了头脑，趾高气扬，忘乎所以，他认定战胜田忌不费吹灰之力，是无论如何也不会提防的。"）

师(再问)："你从哪里看出齐威王的骄傲自大？"

**材料四**

**《海底世界》的教学片段**

师：(1)这一自然段一开始告诉我们什么？

(2)海底真的一点儿声音也没有吗？有什么声音？你会窃窃私语吗？请和同桌

窃窃私语。

(3)既然有声音,为什么课文中却说"海底依然是宁静的"?

(因为动物们发出的声音很小,所以,虽然海面上……但是,海底依然是……)

**材料五**

**关于"圆"的概念的教学片段**

师:车轮是什么形状?

生:圆形。

师:为什么车轮要做成圆形的呢? 能不能做成别的形状? 比如椭圆形?

生:不能。

师:为什么?

生:因为做成椭圆形的话,车子前进时就会一会儿高,一会儿低。

师:为什么做成圆形就不会一会儿高,一会儿低呢?

**【练习题】**

分析上述材料的精妙之处,并说说如果让你为此设计提问语,你会与他们有何不同。

**【训练提示】**

首先要分辨五则材料所属的类型,然后根据各类提问语的要求展开分析。"材料一"将抽象、笼统的问题化整为零,化抽象为具体,既巧妙地通过复习利用了旧知,又激发起学生探究的兴趣。"材料二"中教师抓住课文的关键句子发问,帮助学生找到了课文的主线,使其思路清晰,高效地阅读和分析课文内容。"材料三"教师提出的第一个问题,是要求学生联系课文去变更思路,从相反的角度去假设,由结果去设想原因。第二和第三个问题则是引导学生深入课文学习,使学生进一步认识了孙膑、齐威王的不同心态,更深地了解了人物的内心,感悟了课文中心思想,培养了思维能力。"材料四"中的三个问题以一个比一个难的组合形式逐步向作品的主题深入,启发学生积极思考,帮助他们正确地理解关键句子的深刻含义,学会比较分析。"材料五"在学生讨论之后,教师可以综合讨论得出结果:因为圆形的车轮上的点到轴心的距离是相等的。这样,教师就自然地引出了圆的定义。这种提问方式能紧紧扣住学生的答话,巧妙地联系教学内容,寓讲解于回答之中。

### (二)设计能力训练

**【练习题】**

1. 为下列两则材料设计提问语。

**材料一**

恐龙的种类很多,形态更是千奇百怪。雷龙是个庞然大物,它的身体比六头象还要重,它每踏下一步就发出一声轰响,好似雷鸣一般。梁龙的身体很长,从头到尾足有二十多米，走起路来，好像是一架移动的吊桥。剑龙的背上插着两排三角形的剑板，尾巴上还有四支利剑一样的尾刺。三角龙的脸上有三只大角，一只长在鼻子上方，另外两只长在眼睛上方，每只角都有一米长——这样的脸型，让任何动物都望而生畏。

**材料二**

传说仙女下凡时，在辽阔的中国南海上撒下了一串串晶莹的珍珠，这就是美丽的南沙群岛。南沙群岛位于祖国的最南端，二百多座岛屿、礁盘星罗棋布。早在两千多年前，我们的祖先就在这片浩瀚的大海上航行、捕鱼，在小岛上开垦、种植。茫茫南沙，汇入了祖先搏击风浪的汗水；片片岛屿，留下了祖先生息繁衍的烟火。

**【训练提示】**

“材料一”是《恐龙》第二自然段的内容，描写了不同恐龙的特点。“材料二”是《美丽的南沙群岛》的第一自然段，描述了南沙群岛的位置、组成等。两段文字都运用了不同的修辞手法，条理清晰，语言优美。可分别从文字的表述内容、所用的修辞手法、词语的运用三个方面设计提问语。

2. 这是三年级的一道数学题：“一张方桌，桌面的边长是 80 厘米。要配上一块与桌面同样大的玻璃，这块玻璃的面积是多少平方厘米？合多少平方分米？”

如果你是数学老师，该怎样设计递进式提问语？

3. 请看下面这道数学题：“每个小盒子可以装 4 节电池，现在有 540 节电池，130 个盒子够装吗？”请你的同学配合，创设师生对话情境，进行课堂问答。注意：使用追踪式提问技能。然后进行互评。

4. 请以“认识小数”作为教学内容，同学两两配合，用上述一种或几种提问语方式进行模拟教学。

5. 一位小学语文教师讲古诗《江上渔者》时，解析“但爱鲈鱼美”一句，他问学生：“‘但’，是什么意思？”不少学生望文生义，不假思索地回答：“是‘但是’的意思。”教师将错就错，故意把诗句解释为“在江上来来往在的人，但是喜欢鲈鱼的鲜美。”再问：“这样对不对呢？”学生意识到这样讲很别扭，齐声回答：“不对。”于是教师再说：“现在同学们查查字典，看‘但’有几个含义，联系上下文，读读想想，看这里的‘但’是什么意思？”学生通过查字典，读课文和思考，终于弄明白了“但”在这里应讲作“只是”，体会到了诗句的讽刺意味，进入了诗的意境。

请分析以上提问语的精妙之处。

**【训练提示】**

练习中有三道数学题，一定要先弄清解题方法和步骤，考虑学生学习中可能会遇到的困难，然后遵循由易到难、循序渐进的原则设计提问语。

## 三、过渡语训练

课堂过渡语是指教师在讲授新的内容之前，有目的、有计划并用一定方法所设计的简练概括的教学语言，这种语言在课堂上能够起到承上启下、衔接组合的作用，能把各环节的教学内容、教学方法等有机地串连起来，使整个课堂上下贯通，结构紧密，浑然一体，让学生随着教师的引导步步深入，自然流畅地完成学习任务。它与导入语同中有异：相同的是它们都有启下的作用，不同的是导入语单纯启下，一般用于一节课的开始，过渡语则既启下又承上。

## 训练要点

1. 通过模仿，增强语言的感染力。

2. 能够根据具体要求，学会设计恰当的过渡语。

## 导练略读

### 过渡语的类型

1. 顺流式（承上启下式）。此种类型的过渡语，是一种基本用语形式，用于课堂教学的各环节都行。即通过富有艺术情趣的问题创设，将学生从一个浪尖带到另一个波峰上去，以实现课堂教学内容的转换和课堂整体结构安排的天衣无缝。要求上下衔接自然。

2. 归纳式（小结式）。教师在上环节教学内容结束后，用简明扼要的语言，择其重点作一小结，然后过渡到下一环节施教内容。这类过渡语的特点是，能把教学的重点再现出来，给学生加深印象，巩固教学效果。要求语言简洁，重点突出。

**案例**

### 《丰碑》的教学片段

师（出示一组填空题）："这位老战士之所以被活活地（冻僵）在冰天雪地里，是因为（他的御寒衣服单薄得像树叶、像箔片），但是他毫不畏惧死神的降临。因此在临死的那一刻，却显出（镇定自若的神情）。"

（同学们结合课文和教师先前的讲解读一读、想一想，填上合适词句。）

师：同学们从所填的词语中会想到哪些问题呢？

（学生很自然地想到："老战士在这么冷的冬天为什么穿这么薄的衣服？他的御寒衣到哪里去了呢？这位老战士到底是谁？军需处长怎么会不发给他棉衣呢？"教师由此进入下一环节的教学）

**评析**：教师让学生用填上去的词语实现教学进程的跳跃，串连起课文的本质信息，直奔文章主旨。

（3）悬念式。教师用一句话把上环节内容说出来，然后提出一个悬而待解、富有诱惑力的问题，引入下环节施教内容。这类过渡语可以提高学生注意力，启发学生思维，激发学习兴趣，吸引学生去深入学习来解开这个富有诱惑力的疑团。这类过渡语要求教师能够深入研究问题的提出方式，把握问题的层次和梯度，能引起学生的探索欲望。

**案例**

## 关于小数点移动的教学片段

师:同学们由上往下观察,知道了小数点向右移动引起小数大小变化的规律。现在我们由下往上观察,能发现什么规律呢?

**评析**:这段过渡语简单总结了已学内容,并利用此知识自然地过渡到另一个知识,启发学生利用已学方法去思考、推理新的内容。

(4)粘连式。利用语言材料之间的内部外部联系,通过联想、类比,进行粘连,以起到紧密衔接作用。这类过渡语要求能激发学生的想象力。

案例

## 《再见了,亲人》的教学片段

师:"是啊,这是一份份以生命和鲜血为代价的情意。如果你是被大娘从敌机下救出的伤员,如果你是被小金花妈妈用生命换来的老王,如果你是吃过大嫂亲手挖来野菜的志愿军战士,那么在这离别的时刻,还会怎样对这些朝鲜亲人们说?"

(特级教师贺诚的教学片段)

**评析**:老师用这样一段过渡语,移情体验,深化题意,由此引读下文。

## 训练项目

### (一)仿说训练

**【训练材料】**

## 《庐山云雾》的教学片段

师:"庐山除了有飞流直下三千尺的瀑布,还有横看成岭侧成峰的山峦,更吸引人的是它那神奇美丽的云雾。今天请大家随着作者的脚步去细细领略一番。在乘车登山的路上,首次映入眼帘的是怎样一幅'奇景'?"

(学生通过阅读,欣赏第一个波峰"山间云变成浓雾的奇景"的美景)

师:"浓雾瞬息万变,美景引人入胜,而牯岭的庐山雾更是神秘莫测,趣味无穷。它的神秘在哪里呢?"

(学生简要介绍第二个波峰)

师:"此景只堪天上有,人间哪得几回见?牯岭可真算得上是人间仙境。现在,我们站在'大天池'处,来观看庐山云雾中最壮观的一景——云海……"

师:"一路行来,我们在沿途见到了哪些奇景?"

…………

师:"面对这瞬息万变的庐山云雾,怪不得北宋伟大诗人苏东坡要大叹'不识庐山真面目',更难怪清代的一代学者要自称'云痴',恨不得'餐云'、'眠云'。"

**【练习题】**

1.单独进行仿说训练。

2.以小组合作的形式,在全班进行公开试讲,要求语言自然流畅、体态大方。

**【训练提示】**

在单独进行仿说训练时,要求集中精力,保证质量。在全班进行公开试讲时,要求充满自信,注意团队合作。

(二)设计训练

**【练习题】**

在自然课上,你教授《认识物体》一文,这课有三个活动设计,分别为"看一看它的特征"、"听一听它的声音"、"用皮肤感觉它"。

请你为这堂自然课各环节的教学设计过渡语。

**【训练提示】**

要求不仅体现出对上一个教学活动的延续和小结,同时也使学生认识到单靠某一感觉器官认识物体的不全面性,从而引发学生运用新的认知手段认识物体的兴趣和求知欲。

**【练习题】**

1.这是一道数学题。

小明从家出发,经过邮局到少年宫,一共用了 9 分钟。

(1)小明平均每分钟走多少米?

(2)如果照这样的速度直接从家到少年宫,只要 7 分钟。小明直接从家去少年宫的路程是多少米?

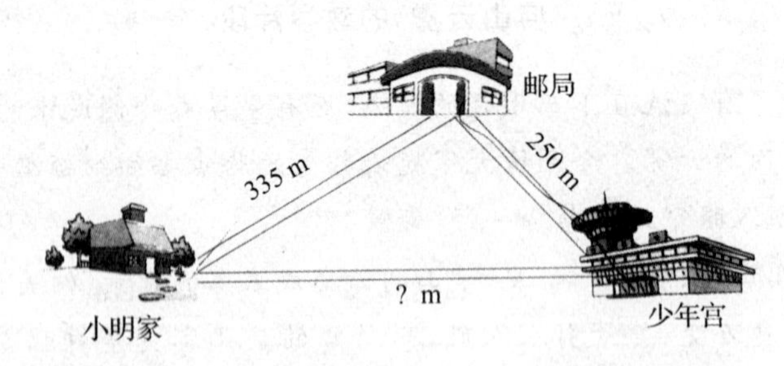


请运用上面提示的一种或几种过渡的方法,为此题设计过渡语。

2.在讲小学语文《我爱故乡的杨梅》一文,由第一段过渡到第二、三段时,教师这样讲:"从上一段中我们知道了作者是通过写故乡的杨梅的可爱,表达自己对家乡的热爱的思想感情,是总写、是略写。那么,作者又是怎样分写和详写杨梅树和杨梅果的可爱呢?请同学们看下面的课文。"请分析此段过渡语的特点。

3.请仔细阅读下文,并为段与段之间的内容讲解设计过渡语。

### 大作家的小老师

萧伯纳是英国著名作家。有一次在莫斯科访问时,他遇到一个小姑娘。小姑娘白白胖胖,一对大眼睛很有神,头上扎着大红蝴蝶结,真是可爱极了。萧伯纳非常喜欢这个孩子,同她玩了好久。

临别时,萧伯纳对小姑娘说:“别忘了回去告诉你妈妈,就说今天同你玩的是世界有名的大作家萧伯纳。”他暗想:当小姑娘知道跟自己玩的是一位世界大文豪时,一定会惊喜万分。

可是,出乎预料的是,小姑娘竟学着萧伯纳的口吻说道:“请你回去后告诉你妈妈,就说今天同你玩的是苏联小姑娘娜塔莎。”

萧伯纳听了,不觉为之一震。他马上意识到刚才太自夸了。

事后,萧伯纳深有感触地说:“一个人不论取得多大成就,都不能自夸。对任何人,都应该平等相待,永远谦虚。这就是那位小姑娘给我的教育。她是我的老师。”

4. 自选即将从教的学科中某一部分的内容,设计过渡语,在小组里进行试讲,然后互相评议。

**【训练提示】**

1. 理解过渡语的类型和要求,掌握相关技巧。
2. 将教学内容分成若干教学环节,在此基础上设计过渡语。

## 四、讲授语训练

### 训练要点

1. 掌握讲授语的要求和表达技巧。
2. 进行教学片段的模拟训练,提高语言的表达能力和课堂的驾驭能力。

### 导练略读

#### (一)讲授语及其作用

讲授语是一种以教师的独白为主的,用来完整地讲解和传授知识的教学语言。课堂教学过程是一个信息传递过程,信息传递的主要载体是语言,教师在实践中如能够驾驭好讲授语艺术,对课堂教学的顺利开展、活跃课堂气氛、达到师生互动有很大帮助。同时,还能消除师生之间的心理距离,牢牢吸引学生的注意力,激发学生学习的兴趣,增进学生的求知欲,获得教与学的高效益。

#### (二)讲授语的类型和要求

讲授语,要求严谨、准确、简明、流畅、生动,并带有启发性、灵活性、趣味性。

1. 叙述式讲授语。即是用叙述的方法对某人、某事、某概念等进行阐明、解释的教学用语。叙述式在文科教学中用于叙述学习要求、政治事件、社会面貌、时代背景、人物关系、故事梗概、写作方法、历史事实、地理状况等;在理科教学中用于叙述学习要求、数量之间的关系、自然现象的变化、物体结构和功能、生物种类和遗传、实验过程和操作方法等。叙述式的语言简洁明快,朴实无华。

**案例**

**《长城和运河》的教学片段**

师:长城始建于春秋战国时期,秦始皇灭六国完成统一后,为了防御北方匈奴的南侵,将秦、赵、燕三国的北边长城予以修缮,连贯为一,俗称"万里长城",也叫秦长城。明代为了防御鞑靼、瓦剌族的侵扰,前后修筑长城达十八次,西起嘉峪关,东至山海关,总长约六千七百千米,俗称明长城。长城气魄雄伟,是世界历史上的伟大工程之一,并已列入《世界文化遗产名录》。

京杭大运河即大运河,简称运河。我国古代伟大水利工程,北起北京,南至杭州,经北京、天津两市及河北、山东、江苏、浙江四省。沟通海河、黄河、淮河、长江、钱塘江五大水系。全长一千七百四十七千米。是世界上开凿最早、最长的人工运河,是与万里长城齐名的伟大工程。

**评析**:这段叙述式讲授语简略地介绍了长城和京杭大运河的修筑时间、经过地域、总长度、地位等,为学生理解课文的内容及作者的感情提供了必要的背景知识,起到了很好的铺垫作用。

2. 论证式讲授语。即是用论证的方法对某问题、某观点进行讲授的教学用语。它要求观点鲜明,论证充分,逻辑严密,语言干净利索。

**案例**

蚊子的一只眼睛中有五十只小眼,苍蝇的一只眼睛中有四千只小眼,凤蝶的眼睛是由一万五千只小眼组成的,蜻蜓则有二万只小眼,天鹅的一只复眼甚至有两万七千只小眼。眼这么多,也就比较大,所以说昆虫的眼睛一般都比较大。

**评析**:这段讲授语先是摆出许多实例,然后通过实例总结出"昆虫的眼睛一般都比较大"这个结论,一气呵成,有理有据。

3. 说明式讲授语。即是教师在教学中解释某概念、某事物、某项知识时用说明的方法所构成的教学用语,以此说明事物的性质、结构和功能等。要求清晰、流畅、准确,安排好说明的次序,不可主次不分,也不可前后颠倒。

**案例**

**《黄河大合唱》的介绍**

师:《黄河大合唱》共有八个乐章。第一乐章是《黄河船夫曲》,第二乐章是《黄河颂》……第八乐章是《怒吼吧,黄河》。现在我们看看第一乐章的内容。这是吸收了船夫号子的曲调素材,采用主题发展变化的手法,各声部互相呼应的演唱形式写成的四部混声合唱。它由三部分组成：引子和第一部分，描绘了船夫们在一声惊天动地的呼号声中，开始了和狂风恶浪勇敢搏斗的惊险场面；第二部分刻画出快要到达河岸时的内心喜悦；尾声表现了船夫们团结一致和惊涛骇浪搏斗，终于到达了彼岸的必胜信心和战斗精神。

**评析**：这段说明的话井然有序、层次分明，学生听后感觉明确清晰。

4. 描写式（形象式）讲授语。即运用形象化的手段对教学内容进行讲解的教学用语，可以化难为易，变抽象为具体。用于刻画人物、描绘环境、介绍细节、渲染气氛、表达感情等。描述式的语言细腻形象，生动有趣。

**案例**

**《长城和运河》的教学片段**

师：有一道城墙建造了两千多年，是人类历史上建造时间最久的建筑；有一条河开凿了一千七百七十九年，是世界上开凿时间最久的人工河流。沐千年风雨，历世事沧桑，它们的名字将永远地刻在每一个中华儿女的心上。

师：有谁知道这道城墙的名字？

生：这道城墙的名字叫万里长城。

师：（出示万里长城的图片）让我们大声地说出这道城墙的名字！

生：（个个表情严肃，声音洪亮）万里长城！

师：有谁知道这条河流的名字？

生：这条河流叫京杭大运河。

师：（出示京杭大运河的图片）让我们骄傲地呼喊这条河流的名字！

生：（个个精神饱满）京杭大运河。

师：东起山海关，西到嘉峪关，万里长城像一位诗人在崇山峻岭之间谱写了永不磨灭的诗篇。第2、3小组读一读。

生：（崇敬地读）像巨龙穿行在大地，连绵起伏，曲折蜿蜒。东起山海关，西到嘉峪关，万里长城谱写了不朽的诗篇。

师：万里长城长又长，万里长城最伟岸，万里长城最妖娆；万里长城啊！你是我们中华民族的化身，你就是那东方的巨龙！

**评析**：这段讲授语，用抒情的语言表达了对万里长城和京杭大运河的赞美和热爱，活跃了课堂气氛，激发起同学的热情，为全课的教学奠定了基调。

## 训练项目

### （一）讨论评析

**【训练材料】**

某语文老师教《看云识天气》一文最后一节。在同学们对这个小节说明了哪些问题没有概括得很完全时，教师重新进行概括。

我们看第一句话,是告诉我们掌握这些知识的用处:对工农业生产怎么样啊?很有好处,及时地掌握天气情况,做好准备工作,使得有的东西不被雨淋,有的不被太阳晒。懂得云和天气的关系,对我们日常生活来讲呢,也能得到方便。另外,这一节还告诉我们,要懂得云和天气的关系:一方面要怎么样啊?虚心地学习,还有一方面呢,要自己反复实践。因为只有你去用,去观察,经常地观察,才能掌握规律,才能够总结一些经验。另外文中还告诉我们,光凭云来识天气,还存在着一定的局限,还有一定的限制,科学性就不大可靠,还要考虑其他各方面的因素。因为天气的变化是由多方面的因素决定的,所以,我们还要靠天气预报。但是云呐,一般它也可以帮助我们识别天气。——文章最后从看云识天气的意义、方法和它还有一定的局限三个方面,给我们作了小结。

**【练习题】**

这位教师的口头说明是否清楚?如果要你来说,你将怎么说?

**【训练提示】**

说明式讲授语要求清晰、流畅、准确,安排好说明的次序,不可主次不分,也不可前后颠倒。这位教师显然在这方面做得不到位,因此练习时要着重分析这位教师说明的条理是否清晰。

### (二)模拟教学

**【训练材料】**

#### 《争论的故事》的教学片段

师:听了这个故事,你从中领悟到了什么?

生:兄弟俩太笨了,白白让大雁飞走了。

生:兄弟俩没有抓住时机,他们应该先把大雁射下来,再商量着该怎么吃。

生:对呀,他们应该先做起来再说。

生:我也从兄弟俩争论中明白,我们不管做什么事,要先做起来再说。

(师向说出自己见解的同学投去赞许的目光,帮助学生理解课文后面的部分)

生:……

师小结:同学们能够从这个故事中领悟到这么多,真是不错!老师很佩服大家。课文中的同学们是怎么说的?(引读课文中学生说的观点)今后我们无论做什么事,都要善于抓住时机,不要因为所谓的争论而浪费时间、贻误时机,要先做起来再说。

师:盛老师聚精会神地听着,不时向同学们投去赞许的目光——

(1)赞许是什么意思?

(2)盛老师为什么向同学们投去赞许的目光?

生:因为同学们说得都很好。

生:因为同学们说出了自己的看法。

生：同学们说的有一定的深度。

生：同学们说的达到了老师讲这个故事的目的。

生：……

师：是的。同学们说出了自己的看法，有一定的深度，达到了盛老师预期所要的结果，所以她向同学们投去赞许的目光。

**【练习题】**

在班级进行模拟教学，要求教态自然大方，课堂气氛活跃，激发起同学的兴趣。

**【训练提示】**

首先要熟悉《争论的故事》内容，然后在组内练说，要大胆展示。

### （三）设计训练

**【练习题】**

《卖火柴的小女孩》中写到，小女孩划了一把火柴，火光中出现了烤鸭、外婆。有学生问："为什么划了火柴就能看到这些呢？"

请你据此设计一段描写性的讲授语。

**【训练提示】**

应联系课文的整体内容，分析小女孩所处的环境，分析她悲惨的命运以及内心的渴望，在此基础上来设计讲授语。

**【练习题】**

1. 结合语文、数学、英语、音乐、体育等学科，选取两个文学家，或科学家，或音乐家，或运动员，或外交家，了解他们的生平，然后在小组内进行叙述式讲授。

2. 在小学各科教材中找出一个历史史实，或某一人物的故事，进行准备，然后在班级做口头表述。

3. 对下面的教师口语实例进行分析、讨论，从语脉的清晰度、语言的流畅度、用词的准确性方面进行评析。

"鸦片战争前后，由于外国资本主义势力的入侵，震动了一部分地主阶级知识分子。"

同学们，请注意"震动"两个字。在鸦片战争以前将近半个世纪中，清朝统治已经腐朽透顶。社会生产停滞，经济破败，政治昏暗，国力衰弱，民不聊生。这样的经济、政治状况反映在思想文化上则呈现出一派死气沉沉、万马齐喑的局面。清政府实行闭关政策，以"天朝大国"自居，高傲自大，故步自封，造成了中国知识界对世界情况毫不了解，甚至连地球是圆的也不知道。（笑声）在鸦片战争以前，他们中间许多人根本不知道英吉利、法兰西和美利坚是什么东西。（笑声）鸦片战争中，"天朝大国"被"英夷"打败的事实，对于大多数地主阶级知识分子来说感到不可理解。但是，严酷的历史现实确实也震动了地主阶级知识分子中一部分较有远见的人士，使他们看到了两个明显的事实：(1)清朝官吏的昏庸无能和清军的腐败。(2)英国船坚炮利和中国武器的落后。他们感到国家遭到资本主义侵略的威胁,怎么办?要改变现状。怎样改变?向外国学习些什么?他们认为主要是武器不如外国,要学习外国,就得了解外国,学习外国制造先进的武器。

4.仔细阅读下列文字,为此设计论证式讲授语,进行试教,并进行互评。

南沙是祖国巨大的蓝色宝库。她拥有难以计数的珍贵的海洋生物,蕴藏着极为丰富的矿产资源,贮存了用之不竭的海洋动力。仅曾母暗沙,就以丰富的石油储量而享有“第二波斯湾”的美誉。

5.讨论:下列语段中加引号的词语各是什么意思?为什么这样说?请设计合适的讲授语来解决上述问题。

人们做梦都不会想到,它们捕杀的狼,居然是森林和鹿群的“功臣”。狼吃掉一些鹿,使鹿群不会发展得太快,森林也就不会被糟蹋得这么惨;同时狼吃掉的多半是病鹿,反倒解除了传染病对鹿群的威胁。而人们特意要保护的鹿,一旦在森林中过多地繁殖,倒成了破坏森林、毁灭自己的“祸首”。

6.请结合叙述式和论证式的方法,为“长方形的面积计算”这一内容设计讲授语。

7.如果你是一位数学老师,执教“两位数的乘法”这一内容,你如何讲授?

8.自选一首古诗,设计讲授语,并以小组为单位进行试教。

**【训练提示】**

1.对教学内容的分析是设计讲授语的基础,分析是否恰当将直接影响设计的质量,故可以先用小组讨论的形式对练习题中的相关教学内容进行分析。

2.设计好讲授语后,要着重进行讲述的训练,讲述时要注意语气、语调,增强语言的感染力。

## 五、小结语训练

### 训练要点

1.区分概括性小结语和描写性小结语的表达作用。

2.通过小结语的设计训练,提高概括能力。

### 导练略读

#### (一)小结及其作用

小结是课堂教学主体部分的最后一个环节,是课堂教学任务的最后一道工序。教师对所教内容进行总结的目的是与新内容的导入和分析讲授形成教学互补,它可以帮助学生对所学内容有整体性的把握,巩固所学知识。富于启发性的小结语可以推动学生形成探求新知识的心理期望,也能提高学生举一反三的能力,把握学习新知识的思考方向。

### （二）小结语的类型和要求

1. 概括性小结语。概括性小结语是指教师对所教内容进行大致概括的纲目式的总结用语，可以先总述后分述，也可先分述后总述。它的要求是明晰、精练。

**案例**

**《骆驼和羊》的小结语**

师："这篇课文写了四段。第一段写了骆驼长得高，说高好；羊长得矮，说矮好，争论起来了。第二段写了骆驼用一个事实证明高比矮好。第三段写羊也找了个事实证明矮比高好。他们俩都不肯服输。最后一段写了他们去找老牛评理，老牛说，只看自己的优点，看不到自己的缺点，是不对的！只看到别人的缺点，看不到别人的优点也是不对的。这是一个寓言故事，寓言是要教育帮助人们懂得道理的。那你读了这个故事，懂得了什么呢？（让几个学生发言）对，我们要记住老牛的话，现在我们再读读老牛的话。"

**评析**：这段小结语以概括段意为线索，简明扼要地归纳了全文内容，突出了中心，并强调了这个寓言故事的寓意，给学生留下了鲜明而深刻的印象，这对帮助学生理解课文，巩固刚学过的知识有很大的作用。

2. 描写性小结语。描写性小结语是以描写的方式对所教内容或某知识点进行总结的话。要求语言优美、流畅，富有感染力。

**案例**

**《苏州园林》的小结语**

师：学习了《苏州园林》一文，这些园林不同凡响的风采跃然纸上。使人觉得水光山色天然美，花木亭榭触目新，宛如身临其境。正是由于苏州的园林美，加上作者的文笔美，情操美，才写出这样字里行间洋溢着美的说明文。作者热情地赞颂了祖国秀丽的园林风光和劳动人民的艺术创造。如果没有对祖国和人民的无限热爱的情感，怎能写出这样好的文章呢？你们说是不是？

**评析**：老师用描写的方式对作者的写作动机和必备条件进行了评价，语言富有感染力，使小结语与课文的语言一样优美，给学生以美的熏陶。

3. 延伸式小结语。这种小结语是指教师除了常规的内容总结外，再在此基础上延伸到课堂以外，指导学生进行研究和探索的活动。要求富有启发性，具有诱导作用，既向学生指出思考的方向，又能培养学生研究的兴趣。

**案例**

**某堂自然课的小结语**

师：研究昆虫是一件很有意义的事情。世界上有很多人在研究昆虫。昆虫这门学问不简单呢！知道大科学家达尔文吗？知道著名的昆虫学家法布尔吗？我这里有好多讲他们研究昆虫的书。老师这里还有很多昆虫的图片，介绍昆虫的书，谁有兴趣的话可以借去看。另外，老师这里还有好些昆虫的标本，下课后我把它们展览在生物角，请同学们仔细地观察。

下一课，我们开个昆虫研究座谈会，要请大家谈谈看了这些书后得到的知识，谈谈你所知道的关于昆虫的事情。特别是要谈谈你对昆虫生活进行的观察研究以及发现。

**评析**：老师在总结了教学内容后又启发性地进行诱导，鼓励同学们课后去阅读、去观察、去研究，使教学从课堂延伸到课外。

4. 联系性小结语。这种小结语从课堂教学内容出发，常常以联系性的思想教育或对社会热点的关注等方面的话语作为总结。要求联系的内容与课堂所学知识联系紧密，过渡自然，能引起学生的兴趣，切忌生拉硬扯。

**案例**

### 《美丽的花瓣》的小结语

师：小女孩为了让妈妈高兴而摘花瓣。假如你是那位小女孩，除了摘花瓣外，还会做些什么事让妈妈高兴呢？

生：给妈妈煮饭、洗衣服。

生：帮妈妈做家务。

生：给妈妈洗脚。

生：讲笑话妈妈听，让妈妈开心。

师：听了你们的话，老师也想对你们说：真是懂事的好孩子。

（拓展延伸，对学生进行热爱母亲的教育。）

师：同学们，你们每一个人就像是一片美丽的花瓣，如何让这片花瓣飘出幽幽的清香，那就用你们的实际行动来回报你们的母亲吧！

**评析**：教师借助对课文内容的总结，很自然地过渡到如何回报母爱的话题上，真正地做到了文道结合。

5. 对话性小结语。这种小结语是以教师提问、学生回答的方式来总结教学内容，结束课堂教学的。既可以由教师的一个问题作为引子，引出教师最后的总结。也可以是以练习后问答的形式归纳教学内容，也有的是通过问题启发学生互问互答，教师最后评述，提出要求进行总结并结束授课的。要求注意方法的灵活性。

**案例**

### 《燕子》的小结语

师："这篇课文从燕子美丽的外形，写到它在百花争艳的春天里赶来了，使春天更有生趣。接着又从燕子飞行的动态美，写到燕子停歇的静态美。同学们想想，作者为什么把燕子写得这样美？（学生答：因为燕子是益鸟）对，燕子是益鸟，我们要爱护它，要爱护一切益鸟。”

**评析**：这一段小结语从各个角度概括了燕子的美丽，以及它给春天带来的生趣，又揭示了作者美化燕子的原因，水到渠成地向学生进行了“爱护一切益鸟”的思想教育。这样的小结语既生动形象，又饱含感情，可以说是比较精彩的。

## 训练项目

**【训练材料】**

### 题西林壁

横看成岭侧成峰，远近高低各不同。

不识庐山真面目，只缘身在此山中。

**【练习题】**

为这首诗设计描写性小结语。

**【训练提示】**

庐山，自古有“匡庐奇秀甲天下”的美称，这里冈峦环列，长年云雾缭绕，烟雨弥漫，山色瞬息万变。《题西林壁》既写出了庐山的瑰丽奇迷的景色，同时作者苏轼也以哲人的眼光从中得出令古人赞叹、令后人敬佩的真理性认识。因此设计小结语时，应不但对作者用精练的语句所描绘的一幅幅迷人的图画作总结，而且也要对诗歌所蕴含着的深刻哲理作提示。

**【练习题】**

1. 这是一堂数学课的小结语。请说说它是属于哪一种类型的？有什么特点？

师：(1)同学们的作品样式繁多，都很美观，这些作品与我们以往完成的作品有什么区别？

（由学生的回答得出规律：凡是对折后完成的剪纸作品都是轴对称图形，不对折而完成的图形却不是。）

师：(2)为什么会出现这种情况？

[得出原因：折痕就是图形（图案）的对称轴，折痕的两侧是能够完全重合的。]

2. 模拟教学：这是《争论的故事》的结尾，仔细阅读，先进行模拟讲授，再设计一段联系性小结语。

“兄弟俩争论不休，谁也说服不了谁，就跑到村子里去找人评理。大家觉得他俩说的都有一定的道理，就建议说：‘你们把大雁剖开，煮一半，烤一半，不就两全其美了吗？’”

“兄弟俩都很满意，谁也不再说什么。可是，他们抬头一看，大雁早已飞得无影无踪了。”

故事讲完了盛老师笑着问大家：“你们听了这个故事，有什么感想呢？”

“这两兄弟真笨，白白让大雁飞走了。”

"不是他们笨，而是他们没有抓住时机。"

"兄弟俩这样争论下去，时间白白浪费了。"

"不管做什么事，关键是要先做起来。"

…………

盛老师聚精会神地听着，不时地向同学们投去赞许的目光。

3. 课前阅读《观潮》，并设计概括性和延伸性小结语，先组内试讲，后在班级讲述。

4. 小学四年级的数学书中有《平行四边形》这一内容，请根据你所掌握的相关知识，为此设计一段小结语。

5. 根据你所学的专业，选择某一内容，利用本书所讲的类型，设计至少两段小结语。

**【训练提示】**

1. 认真阅读"导练略读"的内容，这是基础。

2. 小结语既是对课堂教学内容的总结，也是对学生学习情况的总结，因此在设计时既要考虑课堂的教学目标，还要考虑学生的因素。

## 六、说课训练

### 训练要点

1. 了解说课的类型和要求。

2. 掌握说课的具体内容。

3. 学会写简单的说课稿，并能有条理和有感情地说课。

### 导练略读

#### （一）说课及其作用

说课是指教师在备课的基础上，面对同行、专家等，以语言为主要表述工具，系统而概括地解说自己对具体课程（如某一学科某一节课或几节课）的理解。它主要阐述自己的教学观点，表述自己具体执教某一课题的教学设想、方法、策略以及组织教学的理论依据。显然，说课能够展现出教师在备课中的思维过程，并且显示出教师对课标、教材、学生的理解和把握的水平以及运用有关教育理论和教学原则组织教学活动的能力。所以，说课是提高教师业务素质的有效方法，是考核教师业务素质的重要途径，是推动课堂教学改革的有效措施。

#### （二）说课的类型和要求

说课是艺术，应该做好以下几个方面：突出一个"新"字，体现一个"美"字，突出"说"字，选准"说法"，找准"说点"，把课"说"活。

1. 说课的类型。

(1)研究型说课。研究型说课主要用于同行之间切磋教法，一般以教研组或备课组为单位，常常以集体备课的形式，由一位教师准备并写好说课稿后，其他教师评议并再作修改。

(2)专题型说课。这种类型的说课，是以某项专题研究为目标来进行的。在众多的教学内容中，选取专题，单项研究。

(3)示范型说课。示范型说课是为了给其他教师树立说课的样板，供其学习、参考。这种类型的说课，一般选择有经验的优秀教师先向听课教师做示范说课，后将说课内容付之于课堂教学，最后组织评议。

(4)评比型说课。这种类型的说课，带有竞赛性质，通常情况下，参赛教师按指定教材，在规定时间内写出说课稿，然后登台演讲，最后由评委们评选出比赛的名次。

2.说课应注意的三个原则。

(1)科学性原则。

①教材分析正确、透彻。

②学情分析客观、准确，符合实际。

③教学目的的确定符合《课程标准》要求、教材内容和学生实际。

④教法设计紧扣教学目的，符合课型特点和学科特点，有利于发展学生智能，可行性强。

(2)理论联系实际的原则。

①说课要有理论指导。在说课中对教材的分析应以学科基础理论为指导，对学情的分析以教育学、心理学理论为指导，对教法的设计应以教学论和学科教法为指导，力求所说内容言之有理、言之有据。

②教法设计应上升到理论高度。说课中，教师应尽量把自己的每一个教法上升到教育、教学的理论高度并接受其检验。

③理论与实际要有机统一。要做到理论切合实际，实践是在理论指导下的实践，理论与实践高度的统一。

(3)创新性原则。

在说课活动中，说课人要树立创新的意识和勇气，大胆假设，小心求证，探索出新的教学思路和方法。

3.说课时应注意的问题。

(1)充满激情，亲切自然。说课时要精神饱满，充满激情，从而引起听者的共鸣。

(2)详略得当，重点突出。说课时不宜把每个过程说得太详细，要重点说出如何引导学生观察、思考、记忆及创新思维；说出培养学生学习能力，提高教学效果的途径。

(3)紧凑连贯，简练准确。语言表达要简练干脆，有声有色，灵活多变，前后整体要连贯紧凑，过渡自然。

(4)表现专长，突出特色。要说出教材的教法有别于常规的特殊理解或安排，从而体现出执教者的教学特色。

### (三)说课的内容

说课按照“教什么——怎样教——为什么这样教”的思路进行。“教什么”主要说清以下项目:课文主要内容、教学目标、教学重点、教学难点、前后文内容之间的逻辑联系。“怎样教”要求说清根据教材特点和学生认识水平采取的教学方法、教学手段,说清课堂教学的思路步骤、结构环节、板书设计、作业训练,如何突出重点和突破难点等项目。“为什么这样教”主要说清“这样教”的理论依据,包括大纲依据、课文编写意图依据、教学论依据、教育学和心理学的依据等。

它主要分以下几个内容:

1. 说教材。

就是要求教师依据《课程标准》,整体性地把握教材,要明确所教单元或教学内容在所教年级、学期的教材系统中所处的地位、作用、重难点及确定的理由,充分说明这一点才能准确地把握教材的重点和难点,理清教学中前后知识联系。

(1)教材内容分析。教师的备课活动必须围绕教材而进行,说课离开教材就没有了中心。因此,说课时,教师要分析教学内容以及它们的内在联系,说出自己对教材内容的理解。

主要说以下内容:

①讲稿内容的科目、册数,所在单元或章节。

②教学内容是什么,包含哪些知识点。

③本课内容在教材中的地位、作用和前后的联系。

④教学大纲对这部分内容的要求是什么。

⑤教材所含的智力、能力与方法等教育因素。

(2)教学目标的确立。教学目标就是课堂教学所要达到的目的,是一堂课的出发点和归宿。它包括知识目标、能力目标和德育目标三个方面。说好教学目标,一要科学地制订教学目标,使目标体现《课程标准》的要求,反映教材特点,符合学生的学情;二是要阐述清楚制定目标的依据,做到言之有理。教学目标应具体、明确,说课时避免千篇一律的套话。

(3)教学重难点的确立。教学重点是教材中起决定作用的内容,它的确定要遵循大纲、教学内容和教学目的。教学的难点是学生学习时困难所在,它是依据各学科特点和学生的认识水平而定。说课时,在确立了教学重难点以后,还要说突出重点、突破难点的方法。

突出重点的方法有:抓住题眼分析,抓住教材中的关键词进行分析研究,抓住教材中概括性、总结性的中心句或重点段落分析,抓住教材结构突出重点,运用图表突出重点,通过比较突出教学中的重点,通过设疑突出教学中的重点,问题讨论法等。

突破难点的方法有:集中一点法、化整为零法、迁移法、动手操作法、多媒体演示法等。

2.说教法。

说教法，要求教师一是说出选用什么样的教学方法和采用什么样的教学手段(策略)，二是说出采用这些教学方法和策略的理论依据和实践依据，三是讲具体的操作要点和程序。

教法的选择要体现三个特性：

(1)适应性——教法适应教学内容传递的需要和适应学生的智力需要。

(2)启发性——启发学生独立思考，鼓励主动寻求知识，掌握方法。

(3)主动性——能激发学生兴趣、情感，达到开发智力的目的。

常见的教学方法有：①参与式；②讨论式；③互动式；④体验式；⑤研究性学习；⑥谈话、对话、辩论、调查、情景模拟、亲历体验、小活动等。

3.说学法。

说学法就是说出对学生学习方法的指导。学法包括"学习方法的选择"、"学习方法的指导"、"良好的学习习惯的培养"。在拟定时应突出地说明：①学法指导的重点及依据；②学法指导的具体安排及实施途径；③教给学生哪些学习方法，培养学生的哪些能力，如何激发学生学习兴趣、调动学生的学习积极性。说学法要结合教学目标、教材特点和学生年龄特点。

**案例**

### 《蜜蜂引路》的说课稿(说学法)

1.借助提示，阅读课文。根据老师的阅读提示去读课文，初步掌握简单的读书方法。

2.读读想想，圈圈画画。解决重点段时，要求学生边读边想，边想边划，从小养成读书动脑动手的好习惯。

**评析**：此学法设计，从教材的实际出发，结合学情，设计科学易行的学法指导，帮助学生掌握读书方法，养成良好的读书习惯。

4.说教学程序。

说教程要说教学前的准备、教学中的安排、教学后的延伸。

具体要求是：一是说清课前预习准备情况；二是说清教学过程的总体结构及各个教学版块的时间分配；三是说清主要教学环节的主要设计，体现清晰的教学思路和逐步推进的教学层次(主要包括：说出教学的基本环节、知识点的处理、运用的方法、教学手段、开展的活动、运用的教具、设计的练习、学法的指导、作业布置和板书设计等。并说出你这样设计的依据是什么)；四是说清重点如何突破，难点如何化解。

5.说板书设计。

精湛的板书，不是文字与线条的简单结合，而是教材中的重要内容通过教师有目的的构思按一定规则画出的直接图形。

精湛的板书,是教师心血的结晶,它要求教师必须根据教材特点,讲究艺术构思,做到形式多样化、内容系列化、表达情景化,这样,才能给学生以清晰、顺畅、整洁、明快的感受。

要显示这些特点,必须做到:

内容美——用字准确无误,内容精当;线索分明,重点突出。

形式美——布局合理,排列有序条理清楚。

书法美——字迹工整,合乎规范,美观大方。

好的板书设计,要根据教学的思想、学习的思路、教材意图,对原教材的顺序进行调整,重新组合,产生一种暗示效应,使信息得到浓缩。

说板书设计就是说板书设计的构思及其与教学内容的逻辑关系。一般正规的说课如果时间允许的情况下,是要在说教学程序的过程中写出板书提纲的。如果时间很紧张,你可以提前写在一张大纸上,张贴在黑板上也可以。

说板书设计时要说出这样设计的理由。如:能体现知识结构、突出重点难点、直观形象、利于巩固新知识、有审美价值等。

## 训练项目

### (一)说教材训练

**【训练材料】**

**材料一**

**《分数除以分数》的说课稿(说教材内容)**

本节教学内容是九年义务制教育六年级小学数学十一册第二单元中“一个数除以分数”的例题。它是在学生学习了分数除以整数和整数除以分数的基础上进行教学的。通过本节课的教学,不仅要使学生理解和掌握一个数除以分数的另一种情况,即分数除以分数的算理和算法,还要使学生理解和掌握分数除法的三种情况的统一计算原则。而分数除法的计算法则,它既是计算分数除法的依据,又是分数乘法计算的扩展和深化(因为通过深化,化除为乘,最终回到分数乘法的计算中去),还是学生继续学习带分数除法、分数四则混合运算以及百分数有关计算的基础。

**材料二**

**《美丽的公鸡》的说课稿(说教材内容)**

本课讲述的是一只公鸡整天得意洋洋地夸耀自己美丽,到处找别的小动物比美,经过老马的教育,最后转变为天天打鸣报晓为人们做事。作者通过这个童话故事,向学生揭示了这样一个道理:美不美不光看外表,得看能不能帮助人们做事。

全文主要讲公鸡如何“唱美、比美、听美、学美”的,即以“美”为线索贯穿全文,故“美丽”是题眼。

本文是按照事情发展的先后顺序记叙的，结构类型属于纵向结构，文章脉络如下：

公鸡唱美—公鸡比美—老马讲美—公鸡学美

本课的类型属于看图学文，是本册第三组看图学文单元的开篇文，因而，要借助在第一组看图学文的教学中所学的观察方法和学习方法学好本课，且进一步领会和运用此法，为后一课看图学文打下基础。

**【练习题】**

分析以上两篇说课稿，说说它们体现了说教材部分的哪些特点。

**【训练提示】**

“材料一”：这段教材分析很透彻，前后的联系紧密，完全符合数学系统性强的特点。不仅涵盖了以前所学的知识，大纲的要求，而且想到了学生今后所学的分数除法、分数四则混合运算以及百分数的有关计算，可见教者能站得高看得远，这样教学有助于学生将来灵感思维的产生与创新能力的形成。

“材料二”：教师不仅分析了课文的主要内容和揭示的道理，而且分析了课文的写作特点和结构类型，由此很自然地揭示了本课内容在教材中的地位、作用和前后的联系，同时注重对学生学习方法的分析。是一篇全面且出色的教材分析说课稿。

**【练习题】**

选择你即将从教的学科中某节课的内容，借助下面说课稿的模板，设计教材分析说课稿，在小组里进行试讲，然后互相评议。

《》是人教版×年级下/上册第×单元的第×篇课文，该单元以“×”为主题展开。

《》是(文章体裁)，主要写了(主要内容)，表达了(中心思想)，“写作特点”(一般是：语言简练、层次清晰；描写生动、细致充满诗情)是本文最大的写作特色。

### (二)说教学程序训练

**【训练材料】**

#### 惊弓之鸟

更羸是古时候魏国有名的射箭能手。有一天，更羸跟魏王到郊外打猎。一只大雁从远处慢慢地飞来，边飞边鸣。更羸仔细看了看，指着大雁对魏王说：“大王，我不用箭，只要拉一下弓，这只大雁就能掉下来。”

“是吗？”魏王信不过自己的耳朵，问道，“你有这样的本事？”

更羸说：“请让我试一下。”更羸并没有取箭，他左手拿弓，右手拉弦，只听得嘣的一声响，那只大雁直往上飞，拍了两下翅膀，忽然从半空里直掉下来。

“啊！”魏王看了，大吃一惊，“真有这本事！”更羸笑笑说：“不是我本事大，是因为我知道，这是一只受过箭伤的鸟。”魏王更加奇怪了，问：“你怎么知道的？”

更羸说：“它飞得慢，叫的声音很悲惨。飞得慢，因为它受过箭伤，伤口没有愈合，还在作痛;叫得悲惨,因为它离开同伴,孤单失群,得不到帮助。它一听到弦响,心里很害怕,就拼命往高处飞。它一使劲伤口又裂开了,就掉下来了。”

**【练习题】**

请认真阅读课文,在深入分析的基础上,设计教学程序的说课稿,并在班上进行讲述,师生共同评议。

**【训练提示】**

先要深入分析课文的主要内容、写作顺序、蕴含的道理,然后确定教学目标、教学重点和难点,再选择合适的教法和学法,在此基础上设计教学程序。比如:可引导学生朗读课文,想想文章前一部分写了什么?后一部分写了什么?然后引导学生理解惊弓之鸟这个成语的意思,并且领会课文通过主人公想要告诉我们的道理。

### (三)说板书设计训练

**【训练材料】**

#### 《她是我的朋友》的板书设计

《她是我的朋友》是九年义务教育六年制小学语文第八册新增设的一篇课文。写的是战争时期的一个故事,孤儿阮恒,为了救护受了重伤的同伴,毅然献出了自己的鲜血,挽救了同伴的生命。当问他为什么要献血时,他只是说“她是我的朋友”。

通过学习,要让学生学习阮恒舍己为人、无私奉献的品格。

体会描写阮恒献血时动作、表情的语句,了解他当时复杂的心情,是本课的教学重点和难点。本课教学的着力点就应放在结合具体词句体会阮恒献血时的感情变化上。

小学语文教学大纲对四年级阅读教学提出“能找出课文中重点词语和句子”的要求。

依据上述教学要求、教学重点难点、大纲要求及学生善于从形象的欣赏中展开活跃的思维等特点,设计了如下板书:

20. 她是我的朋友

迫在眉睫
颤抖
举
放
举
躺
啜泣
呜咽
抽泣
哭泣
停止
她是我的朋友
输血前
输血时
舍己为人

此板书是从多角度表现文章内容的,具体特点如下:

1. 体现了作者的成文思路:输血前、输血时事情发展的顺序。

2. 抓住了文章的主要内容，即阮恒献血时复杂痛苦的心情。

3. 抓住了文章中的关键词语，教给学生阅读方法。

4. 体现了文章的写作特点：通过人物的动作表现人物的内心。

5. 揭示了文章的主题思想，赞扬了阮恒舍己为人的精神。

6. 此板书是一个对称性板书，又可以说是一幅板画，既实用又美观，具有双重含义：上面一条曲线表现了阮恒献血时波澜起伏的心情；从整体造型上看，它是一个金元宝，意味着阮恒舍己为人的精神像金子一样闪闪发光，但他的精神比金子还要宝贵。

这个板书从形式上看比较完整，但我觉得表现阮恒的精神还不够具体、逼真，还不能充分体现语言文字和思维的同步训练，从而更好地理解文章的中心思想的思路。于是我在讲完重点段后，通过幻灯出示了附板书。

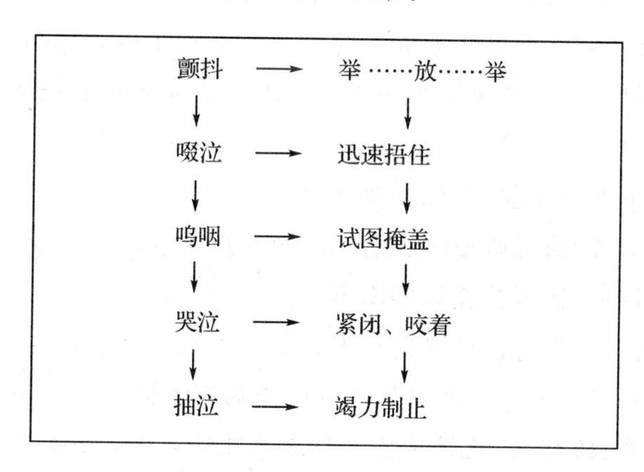


这一附板书，既是正板书难解之处的说明，又是正板书不足之处的补充。

**【练习题】**

1. 小组讨论：这则板书设计说课稿，有何值得称道的地方？

2. 小组派代表，参加班级的仿说比赛。

**【训练提示】**

这一板书设计，既注重了板书的外观美，布局合理美观，形式直观，又体现了内容美，突出了文章的主要内容和特点，给了孩子们美的享受。在分析时要强调这一点。（如果是整体的说课，板书设计不必如此详细）

**【练习题】**

1.《能被 2、5 整除的数》是六年级的数学内容，请为其设计教材分析稿。

2. 仔细阅读下文，这是苏教版第六册的一篇课文，请根据自己的理解写作教材内容分析说课稿。

### 槐乡五月

五月，洋槐开花了。槐乡的山山洼洼，坡坡岗岗，似瑞雪初降，一片白茫茫。有的槐花抱在一起，远看像玉雕的圆球；有的槐花一条一条地挂满枝头，近看如维吾尔族姑娘披散在肩上的小辫儿。“嗡嗡嗡……”小蜜蜂飞来了，采走了香的粉，酿出了甜的蜜。“啪啪啪……”孩子们跑来了，篮儿挎走白生生的槐花，心里装着喜盈盈的满足。中午，桌上就摆出了香喷喷的槐花饭，清香、醇香、浓香……这时候，连风打的旋儿都香气扑鼻，整个槐乡都浸在香海中了。

在洋槐开花的季节，只要哪位小朋友走进槐乡，他呀，准会被香气熏醉了，傻乎乎地卧在槐树下不想回家。好客的槐乡孩子就会把他拉到家中，请他美美地吃上一顿槐花饭。槐花饭是用大米拌槐花蒸的。吃咸的，浇上麻油、蒜泥、陈醋；吃甜的，洒上炒芝麻、拌上槐花蜜。小朋友临走时，槐乡的孩子还会送他一大包蒸过晒干的槐花，外加一小罐清亮清亮的槐花新蜜。

五月，洋槐开花了，槐乡的小姑娘变得更俊俏了，她们的衣襟上别着槐花，发辫上戴着槐花，她们飘到哪里，哪里就会有一阵清香。小小子呢，衣裤的口袋里装的是槐花，手上拿的还是槐花。他们大大咧咧的，不时就朝嘴里塞上一把，甜丝丝、香喷喷的，可真有口福呢。

五月，是槐花飘香的季节，是槐乡孩子的季节。

3. 这是《江上渔者》的说课稿（教学目标、教学重难点部分），请分析其包含了哪些内容，体现了哪些特色，还可补充哪些内容。

《江上渔者》是一首古诗。作者范仲淹以简洁生动的语言描绘了一幅栩栩如生的江上捕鱼图，委婉含蓄地表达了对渔民艰辛生活的深切同情。

根据《课程标准》的要求、教材的特点和三年级学生的认知水平，我制订了如下教学目标：

(1)认知目标：学会诗中的“玉”、“君”两个生字，理解“渔者”、“但”等词语和诗句的意思。

(2)技能目标：有感情地朗读、背诵古诗；掌握学习古诗的一般方法；培养学生吸收、分析、加工和应用信息的能力。

(3)情感目标：通过诗句展开想象，体会诗人的思想感情。

教学重点和难点：通过诗句展开想象，体会诗人的思想感情。

4. 这是小学语文《雪儿》中的内容，请为之设计教法，并在班上讲述。

爸爸说雪儿是一只信鸽。信鸽是不怕任何艰难险阻的，能够飞越千山万水，忠实地为人们传递信息，所以人们称它们是“蓝天信使”。于是，我更盼着雪儿的伤快点儿好起来。

终于有一天，雪儿展开双翅飞起来了。啊，我为雪儿欢呼！你看它那双翅膀被春风高高地托起，在蓝天中划出一道美丽的弧线。

雪儿又飞回阳台，转着圈儿咕咕直叫。我望着它那金黄的眼珠，喃喃说道：“雪儿，你去吧，蓝天才是你施展本领的地方。”我把雪儿轻轻捧起，雪儿望望我，似乎在向我祝福，然后向蓝天飞去。

5. 讨论：下面是《威尼斯的小艇》的说课稿（说教程），说说其是如何落实教学目标的？如何突出重点、突破难点？哪些地方值得你学习？如果让你来设计，你将怎样修改？

## 《威尼斯的小艇》的说课稿（说教学程序）

一、说教材

《威尼斯的小艇》是义务教育五年制小学语文第七册第七单元的第一篇课文。本文从小艇的样子、船夫的驾驶技术以及小艇在威尼斯市民生活和工作中的作用等几个方面，介绍了水城威尼斯独特的交通状况和特有的风土人情。

本单元阅读训练重点是"按事物的几个方面给课文分段"，根据本班学生的实际情况，我制订了以下教学目标：

1. 认知目标：学会本课 11 个生字，能读准多音字"哗"，理解 39 个新词；联系上下文说出"操纵自如、沉寂、静寂、笼罩"等词语的意思；结合课文第 4 题理解疑难句子的意思。

2. 技能目标：初步学会按事物的几个方面给课文分段的方法。

3. 情感目标：了解威尼斯是世界闻名的水上城市，小艇是威尼斯重要的交通工具，感受威尼斯的风土人情。

这样确定教学目标，使传授知识、发展能力和陶冶情操紧密结合，在同一教学过程中，互相渗透，共同完成。

由于本课是第七单元阅读训练重点"按事物的几个方面给课文分段"的首篇课文，要着重训练学生按事物的几个方面给课文分段，所以我把"按事物的几个方面给课文分段"作为教学本课的重点。

《威尼斯的小艇》介绍了威尼斯这个水城独特的交通状况和异国的风土人情，这对小学四年级学生来讲是比较陌生的。而课文最后几句话又描写了威尼斯夜晚的景色，这与小艇的作用有什么关系呢？学生很难理解。故我把本课的教学难点定为"理解课文最后几句为什么要写威尼斯夜晚的景色，这与小艇的作用有什么关系"。

二、说教法

教为学服务，这是当前把应试教育转变为素质教育的教育思想。《威尼斯的小艇》是一篇讲读课文，在其教学过程中应充分发挥学生的积极性，充分发扬教学民主，充分发挥教师的潜能。所以我采用了"学——议——练"的教学模式，所谓"学"就是自学，在教师指导下进行自学；"议"就是鼓励学生质疑问难，通过读课文提出问题，并尽可能自己解决疑问，让学生通过自身的实践——动脑、动口、动手，获得新知；"练"就是加强语言文字训练。

三、说学法

因为教为学服务，所以在教学过程中我不越俎代庖，放手让学生运用读读、划划、议议等学习方法。这样通过动脑、动口、动手等方式，培养学生观察问题、发现问题、分析问题、解决问题的能力，促进学生思维品质的发展，提高自学能力。

四、说教学程序

教学过程，我设计了四个环节：

（一）揭示课题，激发求知欲

一上课，揭示课题，齐读后问：本文是写“威尼斯”还是“小艇”？这样可以集中学生的注意力，激发他们的求知欲。接着介绍了威尼斯的情景，丰富了学生课外知识，有助于理解课文内容。

（二）定向自学，整体感知

这一环节意在激发学生的学习主动性，培养学生的自学能力。

首先让学生认真听老师有表情地朗读课文，要求找出一个多音字，并边听边思考：本文主要介绍了什么？在初步了解课文的大致内容后，教师出示自学题：

1. 划出带生字的词语读一读，记住字形，利用字典理解其意思。

2. 联系上下文理解词语：小艇、操纵自如、簇拥、哗笑、沉寂、静寂、矗立、笼罩。

3. 轻声读课文，思考课文主要写了关于小艇的哪几个内容？

在完成教学目标1时，我认为，对于基础知识的学习和基本能力的训练，应一步步在课堂上进行为好，让学生动手、动口、动脑。这样既提高了学生查阅工具书的能力，又培养了他们的自学能力。

通过第一次定向自学，学生已扫除了阅读课文的障碍，这时有必要初步了解文章的完整形象，为深入理解课文提供条件。

接着进行第二次定向自学，小黑板出示自学问题：

1. 默读本单元的“学习提示”，思考本单元阅读训练重点是什么，并划出有关词句。

2. 默读课文，结合“学习提示”思考课文是分几个方面写威尼斯的小艇，并给课文划分段落。

心理学表明，强烈的目标意识是导读成功的关键，阅读之前目标明确与否效果大不一样，无目的读的效果，只是有目的读的效果的三分之一。阅读课文前必须使学生明确为什么而读，要思考什么问题，完成什么任务，能帮助学生纳入正确的学习轨道。这就是设计这几个问题的意图所在。

“按课文的几个方面给课文分段”是本单元本课的训练重点，在完成问题(2)时要进行分段方法的训练。我采用了讨论方式，让学生自说、同桌说、四人小组说等形式，使人人都参与，人人都落实。

（三）学习课文，质疑问难

阅读并不是被动的接受，而应成为主动的探索过程。为帮助学生掌握学习方法，根据单元训练目标和本课的特点，指导学生把对“学习提示”的学习与对课文的学习多次紧密地结合起来，自己观察问题、分析问题、解决问题，以提高理解课文，训练新的分段方法的效率。

讲读课文第一自然段时，先让学生划出本段的中心句。接着让学生把中心句与本单元学习提示中“小艇是威尼斯重要的交通工具”进行比较，有什么不同。然后说说为什么小艇是重要的交通工具？（板书：交通工具）这样使学生既有了对事物的整体概念，又设置了悬念，激发了学生学习的积极性。

然后，根据问题，逐层理解课文。

1. 威尼斯的小艇是什么样子的？让学生四人为一组进行自学第二自然段，用“______”画出描写小艇外形的词。用“~~~~~~”画出比喻句，并思考把什么比作什么；提出本段中不懂的问题，尽量四人讨论解决。第二自然段采用了三个比喻句，使语言表达更生动、形象，所以我把比喻句作为本段的语言文字训练点，进行说话训练。同时，结合插图及板画，进行看图说话，发展学生的言语思维。

2. 坐在船舱里的感觉又如何呢？用此句导入第3自然段的学习。反复朗读本段后，让学生说说如果自己坐在这种船舱里看书、观光，会有什么样的感觉？让学生展开想象，培养他们的想象能力。至此，再齐读二、三自然段，总结、概括这一段的意思。

3. 船夫是怎样驾驶小艇的？用这一问题将学生引入下一段的学习。这里，放手让学生去自学，在自学前先让学生总结出学习方法，让学生用“读读、划划、议议、想想”的方法自学课文。这样就充分体现了学生的主体地位，让他们自己去总结经验、发现问题、分析问题、解决问题，提高学生的自学能力。

4. 课文第四部分着重讲了“小艇在威尼斯起了什么作用”这个问题。这部分分两个自然段来描写，于是我先设计了这样的问题：这一段为什么要分两个自然段？这样写有什么好处？然后，采用引读的方法，进行朗读训练。再作小结过渡到下一自然段的学习：这一自然段写了威尼斯的男女老少白天生活、工作离不开小艇。那么，夜里呢？

在学习第6自然段时，我用小黑板出示了两个思考题：①这一自然段写的是威尼斯城从哪一种场面到哪一种场面的变化？②课文最后几句为什么要写威尼斯夜晚的景色？这与小艇的作用有什么关系？然后根据这两个问题进行自学之后展开讨论：

a. 写出了从热闹到静寂的情景。静寂表现在哪里？是什么原因迫使威尼斯沉沉入睡了？

b. 假如小艇不停，威尼斯又是一幅怎样的景象？

这样变繁为简，化难为易，一步一步，环环紧扣，突破难点就不成问题了。

（四）总结全文，深化重点

学习了全文之后，再次要求学生联系“学习提示”深入朗读课文，质疑问难，提出问题。通过质疑问难，师生共同总结，明确本课的学习方法：1. 状物的文章常用按事物的几个方面分段的方法；2. 运用这种方法分段的步骤是：先理解课文描述了事物的哪几个方面；接着按几个方面将自然段进行归并，给课文分段；最后看看每部分是怎样记叙事物的某一方面。从内容与语言形式结合上加深理解。总结是深化知识的重要环节，必不可少，这样有助于学生对学习方法的巩固。

五、说板书

根据四年级学生的年龄特点，再加上孩子们对威尼斯这个水城独特的交通状况及风土人情比较陌生的实际情况，我边分析课文边直观形象的板书，这样可以使学生一目了然地知道威尼斯的小艇的特点及重要性。

6. 课前选择即将任教学科的某一内容，写好教学程序的说课稿。利用一节课时间进行说课训练。

7. 给寓言故事《乌鸦和狐狸》设计板书说课稿并在班上讲述。

8. 如果你担任我们学校语言实践课程的老师，让你进行“说课”这一章节的教学，你喜欢教其中哪一部分内容？请设计一份该内容的说课稿，组内交流。

**【训练提示】**

几道练习题既有说课的分步环节训练，也有整体说课的训练。要弄懂每一环节的说课要求和格式，最后方能进行整体说课训练。

**附录三**

## 说课实例及点评

### 《将相和》的说课稿

▲教学目标

1. 认知目标：一是引导学生理解课文内容，二是学习掌握“廉颇、璧、侮辱”等7个词语。

2. 操作目标：一是借助课题，概括课文主要内容；二是品味“完璧归赵、绝口不提、理亏、示弱、能耐”等重点词语的意思；三是给三个小故事加上小标题；四是复述“负荆请罪”的故事；五是弄清第一自然段和下面三个小故事之间的联系；六是正确、流利地朗读课文。

3. 情感目标：体会文章的思想感情，培养学生团结协作的品质。

▲教学重点

1. 抓关键词句，品味人物言行，准确概括人物特点，加深学生对课文内容的理解，进一步训练学生语感及其他语文能力。

2. 借助课题概括课文主要内容。

▲教学难点

1. 分清事物的前因后果；

2. 搞清各段之间的内在联系及各段与整篇文章的关系。

▲教法、学法

在本课的教学中，采用“自主学习，自能阅读”的教学方法。即引导学生重感悟、重积累、重情趣、重迁移，体现学生的主体地位；引导学生自读、自悟，在阅读实践中逐步掌握阅读方法，养成良好的读书习惯，从而提高理解和运用语言文字的能力。

▲教具准备：借助挂图、投影仪、课本剧等辅助教学。

▲教学程序

（一）设疑导入，整体感知

教师出示课题《将相和》，通过预习让学生了解：

1.课题中的“将”指谁？（相机教学生字“廉颇”）“相”指谁？“和”是什么意思？教师介绍时代背景。让学生围绕课题，提一些问题。这一设计的依据有三条：一是检查学生的预习效果如何。二是培养学生学习的自主意识，训练学生质疑、表达的能力。三是突出题眼“和”字，使整篇课文的教学有所依傍。如果把课文视作一个圆球，是球就必定有球心，有了“球心”，课文这一“球体”必定会对它保持向心力。课题中的“和”字就是本篇课文的“神”之所在，就是“球心”，抓住它可使全文神聚，让三个故事最终说明一个道理。

2.教师提示是“和”就先必有“不和”，请同学们浏览课文，看课文中哪个段落写了造成两人“不和”的原因。学生可从第16小节中找到答案：“我廉颇攻无不克，战无不胜，立下了许多大功。他蔺相如有什么能耐，就靠一张嘴，反而爬到我头上去了。”这一设计的目的是：从课文题目切入课文内容，训练学生的阅读能力，又初步了解到课文内含的矛盾冲突。整个学习过程将围绕着“廉颇的话说得是不是有道理，蔺相如该不该升官”这个问题展开。

3.让学生再读课文，给三个小故事加上小标题，并请学生上台板书小标题，思考课文哪些部分写了造成两人不和的外部原因。（“完璧归赵”、“渑池之会”。而“负荆请罪”则是写了两人如何从“不和”到“和”的过程）再根据小标题，思考课文主要讲了一件什么事。这一设计的目的是：第二次读书，把书读通，理清课文的思路，将课文的三个故事作为一个事件来对待，树立联系地看问题的观念。

（二）读议悟法，举一反三

这一环节分三步进行。

1.读议悟法。抓住“骗”字教学“完璧归赵”。首先给学生充足的时间读“完璧归赵”部分，突出以“骗”对“骗”，再指导学生用“______”和“～～～～”画出描写人物言行的句子。接着，交流从中读懂了什么，深入剖析人物性格品质。最后讨论还有什么地方没读懂？如学生提出：“蔺相如是真的要撞柱子，还是故意吓唬秦王呢？为什么？”这个问题必须通过认真读书，联系上下文，积极动脑思考，才能找到正确的答案：蔺相如既不是一定要撞柱子，也不是单纯地吓唬秦王，他是见机行事。如果秦王因爱玉而妥协，他就不撞；如果秦王一切都不顾，派人抢玉，他就会真的撞柱而死，让头颅与玉俱碎。这既能看出蔺相如的勇敢，又能反映出他的机智。让学生自读、自悟、自得，诱发学生思维，鼓励学生争论，不追求统一、标准的答案，让学生谈出自身的不同于他人的阅读体验，点燃那种充满灵气的思维火花，学生自主学习得到了保证。最后引导学生总结学习方法，读文、圈划、领悟、质疑，总结了学法，为以下放手自学做好了铺垫。

2.半扶半放。抓住“逼”字按照以上学习方法学习“渑池之会”，突出以“逼”制强。讨论：廉颇说得有无道理？蔺相如该不该升官？学习围绕“和”与“不和”展开讨论，始终不脱离这一主线。在自学汇报及师生评议过程中，重点从以下两方面引导学生领悟。(1)渑池会上，赵王和秦王分出了胜负，还是打成了平局？(2)这一功劳应归功于谁？指导学生加强朗读，并配以一定的表演以烘托气氛。这一设计让学生把书读懂，前两个故事写蔺相如因有功而升官，本是应该的，却成了两人不和的外部原因，同时也为下文的高潮蓄势。

3.自学交流。抓住“避”字教学“负荆请罪”，突出以“避”对“傲”。以四人小组为单位，引导学生自学“负荆请罪”部分，并质疑问难。再结合课文插图，四人共同商议，廉颇、蔺相如会各说些什么？请几组学生上台表演两人的对话。既填补了课文的空白，又训练了学生的口头表达能力。

以上的教学，教师以学生为主体，在语文教学中以培养学生的语文能力为本，以读书为主，让学生“自己读”，让学生“自主读”，让学生“自觉读”，在阅读实践中逐步掌握阅读方法，形成阅读能力并养成良好的阅读习惯，让学生自能阅读，做阅读的主人。

（三）深究课题，突破难点

三个小故事中，哪个集中写了将相和好？为什么还写另两个故事？通过深究课题使学生明白第二个故事是第一个故事的发展，前两个故事的结果是第三个故事的起因，合起来构成"将相和"这一更加完整曲折的故事。这样设计，旨在进一步务实重点训练项目。再读课文，让学生把书读好。

（四）总结评价，课外延伸

1. 学完全文，四人小组讨论：你对蔺相如、廉颇有什么认识？你最大的收获和体会是什么？

2. 课外作业：以四人小组为单位排练课本剧。这一设计的依据是：以课堂为中心，横向拓展，提高学生整体的语文素质。符合语文教学的特点和儿童身心的发展规律。正如曹禺所说："学生演戏里的人，必须理解他们的思想与感情，要具备想象和表演的能力，启发学生潜在的智力。"

板书设计：

将________________相

廉颇　　和　　蔺相如

（知错就改）（爱国）（顾全大局）

**点评**：这篇说课稿语言通俗、明白。所说的教学主观设想，即说课中的教学过程，合理、科学、操作性强，经得起课堂教学实践的验证。教学过程从整体到具体，再回到整体，思路清晰，脉络分明。多法品读，注重学生能力的训练。学路分明：从扶——领——放，全体学生在课堂上始终保持自主、积极、主动的活动，耳听、眼看、口读、脑想、手写，"全频道"运作，"多功能"协调，"立体式"展开。特别是教学过程中的说理，由于教学过程所涉及的内容广泛，既有思想教育，还有知识的传授，能力的培养，各种知识又相互渗透，错综复杂，训练的形式亦十分丰富。同时做到了说理与说教学过程的有机结合，说理不但没有打乱教学过程的连贯性，而且加深了人们对于教学过程的认识。这样，在说教学过程中说理，在说理的基础上述说教学过程，一步一步，有条不紊，真正做到了理论为教学实践服务，教学实践与教学理论相结合。